上海大学社会学文库　　　主编/张文宏

历史与民族志

"民间文化与公共秩序" 学术研讨会论文集

张佩国 ◎ 等著

中国社会科学出版社

图书在版编目(CIP)数据

历史与民族志:"民间文化与公共秩序"学术研讨
会论文集 / 张佩国等著 . —北京:中国社会科学出版
社,2015.6
ISBN 978 - 7 - 5161 - 6285 - 9

Ⅰ. ①历…　Ⅱ. ①张…　Ⅲ. ①人类学—学术会议—文
集②民俗学—学术会议—文集　Ⅳ. ①Q98 - 53②K890 - 53

中国版本图书馆 CIP 数据核字(2015)第 131069 号

出　版　人　赵剑英
责任编辑　冯春凤
责任校对　张爱华
责任印制　张雪娇

出　　　版　中国社会科学出版社
社　　　址　北京鼓楼西大街甲 158 号
邮　　　编　100720
网　　　址　http://www.csspw.cn
发　行　部　010 - 84083685
门　市　部　010 - 84029450
经　　　销　新华书店及其他书店

印　　　刷　北京君升印刷有限公司
装　　　订　廊坊市广阳区广增装订厂
版　　　次　2015 年 6 月第 1 版
印　　　次　2015 年 6 月第 1 次印刷

开　　　本　710 × 1000　1/16
印　　　张　20.25
插　　　页　2
字　　　数　343 千字
定　　　价　65.00 元

目　录

没有历史的民族志[*]

——从马凌诺斯基出发

胡鸿保　张丽梅

（胡鸿保，中国人民大学社会与人口学院；
张丽梅，西南政法大学政治与公共事务学院）

　　人类学是一门从近代西方兴起的学科，进入中国已有百余年的历史。如今在社会科学里讨论所谓"民族志"，基本就是讲的"ethnography"（有异译"人种志"，我们不去纠缠，"舍名质实"，也当作"民族志"处理）。[①] 作为学科专业术语和一套方法，它的奠基者应该是马凌诺斯基，正是马氏在 20 世纪 20 年代开创了现代人类学的"科学民族志"。不过，大约在 20 世纪 60 年代以后，这种研究方法在受到挑战的同时也得到了改进，而民族志也经历了新的发展阶段。[②] 从共时—历时的两分来看，民族志方法及其本质特征无疑是属于共时性的，有人批评马氏的科学民族志缺少历史的维度，后现代主义的民族志又有把历史和历史性（historicity）归结于当下的取向。我们觉得，从人类学史的角度对民族志的历史和/或历史性进行一番审视，应该有益于提高民族志研究的水准。

一　马凌诺斯基革命

　　在 19 世纪中期人类学确定独立学科地位到 19 世纪末期以前，人类学的资料收集工作和理论研究工作是彼此分离的。早期人类学家中，除摩尔

---

　　[*] 本文刊载于《社会学研究》2012 年第 2 期，署名"张丽梅、胡鸿保"。
　　[①] 参见胡鸿保、左宁《"民族志"译名的歧见》，《满语研究》2008 年第 2 期。
　　[②] 参见［美］奥特纳《20 世纪下半叶的欧美人类学理论》，何国强译，《青海民族研究》。2010 年第 2 期；高丙中《民族志的科学范式的奠定及其反思》，《思想战线》2005 年第 1 期。

根曾深入实地对易洛魁人进行调查之外，绝大多数都是像泰勒、弗雷泽这样的"扶手椅上的人类学家"，对别人收集记录的、信度无从保证的二手资料予以选择性利用，在跨文化比较基础上推测历史发展的规律性。

19 世纪末以来，专业人类学家如哈登、里弗斯、塞里格曼等开始走出书斋，进入土著部落进行实地考察，但他们的田野工作大多还是局限于"调查工作和表面知识"，在当地翻译和西方白人的帮助下"造访一个广大地区上的许多部落，以期画出分布图和指明有待调查的问题"，民族志材料大多来自转录过来的文字资料，或者是对特别挑选出来的"好的报道人"所进行的相对较短时间的、正式的、有偿的访谈。这种做法其实并不能很好地保证田野调查资料的全面性和准确性，里弗斯清楚地认识到这一点，呼吁学界改变这种做法，转而进行"深度田野工作"，其最典型的做法是"让（人类学者）在某个社区或 400—500 人的社群中生活一年以上，同时研究他们的生活和文化所有方面……用当地话来进行调查，而超越一般的印象"。[①] 他还在"深度田野工作"的总体框架下，提出了一些具体的工作原则、方法和注意事项，并写在 1912 年版《记录与问询》（第四版）[②] 中。1914—1918 年间，马凌诺斯基因缘际会之下在梅鲁岛和特罗布里恩德群岛待了两年多时间，与土著人一起生活，沿着里弗斯所指引的方向发展了现代民族志田野工作体系，在人类学界引发了一场深远革命。

以 1922 年《西太平洋的航海者》的出版为标志，作为一种研究手段和学术范式的现代民族志隆重登场。它具有三方面的突出特征。第一，系统的田野工作方法：在至少一年的完整生产、生活周期内，远离白人，学习土著的语言，采用土著的观点和视角进行参与观察和深度访谈，并对土著的所言、所行、所思之差别进行仔细辨析和移情理解。第二，文化全貌观，为此，民族志调查必须包括三个方面：1）用一系列图表记录部落组织及其文化构成之全貌概观；2）以民族志田野笔记的形式记录"实际生活的不可测度方面以及行为类型"；3）提供对民族志陈述、特殊叙事、

---

① 转引自 James Urry, "'Notes and Queries on Anthropology' and the Development of Field Methods in British Anthropology, 1870—1920", *Proceedings of the Royal Anthropological Institute of Great Britain and Ireland*, 1972, pp. 45—57.

② 该书第六版已出中译本，参见英国皇家人类学会编订《人类学的询问与记录》（第六版），周云水等译，香港，国际炎黄文化出版社 2009 年版。

典型说法、风俗项目、巫术模式等的说明。① 第三，功能主义的科学文化理论：文化整体各构成要素之间彼此关联，这种关联就是"功能"，即"对需求的满足"，而生物有机体的天然需求又是一切功能联系之基础；民族志研究不仅要记录所见、所闻，还必须对其功能进行分析，进而构建一门"文化科学"。这样，马凌诺斯基将民族志、田野作业和理论统一了起来，彻底改变了以往资料收集和理论分析、实地调查和书斋工作相分离的状况，大大提高了田野作业所获资料的质量，民族志也因此真正具备了作为独特研究方法和独特文本形式的双重特性。②

此后，大量人类学者因袭这种民族志方法对非西方的部落社会进行共时性的调查研究，写出了许多优秀作品，功能主义成为人类学史上盛极一时的理论范式。而更引人注目的是，以费孝通等为代表的中国学人将功能主义民族志方法成功地运用于文明社会的村落研究，拓展了人类学的学科视阈，同时也使马凌诺斯基式的科学的、整体民族志尊荣更盛。

二　功能主义人类学的变化：以利奇为例

功能学派反对进化论和传播论者的"臆测历史"，这在人类学理论史上具有重要意义，然而，在一段时间内却矫枉过正地拒斥一切历史材料和方法，仅仅注重共时性、整体性研究。拉德克利夫—布朗虽然承认了历时性研究的价值，但依然坚持与功能研究相关的共时性研究要先于与历史研究相关的历时性研究。英国功能学派这种"无历史"的取向一直为后世人类学家所诟病。但我们也应该注意到，1940 年代中后期尤其是 1950 年代以来，英国功能主义人类学的发展日益走向多元化，利奇、埃文斯—普里查德等人都曾在人类学研究的历史维度上有所反思和实践，③ 在此仅以

---

① ［英］马凌诺斯基：《西太平洋的航海者》，梁永佳、李绍明译，北京，华夏出版社 2002 年版，第 18 页。

② 参见胡鸿保、张丽梅《从事民族志》，《世界民族》2010 年第 1 期。

③ 有着历史学背景的埃文斯—普里查德认为"功能论者在倒掉臆测历史的洗澡水时，也把真实历史这个婴儿一起倒掉了"，并致力于发展一种"历史人类学"。参见 E. E. Evans‑Pritchard, "*Social Anthropology: Past and Present, the Marett Lecture, 1950*", *Man*, Vol. 50（Sep.），1950, pp. 118—124. 另外还可以参考已经出版中译本的普里查德的论集《论社会人类学》，冷凤彩译，北京世界图书出版公司 2010 年版，上篇，第四讲"田野工作和经验主义传统"；下篇，第三讲"人类学与历史"。

利奇为例做一简要说明。

因为马凌诺斯基和弗思的影响，利奇"在开始时是一个'纯粹的'经验功能论者"。[1] 他的第一部专书《罗旺达兹—库德人的社会与经济组织》（*Social and Economic Organization of the Rowanduz Kurds*，1940）就是用功能主义观点写成的。不过，利奇却并不囿于功能主义的平衡论观点，他在经验观察的基础上指出：库德人正经历一个迅速改变的时期，而这一改变乃是外来行政干扰的结果；并由此得出结论：所有的社会在任何时期都只是维持一种不安定的平衡，"处于一种不断变迁和可能改变的状态"。[2] 在 1954 年出版的成名作《缅甸高地诸政治体系》一书中，利奇进一步发展了这种"动态平衡"的观点。他明确指出，拉德克利夫—布朗的结构功能平衡论虽然是当时英国人类学界的思想主流，但英国社会人类学"已在这套过于简化的假设上滞留太久了"，他写作该书的目的就是要打破"社会体系皆天然地带有均衡性"这一幻象。为此，利奇将均衡状态运作的时间幅度延长到一段有 150 年之久的时期，并试图明白地指出"均衡假设具有虚构的（唯心论的）性质"。基于细致的田野观察和广博的历史文献，利奇提出了关于克钦政治制度的"钟摆模型"：克钦社会政治形态并不是稳定不变的，而是在民主的贡老制（gumlao）和专制的贡萨制（gumsa）之间来回摇摆，从而在较长时段内维持一种动态的平衡。[3]

当时，恪守"正统"的功能主义人类学家即便是在跨时段的"再研究"中，也片面强调平衡论，无视历史变迁。对此，利奇曾予以点名批评。他注意到，继弗思的蒂科皮亚研究（基于 1929 年的田野调查）和福蒂斯的塔伦西研究（基于 1934—1937 年的田野调查）之后，两人又分别对各自的田野点进行了再研究。其中，弗思的再研究发生在 1952—1953 年，并据此撰写了专著。虽然其间社会经济和人们生活都发生了剧烈的变化，但他们依然不约而同地坚持自己所研究社会的变迁只是表面的，社会结构及其基础依然如昔。利奇认为，问题的症结在于，正统的功能论者眼

---

① E. R. Leach, *Social Anthropology*, New York: Oxford University Press, 1982, p. 44.

② ［英］Adam Kuper：《英国社会人类学——从马凌诺斯基到今天》，贾士蘅译，台北，联经出版事业公司 1988 年版，第 225 页。

③ ［英］利奇：《缅甸高地诸政治体系——对克钦社会结构的一项研究》，杨春宇、周歆红译，商务印书馆 2010 年版。

中除了社会的连续性之外，便再也容不下其他。①

在这样的条件下，利奇的克钦研究著作明确指出"真实的社会绝非均衡的"，直接挑战功能派人类学正统，尤其是布朗的结构功能论，在英国社会人类学的发展史中具有承前启后的意义；动态的钟摆模式虽然仍以平衡为导向，但已经加入了结构上的冲突，并以此作为其内在的动力机制，具有突破性意义。此外，利奇还初步探讨了人类学分析中对历史材料的综合使用问题②。当时有专业人士的书评说道：

> ……利奇引入了时间因素，这在英国社会人类学中自马凌诺斯基时代起就经常被忽略。尽管利奇待在克钦地区的时间太短，无法亲自观察其社会变迁，但他倾尽全力将文献资料拓展到尽可能久远的历史年代，从而使其论证基于大量以时间为序的事实材料之上。
>
> 利奇博士认识到使用此类历史材料的必要性……随着人类学家的兴趣从诸如特罗布里恩德和蒂科皮亚之类封闭和相对稳定的社会转向与发达文明接触的复杂社会，变迁的过程可以从历时性角度进行研究，也就是说，人类学分析不仅可以使用现实材料，也可以使用历史材料。我认为该书朝这个方向迈出了重要的一步。③

尽管利奇利用了文献、顾及了历史，但他却自认"不是一个历史学家"，也"不相信能解释/重构过去或者预测未来的历史发展规律的存在"，他所感兴趣的是"人类文化的细节而非通则"。④ 而民族志田野研究方法，正是获取"人类文化细节"的不二选择：

---

① E. R. Leach, *Social Anthropology*, New York: Oxford University Press, 1982, pp. 36—37. 而林耀华先生的"三上凉山"似乎能够成为利奇此种解释路径的一个旁证。林先生通过对凉山的"再研究"，发现了"凉山巨变"，但其理论视角也从初访凉山时的功能论转变成为"三上凉山"时的进化论。参见林耀华《三上凉山——探索凉山彝族现代化中的新课题及其展望》，《社会科学战线》1986 年第 4 期、1987 年第 1 期。

② Stanley J. Tambiah, *Edmund Leach: An Anthropological Life*, Cambridge, U. K. New York: Cambridge University Press, 2002, p. 84, pp. 89—90.

③ C. Von. Fürer – Haimendorf, "Review", *Bulletin of the School of Oriental and African Studies*, University of London, Vol. 17, No. 2, 1955, pp. 389—392.

④ E. R. Leach, *Social Anthropology*, New York: Oxford University Press, 1982, p. 49.

　　社会人类学的田野工作通常是在不熟悉的环境中进行的，同时，因为田野工作者最初是个陌生人，他无法事先准备好以某种既定的方式和他的研究对象打交道。这是一种有益的经验。最终回到自身所在社会环境的人类学田野工作者通常会发现他的家乡已经变成一个颇为不同的地方。我们所受自身文化习惯的束缚似乎有所缓解。

　　……我这一类型的田野工作是小范围、个人化的事情。研究"团队"通常只是单个的个人，或者可能是一对已婚夫妻，也许还有一个当地的助手。研究的田野地点是一个当地的社区；也许只是百来个人，极少多于两千。一开始，主要研究者应当是社区的陌生人，并希望在离开之前彻底改变这一身份。他们本身将会变成这一社区的成员，至少被社区所接纳。通过对被研究者日常生活的直接参与，他们将逐渐能够从内部去理解当地的社会、文化体系。

　　……1）我试图从整体上理解被研究民族的"生活方式"；2）这种"生活方式"是由不断重复的社会剧的扮演构成的。剧中的人物，即社会角色，在一定程度上是固定的，就像构成剧情的他们之间的相互关系一样。但特定的个人在特定的时间、特定的部分，角色扮演的方式也会发生一些变化。

　　就像剧中的角色和扮演角色的演员之间存在差别一样，田野研究的资料必须从两个方面来看待。观察者必须区分当地人实际上怎么做的与他们自己所说他们是怎么做的；区分社会规范和当地人对社会规范的个体性解释。

　　在写作过程中，不同的人类学家会对资料的这两个主要方面赋予不同的权重，但是，在田野中，人类学家必须同时关注这两个方面。他不能仅仅区分思想和行为，还必须注意到它们之间是如何关联的。[1]

　　显然，尽管利奇本人对功能学派的"无历史"取向有所反思和实践，但他依然恪守马凌诺斯基的民族志田野研究传统，主张对小规模的异文化社会进行较长期的参与观察，强调区分被研究者的所言、所行、所思，辨析其差异、体会其关联，且十分注重田野研究中的现场互动和

---

① E. R. Leach, *Social Anthropology*, New York：Oxford University Press, 1982, pp. 129—130.

移情理解:

> 在田野情境中,人类学家的目标是:信息提供者把他当作学生,接纳他为干亲,并时刻准备将他们的生活方式教导于他。这样,人类学家最大限度地被信息提供者接纳为"我群体"的一员。①

也正因为如此,利奇并不推荐初学者从事"自己社会"的研究,并曾在多篇文章中对"中国功能学派"的一些英文代表作提出了较尖锐的批评。在他看来,以人类学家自身所在社会为对象的研究路径本身就存在方法论上的困难,《金翼》和《一个中国村庄》的民族志调查和资料呈现在现场感方面存在欠缺,《祖荫下》为了用人格心理理论说明中国文化的普遍性特征,不惜牺牲西镇民家人的地方文化特色。②

三 作者的现身与多声部民族志

马凌诺斯基传统的田野工作历来强调田野现场的参与和互动,强调研究者对研究对象的移情理解。然而,为了构建一门"文化科学",研究者往往倾向于在民族志文本中隐匿作为研究工具的研究者本身及其具体的研究过程,只是尽可能地对民族志资料进行科学描述和客观反映,并通过对"在那里"(being there)待过较长时间的强调来凸显"回到这里"(being here)所撰民族志的权威性。③ 1960年代前,尽管对马凌诺斯基的功能主义理论提出批评的不乏其人,但其民族志田野工作体系却极少遭遇非难,人类学田野调查和民族志撰写的客观性和权威性俨然成为不言自明的学科承诺,为人类学从业者所笃信。④

---

① E. R. Leach, *Social Anthropology*, New York: Oxford University Press, 1982, p. 147. 由此足见现代民族志与其他学科实地调查的区别。现在某些"历史人类学家"的作为,好像只配叫作"户外史学"(outdoor history)。

② E. R. Leach, *Social Anthropology*, New York: Oxford University Press, 1982, pp. 124—127.

③ 参见 Clifford Geertz, *Works and Lives: The Anthropologist as Author*, Cambridge: Polity Press, 1988.

④ 巴特在他撰写的"英国和英联邦的人类学"里指出,今天的人类学依然需要马凌诺斯基式的田野作业。参见 [挪威] 弗雷德里克·巴特等《人类学的四大传统——英国、德国、法国和美国的人类学》,高丙中等译,商务印书馆2008年版,第62—64页。

可是，在马凌诺斯基逝世 25 年后，其田野日记被公开出版，名为
《严格词义上的日记》（以下简称《日记》）。这部《日记》把马氏在民族
志著作中从未提及的苦闷与厌倦、对土著的反感情绪、田野工作过程中诸
多"不当"做法等推向了前台。① 对此，讳莫如深者有之，谨言者有之，
批评者有之，维护者亦有之。但总体而言，人们倾向于将《日记》作为
一种"真相"，由此质疑马氏民族志描述的真实性以及科学的文化理论的
可能性，进一步的反思则直指田野作业的客观性、人类学者的职业道德以
及民族志的合法性。

我们认为，马氏日记是一份有专业价值的文献，它有助于后辈学人更
好地了解人类学学术生产的过程，以及研究者本人在此过程中扮演的复杂
角色。恪守"文化科学"范式的马凌诺斯基在田野工作中遇到了一些矛
盾、问题，并有所省思和应对，但他生怕这些东西会削弱其民族志权威，
于是极尽艰难地在主观与客观、日记与民族志之间树起一道藩篱，把日记
当成一种对田野的逃避，一种与学术相对立的个人生活，最终将自己置于
人格统一与理论整合的双重困境。②

如今，学界同仁越来越认识到，"对文化的分析不是一种寻求规律的实
验科学，而是一种探求意义的解释科学"。③ 研究者自身的经验、情感正是
洞察他者的中介。日记、信件、关于田野工作本身的自传和传记都具有独
特的民族志价值。随着《摩洛哥田野作业反思》、《天真的人类学家：小泥
屋笔记》、《头人与我》等专门叙述个人田野经历及其反思的实验性文本的
面世，民族志写作中作者"现身"蔚成风气，多声部民族志也应运而生。④

肖斯塔克的《尼萨——一个昆人妇女的生活与诉说》⑤ 一书便是用多
声部叙述个人生活史的方式研究远方异域人群的一种尝试。该书以主要报

---

① 参见 Bronislaw Malinowski, *A Diary in the Strict Sense of the Term*, New York: Harcourt,
Brace & World, 1967.

② 参见 胡鸿保、张丽梅《马凌诺斯基的追寻和迷思——由〈严格词义上的日记〉谈起》，
《北方民族大学学报》（哲学社会科学版）2009 年第 4 期。

③ ［美］格尔茨：《文化的解释》，韩莉译，南京，译林出版社 1999 年版，第 5 页。

④ 不过，我们应该注意到的是，某些作品的论述对象/主体已经不再是当地的社区居民而转
换成了民族志作者自身及其工作。用布尔迪厄的话说就叫作"把对对象的研究作为研究对象"。
（参见 ［美］拉比诺《摩洛哥田野作业反思》，高丙中等译，北京，商务印书馆 2008 年版，第 155
页。）

⑤ 参见 Marjorie Shostak, *Nisa: The Life and Words of a ! Kung Woman*, New York: Vintage,
1983 ［1981］.

道人（尼萨）的个人叙述为主体，同时注意呈现作者（肖斯塔克）自己的个人叙述以及第三方的民族志概括和评论，试图以这三种"声音"的并置来调和客观化的民族志表述和田野工作中的主观性经历之间的矛盾，并尝试建立个人叙述在民族志表述中的权威。

尼萨的个人叙述无疑是全书的主体部分，通过对访谈录音的翻译和编辑，她的生活史以第一人称叙述的方式得以展现，并按照生命周期的顺序排成从"早期记忆"、"家庭生活"、"丛林生活"、"初涉性事"、……"渐渐变老"等 15 章。此外，还有两种"声音"。一种是属于作为正在体验异文化的年轻美国女子肖斯塔克的，穿插体现在《尼萨》一书的"导论"和"结语"部分：这主要是肖斯塔克的个人自白，讲述了两次田野经历的背景和过程，在异文化环境中的兴趣、生活调适、感受和想法。另一种声音则属于人类学家这个角色的，具体就是"导论"和"结语"里交代尼萨故事的收集过程和表述框架的形成等内容，以及加在每一章前面的民族志概括和评论（其中同时融合进了其他受访者的讲述）；所有这一切有助于读者在更全面、更开阔的文化背景中理解尼萨的个人叙述。肖斯塔克借此在一个人性化的框架中实现了三者的相对平衡。因此，在马尔库斯和费彻尔的力作《作为文化批评的人类学：一个人文学科的实验时代》（1986）里，出版不久的《尼萨》即被视为将个人叙述用作民族志的成功范例。与此同时，克利福德在会议论文集《写文化：民族志的诗学与政治学》（1986）里也提供有一篇题为"论民族志寓言"的文章，对《尼萨》作了深入的评价。[1]

此外，该书（以及作者身后出版的《重访尼萨》[2] 一书）对研究者和被研究者的关系、田野现场的互动和研究伦理等问题也着墨颇多，肖斯塔克还专门撰文对其进行了详尽地回顾和讨论[3]。这对于我们把握民族志

---

[1] 参见［美］马尔库斯、克利福德编《写文化》，高丙中等译，北京，商务印书馆 2006 年版。需要注意的是，该书与《作为文化批评的人类学》受到有的同行学者的批评，被认为"在许多方面都偏离了对人类学的主流理解。民族志成为这门学科的核心并且它逐渐等同于书写"。参见［挪威］弗雷德里克·巴特等《人类学的四大传统》，高丙中等译，北京，商务印书馆 2008 年版，第 391 页。

[2] 参见 Marjorie Shostak, *Return to Nisa*. Cambridge, MA：Harvard University Press, 2000.

[3] 参见 Marjorie Shostak, "What the wind won't take away：The genesis of *Nisa—The Life And Words of a！Kung Woman*", In：*The Oral History Reader*, *Perks*, Robert；Thomson, Alistair（eds），London：Routledge, 1998. 中译文载定宜庄、汪润主编：《口述史读本》，北京，北京大学出版社 2011 年版，第 219—232 页。

的特征及其撰写方式具有重要参考价值。

如果说肖斯塔克这位作者在不同文本中的"现身"主要是从正面介绍人类学家赢得研究对象的友谊，收集、整理、呈现田野资料的过程和技巧，澳大利亚学者休谟等人编著的《人类学家在田野——参与观察中的案例分析》一书则正好相反。该书收录了16篇反思性文章，作者们分别回顾和介绍了各自田野工作中的尴尬时刻以及紧张、焦虑、不适、自我怀疑等负面体验。当然，他们的目的绝不仅仅是对田野研究过程的"揭秘"。事实上，该书旨在将田野研究中偶然（或经常）出现的个体不适和社会挫败感正常化，并将其视为成功的参与观察不可避免的组成部分，因为"意图将自己同时定位为局内人和局外人的做法终将产生社会性的分裂"，而民族志田野工作"具有本质上的自传性质"。[①] 对此，人类学家无须遮掩，而是应该予以承认、正视，并努力使其成为新的研究视角与理论观点的源泉。

四　讨　论

自马凌诺斯基革命以来，民族志田野工作便成了人类学学科定位的基础。时至今日，严格意义上的民族志仍然遵循马凌诺斯基的基本准则。后现代主义的人类学对人类学家的自我身份及其专业实践进行了深刻反思，而功能主义人类学也在后继者那里得到了修正，但是，田野现场的主客互动依旧是民族志研究方法的核心特征：

> ……民族志，指对于一个特定的人类社会的描述性研究或进行这种研究的过程。当代民族志几乎完全是根据实地调查，并要求人类学家完全沉浸在他的研究对象的文化和日常生活里。……由于民族志具有"主体间性"的性质，它必然是从事比较研究的。鉴于人类学家在田野难免会有一定的偏见，他的观察和描述一定在某种程度上是相对的……当代民族志通常着眼一个社区，而不是个人；关注当前的情况描述，而不是历史事件……详尽的现场记录依然是田野工作的核心……[②]

①　［澳］休谟、穆拉克：《人类学家在田野——参与观察中的案例分析》，龙菲、徐大慰译，上海，上海译文出版社2010年版，第1—21页。

②　译自《在线不列颠百科全书》里的"民族志"词条，参见 http://www.britannica.com/EBchecked/topic/194292/ethnography。

在人类学走出原始部落走进文明社会后，文献成为田野作业里重要的补充；很多人类学者试图超越"到那儿"式的"见证"，走进"历史田野"、"文献田野"，研究"穿越时间的文化"的整体性结构和长时段变迁，打造所谓"历史民族志"。对此，马尔库斯和费彻尔不无批评地指出：

> 我们认为，民族志学者显然既不需要为展现其叙述的历史环境而弄巧成拙，也不需要叛逃到传统的社会史中……我们有很好的理由保留民族志写作的相对共时框架，其中一个理由是田野工作本身在本质上是共时的，它所针对的是某一特定时期或某一时间点……我们遇到的挑战，不是废除共时性民族志的架构，而是充分地发掘民族志框架范围内的历史意义。①

综上所述，在西方语境下，"民族志"从严格词义上来看还是"指涉当代的"、"非历史的"。所谓"历史民族志"应该是指历史上的民族志，而不是指一部民族志本身是今古结合的作品，若有此意，则也是指作者除了现时的实地调查研究之外还辅之以文献研究。只有田野研究中对于文献的利用，不存在所谓"走进历史田野"之说，② 历史民族志（如元代周达观的《真腊风土记》）仅仅是文献而已（现场感那是"别人的"，且当事人没有将其当作"历史民族志"）。真正的民族志是要有主客面对面互动的、有切实的伦理问题的、有贯穿研究始终的反身性③特点的。一些实地调查研究者（如《街角社会》作者威廉·怀特）的事后回顾或反思，其

---

① ［美］马尔库斯、费彻尔：《作为文化批评的人类学——人文学科的实验时代》，王铭铭、蓝达居译，北京，生活·读书·新知三联书店 1998 年版，第 137—138 页。

② 西哲赫拉克利特曾有言道："人不能两次踏进同一条河流"（People can not step twice into the same river）。研究历史需要借助中介。有人把"能为研究者提供关于过去事件之知识的任何实体"（不仅仅限于文献，还包括遗存等等）通称为"来源"（source）。"来源"是连接"实在"跟"研究者"的一个中介。信息通过中介有被曲解的危险。这也揭示了使用"二手资料"跟从事参与观察法、访谈法等现场研究的本质差异。

③ Davies 说，自反性就是"a turning back on oneself, a process of self - reference"，并认为"自我"能够而且必须被用于民族志写作当中。民族学家必须对于不同的权力关系保持敏感。参见 C. A. Davies, *Reflexive ethnography: a guide to researching selves and others*, London: Routledge, 1999, p. 4, p. 108, p. 100. 凡此，在面对文献的书房研究中，似乎很少需要费心推敲。

实很能够展示出与文献研究不同的特点。①

张佩国在接受上海大学学生访谈时对"历史的民族志"与"历史民族志"做了明确的区分。他借用他人的话说,"历史民族志"是面对过往的一段岁月,就是针对"过去"而不是"现在"。可是"历史的民族志"则不然:

> 在我看来,历史活在当下。所谓"历史的民族志"对应英文就是"historical ethnography",它强调田野不仅仅是当下的田野,也不仅仅是利用历史文献那么简单。②

我们觉得从实地工作方法(相对于"事前的准备阶段"和"事后的资料整理、文本撰写阶段"来说,尤指"置身现场"环节)思考,民族志几乎相当于横剖研究(cross-sectional study,亦译作截面研究),乃是对一个代表某个时间点的总体或现象的样本或横剖面的观察和分析,尽管这里的时间点可能不如"全国人口普查"那么精确,而可能是一个较长的时段,如,一个月。访谈仅仅是以"参与观察"为基本特征的田野工作的一环。访谈涉及口述历史应该反映的是受访"土著"的"历史心性"。口述历史所谓"过去的声音"实质必然是"现在的声音"。正如有人在评介汤普森《爱德华七世时代的人们》时指出的:

> 他的"爱德华七世时代的人们"毕竟是那些继续活下来而变成"乔治王时代的人"和当前的"伊丽莎白一世时代的人"。在这么多年间,一些记忆已经消退,或也许受到随后经历的影响。他们的童年记忆,难道不是有很多是在他们年龄较大时回忆的产物吗?……③

---

① 参见〔美〕威廉·富特·怀特《街角社会》,黄育馥译,北京,商务印书馆2006年版。尤其是其中的附录一"关于《街角社会》的成书过程"和附录二"怀特对一个弱者的影响"。
② 参见 徐晶、谢呆馥、张佩国《从政治伦理学到历史民族志——访著名人类学者张佩国教授》,《西南民族大学学报》(人文社会科学版)2011年第3期。
③ 转引自〔英〕托什:《史学导论——现代历史学的目标、方法和新方向》,吴英译,北京大学出版社2007年版,第269—270页。

马氏的入室弟子费孝通晚年重温从师学习的经历，十分理解马氏民族志处理历史问题的难处。他关于"活历史"和"三维一刻"的诠释，展示出田野中现实与"历史"纠结难缠的一面，是很有深意的。今摘引片语如下：

> 如果一个人回想到过去发生的事情，再用当前的话来表达，而且又是向一个外来人传达有关土人自己过去的事情。这里三维直线的时间序列（昔、今、后）融成了多维的一刻。……严格地说，他［马氏］所听到的土人对他们昔时的叙述，只能看作是昔时在今时的投影，而且受到叙述者对后时的期待的影响。
>
> ……怎样处理多维一刻的时间交融的格局，确是研究人文世界的一个难度较大的焦点问题。①

也许拙文的立论在有关社会科学研究的"时间维度"方面过于强调了功能论或结构主义的取向，所以，套用利奇《社会人类学》里一章的标题——My kind of anthropology（"我这种人类学"）——来说，只好叫作 A kind of ethnography without history，它并不能以偏概全、"包打天下"，只是诸多可能性中的一种。② 尽管我们赞同张佩国"历史民族志"的见解，可是，我们依然认为，他上文所说的"历史的民族志"的具体内容，不如冠名以"历史人类学研究"来得贴切。③ 毕竟文献研究与田野作业之间

---

① 费孝通：《从马林诺斯基老师学习文化论的体会》，载氏著《师承·补课·治学》，北京，生活·读书·新知三联书店2001年版，第155页。

② 商界有注册一说，网络世界的域名也存在类似情形；而学界则不然，从人类学的"文化"定义多达N种之多便可领教，社会科学的概念界定是不会遵从"抢注域名"这一游戏规则的。

③ 《蒙塔尤》这样的著作，尽管是"历史人类学"的，但是，它依然属于"文献研究"而已，研究者与被研究对象从来没有共存于同一时空当中，两者之间不存在实地研究中双方的种种人际关系。英国学者科菲（Amanda Coffey）在一部讨论实地研究与研究者身份的著作里强调，"人种学者是作为研究工具出现的"。研究地是由社会成员和研究者形成的场所。调研工作的首要任务就是对人形成的场所进行分析和理解，而且必须通过社会交往和共同的经历才能完成研究任务。研究者"是那个情况复杂、关系微妙的研究地中不容置疑的组成部分"。参见［英］科菲《人种学研究者剖析——实地研究与研究者身份》，任东升等译，青岛，中国海洋大学出版社2007年版，第28、49、155页。

的差别是很明显的。① 马凌诺斯基革命以来的民族志范式，至少从田野工作一环看，向来就是"当下的"；费孝通"历史功能论"对马氏的发展也好②、曼城学派"扩展了的个案研究法"也罢③，其改进实不在"从事民族志"（doing fieldwork）手法本身，而主要是在"田野前"和"田野后"的"书斋工作"。

---

① 　美国民俗学家沃尔特·翁（Walter J. Ong）在《口语文化与书面文化》里多处谈及这两种不同文化的特征和差别。如他指出，"书写和阅读是独自一人的活动……它们使人从事费力、内化和个体的思想活动，这是口语文化里的人不可能从事的活动"；"写作是一种唯我主义的实施过程。我写书时希望拥有成千上万的读者，所以我必须和所有的人隔绝"。他还论述了人的交流与"媒介"交流模式两者在本质上是不同的，人的交流需要反馈、指望反馈，否则交流根本就不可能发生。……人类交流是主体间的互动，"媒介"交流模式却不是。这些论断十分有利于我们厘清"生活现场"与"历史田野"的根本差异，读来让人深受启发。参见［美］沃尔特·翁《口语文化与书面文化——语词的技术化》（Walter J. Ong, Orality and Literacy, 1982/2002.），何道宽译，北京，北京大学出版社 2008 年版，第 77，117，136—137 页。

② 　参见乔健《试说费孝通的历史功能论》，《中央民族大学学报》（哲学社会科学版）2007年第 1 期。文中乔健认为，"活历史"或"三维一刻"的概念是费先生对功能学派的一项创造性的贡献，这个概念不但肯定了历史在功能研究中的重要作用，更能进而提供功能学派为什么反历史的合理解释。

③ 　关于《扩展案例法》，参见［挪威］弗雷德里克·巴特等《人类学的四大传统》，高丙中等译，北京，商务印书馆 2008 年版，第 47 页；［美］布洛维：《拓展个案法》，载布洛维：《公共社会学》，沈原等译，北京，社会科学文献出版社 2007 年版。

历史活在当下 *

——"历史的民族志"实践及其方法论

张佩国

（上海大学人类学与民俗学研究所）

在历史人类学领域，田野工作和民族志实践大概是基本的作业项目，当然这并不等于说，民族志实践构成历史人类学研究的全部内容。就历史人类学研究中的民族志实践看，历史学家和人类学家的视角和进路有很大不同。历史学家或完全依赖文献资料，"在档案馆中做田野工作"。而人类学家的民族志实践，如果纳入历史的纬度，则可能有两种进路，或者完全面对文献资料，做人类学的历史研究；或者面对当下，但将"过去"和"现在"融通起来，"在田野工作中做历史研究"。前两种民族志实践模式，可以概括为"历史民族志（ethnography of history）"，后一种可以称之为"历史的民族志（historical ethnography）"。本文试图就历史人类学中的民族志实践形态进行比较，并重点探讨"历史的民族志"实践的方法论和认识论问题。

一 历史人类学中民族志的实践形态

有很多人类学的初学者也尝试在民族志实践中运用"历史"，但尚未领悟历史人类学的方法，还达不到本文所说的这三种民族志的实践形态。萧凤霞归纳了在民族志文本中对"历史"浅薄运用的情况："人类学者对'历史'的运用有以下几种：许多关注当代论题的学者干脆就忽略历史；有的在书中开头加插一点历史背景，然后立马进入当下的田野记述中

---

* 本文刊载于《东方论坛》2011 年第 5 期。

(ethnographic present)；还有就是从文献——例如方志和族谱——中捡出过去的'经验'事实，以讨论文化变迁。"这些还谈不上是历史人类学的研究，就更称不上是历史民族志或历史的民族志。萧凤霞所期待的是这样一种民族志："只有少数会批判地解构历史材料，从中揭示深藏在当下田野记述地层中的结构过程——这正是我认为历史学和人类学可以交相结合的地方。"① 萧凤霞还只是在解读、利用史料的层面谈历史人类学研究中民族志方法的运用，而对于民族志实践方法论的探讨还远远不够。

简单地在人类学研究中纳入历史的纬度，并不能使民族志实践走向成功。国内法律人类学者所用的法律民族志延伸个案方法，或者"描述'内于时间'的个案的'延伸'及其对农民社区的后来发展的影响"②，或者将个案的"前历史"作为理解个案发生的"前过程"③，则在某种程度上割裂了"历史"与"当下"的整体性实践关联，都不能算是在民族志实践中对历史纬度的成功运用。乔治·E.马库斯把那种机械地将民族志叙述置于历时背景下，并试图展现某种被现代性完全吞没之前的传统社会形态的民族志实践，称之为"大洪水之前"的抢救模式④，认为："这是一种承认历史的拙劣方法，它所服务的实为传统民族志的自我辩护，也就是把抢救正在消失或已被阉割的文化多样性进行记录看作是民族志的存在价值。"⑤

如果历史学家尚未熟练掌握民族志实践的方法和技巧，那么无论是"在档案馆中做田野工作"，还是"在历史研究中做田野调查"，都仍然是历史研究，而没有完全走向"历史田野"，成为历史人类学的民族志实践。法国年鉴学派的历史学家勒胡瓦·拉杜里的《蒙塔尤》一书应该是历史学家运用民族志手法进行写作的典范，是较好的"在档案馆做田野

---

① 萧凤霞：《反思历史人类学》，《历史人类学学刊》第七卷，第二期，2009 年 10 月。

② 朱晓阳：《延伸个案与乡村秩序》，见朱晓阳、侯猛编《法律与人类学：中国读本》，北京，北京大学出版社 2008 年版，第 307 页。

③ 杨方泉：《塘村纠纷：一个南方村落的土地、宗族与社会》，北京，中国社会科学出版社 2006 年版，第 25 页。

④ ［美］乔治·E.马库斯：《现代世界体系中民族志的当代问题》，见詹姆斯·克利福德、乔治·E.马库斯编《写文化——民族志的诗学与政治学》，北京，商务印书馆 2006 年版，第 207 页。

⑤ ［美］乔治·E.马尔库斯、米开尔·M.J.费彻尔：《作为文化批评的人类学——一个人文学科的实验时代》，王铭铭、蓝达居译，北京，生活·读书·新知三联书店 1998 年版，第 137 页。

工作"的历史民族志文本。丹麦人类学家克斯汀·海斯翠普（Kirsten Hastrup）对冰岛历史的研究①，应该是人类学家"在档案馆做田野工作"的典范。研究中国史的著名日本历史学家森正夫在谈到田野工作对历史研究的意义时说，"在发掘作为史学研究基础的文献资料时，田野调查发挥着重要的作用。……文献资料的整理工作和使用方法本身就带有田野调查的性质"。② 历史学家在田野工作中搜集地方文献，或做口述史访谈，以补充正史文献之不足，或仅仅在田野工作中获得一种现场感，那还只是历史研究，尚称不上是历史民族志。当然，人类学家做历史民族志，也需要向历史学家做社会史的方法学习，但"民族志学者显然既不需要为展现其叙述的历史环境而弄巧成拙，也不需要叛逃到传统的社会史中"。③

加拿大人类学家西佛曼（Marilyn Silverman）和格里福（P. H. Gulliver）提倡一种历史民族志，即"使用档案资料以及相关的当地口述历史资料，描写和分析某个固定且可识别地点的民族一段过往的岁月。民族志可以是一般性的、涵盖那个时代社会生活的许多方面，或者，它也可以集中注意力于特定的题目，如社会生态、政治活动或宗教。这种民族志最后带领人类学家远离民族志的现在、自给自足的'群落'和稳定的'传统'这类根基久固但粗糙的设计和假设"。④ 他们将这种民族志称之为 historical ethnography，译者将其译为历史民族志。

其实，两位人类学家又进一步做了文本的分类，"在最后发刊付印的历史民族志中，人类学家和任何历史学家一样，很可能是多多少少按年代的顺序把资料和分析呈现出来。这样做没有掩饰透过了解过去以解释现在的史料编纂意向。因此，这种历史民族志在对历史过程的解读上有其特殊见解。……此外，还有一些完全是在过去时期的历史民族志，只有档案资

---

① ［丹麦］克斯汀·海斯翠普（Kirsten Hastrup）：《乌有时代与冰岛的两部历史（1400—1800）》，见氏编《他者的历史——社会人类学与历史制作》，北京，中国人民大学出版社 2010 年版。

② ［日］森正夫：《田野调查与中国历史研究》，见孙江主编《新社会史》第一辑，杭州，浙江人民出版社 2004 年版，第 309 页。

③ ［美］乔治·E. 马尔库斯、米开尔·M. J. 费彻尔著：《作为文化批评的人类学——一个人文学科的实验时代》，王铭铭、蓝达居译，北京，生活·读书·新知三联书店 1998 年版，第 137—138 页。

④ ［加拿大］西佛曼（Marilyn Silverman）和［加拿大］格里福（P. H. Gulliver）编：《走进历史田野——历史人类学的爱尔兰史个案研究》，贾士衡译，台北，麦田出版社 1999 年版，第 25—26 页。

料可用。这样的资料通常包括一些过去人物的看法和观念。这种民族志是
同时性或贯时性的形式，大半要看资料的有无来决定"。① 前一种民族志
实践形态，应该是"历史的民族志"，对应的英文是 historical ethnogra-
phy；后一种民族志实践形态是"历史民族志"，对应的英文应该是 eth-
nography of history。

　　不管是历史的民族志，还是历史民族志，也不管从事这项工作的是人
类学家还是历史学家，其间的方法论则是相通的，西佛曼和格里福将其概
括为地点、整体论和叙述顺序三个关键特征，"在地方性的脉络下、在次
序安排的要求下，当人类学家必须遗漏下别人视为'重要事情'的同时，
人类学家所采取的整体论立场，就挑战着叙述方式的极限。因此，在构成
历史民族志（historical ethnography）研究方法的三个关键特征——地点、
整体论和叙事顺序——之间，便有了本质上的紧张性"。②

　　著名人类学家克莫洛夫夫妇（Comaroffs）这样总结"历史的民族志"
的方法论特征："首先，我们通常有关能动作用、主体性与意识形态的概
念，能够在民族志文本中呈现，并由此从唯理论主义的束缚中解脱出来，
这包括一组条件，我们如何看人的行为决定方式，我们坚持认为个体行为
不会完全归结为社会力量，反过来，社会力量也不会直接导致集体行为。
其次，正像我们所一直强调的，社会历史有其动因，有其主体性，可以预
见又不可预见。因此，我们的'历史的民族志'必须能够把握社会团结
和社会过程的多样性、连续的整合性以及权力、意义的普遍形态。在此基
础上，第三，我们给予意义实践而不是事件更多的方法论关注，也许，这
是历史人类学和社会史的主要区别所在。"③

　　即使是最著名的人类学家或历史学家，也不可能为历史民族志或历史
的民族志实践制定权威的"行业标准"，西佛曼和格里福所概括的三个关
键特征以及克莫洛夫夫妇所总结的方法论要点，也仅是其一家之言。但由
此，我们可以大致看出"历史的民族志"实践的基本形态和方法论取向。

---

　　① ［加拿大］西佛曼（Marilyn Silverman）和［加拿大］格里福（P. H. Gulliver）编：《走
进历史田野——历史人类学的爱尔兰史个案研究》，贾士衡译，台北，麦田出版社 1999 年版，第
26 页。

　　② 同上书，第 44 页。

　　③ John（Jean Comaroff, *Ethnography and the Historical Imagination*, Boulder · San Francisco ·
Oxford, Westview Press, 1992, p. 37.

也许没有必要刻意区分"历史的民族志"和"历史民族志",我们也可以将"历史民族志"涵括在"历史的民族志"实践形态中。

二　融通"过去"与"现在":在当下发现历史

"历史的民族志"实践所面对的时间纬度是"当下",但"当下"也蕴含了历史,历史活在当下。"为了现时实验的纵深发展,我们需要在传统民族志写作惯例的范围之内,探讨历史意识及其场景问题。……我们遇到的挑战,不是废除共时性民族志的构架,而是充分地发掘民族志架构范围内的历史意义。"① 如此,才能融通"过去"与"现在",处理好结构与过程、共时性与历时性的辩证关系,真正做到如萨林斯所说的在民族志中呈现"文化界定历史"的历史实践逻辑。

处理"过去"与"现在"的关系,仅仅将历史理解为变迁的过程是远远不够的。英国人类学家普里查德重复法律史学家梅特兰的话,"人类学要么成为历史学,要么什么都不是","人类学家探索一个社会的过去,只是为了发现他目前正在调查研究的内容是否在长时期内具有不变的特点,从而确定他认为能够证明的相互关系确实是相互依赖的,确定一些社会运动是重复的,而且,不是通过先例和起源解释现在"。②而法国结构主义大师莱维—斯特劳斯更主张人类学"在历史的垃圾箱中找寻历史","只有对历史发展的研究才使人们得以去衡量和评价当今社会的各个构成成分之间的相互关系"③。"只有历史学,通过展示处于转化过程中的各种制度,使人们有可能将蕴含在许多现象后面并始终存在于事件的连续过程中的结构抽取出来。"④ 很可惜,他们都没有在其民族志实践中贯彻历史人类学的方法论理念,这也许和英国功能主义人类学、法国结构主义人类学本身的方法论有关,此不赘述。

---

① 〔美〕乔治·E. 马尔库斯、米开尔·M. J. 费彻尔:《作为文化批评的人类学——一个人文学科的实验时代》,王铭铭、蓝达居译,北京,生活·读书·新知三联书店1998年版,第137页。

② 〔英〕爱德华·埃文思—普里查德:《论社会人类学》,冷凤彩译,北京,世界图书出版公司2010年版,第141页。

③ 〔法〕克洛德·莱维—斯特劳斯:《结构人类学》,谢维扬、俞宣孟译,上海;上海译文出版社1995年版,第15页。

④ 同上书,第26页。

　　利奇则试图在克钦社会研究的民族志中纳入历史的纬度，"任何有关社会变迁的理论必然是一个有关历史过程的理论。我是断言目前在发生作用的某些'力量'（forces）很可能导致个别克钦社区组织上的修正；我也坚称相同的或非常类似的'力量'在过去也发生作用。若然，则有关克钦历史的事实应与我的理论符合。在此，至少我是在相当安全的立足点上，因为克钦历史已被记录下来的事实是如此支离破碎，以至于几乎可被加以任何一种诠释"。① 但他也只是将克钦人的过去当作"已知历史"和理解当下的背景。

　　真正在民族志实践中融通结构与过程的是马歇尔·萨林斯，他曾将偶发性的事件和结构复发性放在文化系统中理解，并认为事件由此获得一种历史意义，"现在超越过去、同时又保持忠实于过去的这一可能性，取决于文化秩序以及现实情境"，② 就比较好地处理了过程与结构的关系。"共时性层面上的事件登录也有其历时性层面的对应物。事件也根据其社会重要性的逻辑被记忆。和文化叙述一样，过去的故事也是事件真实结果的选择性记述，但这种选择并非毫无章法。"③

　　而法国历史学年鉴学派第二代领袖布罗代尔提倡一种"长时段"结构分析的总体历史社会科学研究，将对应的"短时段"事件看作"转瞬即逝的尘埃"④，在某种意义上割裂了事件与结构的内在关联。而整体史书写的意义在于，将事件史纳入长时段的历史脉络中进行理解，正像保罗·利科批评布罗代尔对事件史的偏见时所说的，"事件虽被赶出了大门，却又飞进了窗户"。⑤ "整体的历史"不仅要整合政治史、经济史、社会史、文化史的编史学，更要融通"共时性与历时性"的二元论。西敏司认为："社会现象就其本质而言都是历史的，也就是说在'某一时刻'，

　　① ［英］李区（E. R. Leach）：《上缅甸诸政治体制：克钦社会结构之研究》，张恭启、黄道琳译，台北，唐山出版社 2003 年版，第 255—256 页。

　　② ［美］马歇尔·萨林斯：《历史之岛》，蓝达居等译，上海人民出版社 2003 年版，第 195 页。

　　③ ［丹麦］克斯汀·海斯翠普（Kirsten Hastrup）：《他者的历史——社会人类学与历史制作》，中国人民大学出版社 2010 年版，第 10 页。

　　④ ［法］费尔南·布罗代尔：《历史和社会科学：长时段》，承中译，载蔡少卿主编：《再现过去：社会史的理论视野》，浙江人民出版社 1988 年版，第 51 页。

　　⑤ ［法］保罗·利科：《法国史学对史学理论的贡献》，王建华译，上海，上海社会科学院出版社 1992 年版，第 42 页。

事件之间的关系并不能从它们的过去和未来中被抽象出来。……是人类创造了社会结构，并赋予其活动以意义；然而这些结构和意义自有它们的历史源流。正是这历史源流在塑造、制约并最终帮助我们去解释上述人类创造力。"①"历史的民族志"就其方法论本质而言，就是一种整体史书写。

"历史的民族志"虽也要运用地方历史文献和口述历史资料，但所面对的是"当下"，因为历史活在当下，所以，当下也富有历史的厚重感。如果不消融"过去"和"现在"的二分，"历史民族志"运用再多的历史文献资料，也至多成为静态的"民族志过去时"，同样是无"历史感的"。即要对当下的日常生活细节保持高度的历史敏感性，"在人们日常生活的细节中看到结构的变迁，这是具有历史敏感性的民族志的一项任务，人们日常生活的细节是田野工作的基本资料和民族志表述的原始素材"。②

日常生活的细节，集中体现在"在地范畴"中。在"历史的民族志"实践中，"在地范畴"的发掘是一条解释"整体的历史"的有效途径。"在地范畴"就是整体社会范畴，同时呈现了社会实践的历时性和共时性，从而将结构与过程的纬度融为一体；又将"事实"的实践系统与"理解"的意义系统结合起来，同时还纳入当地人应对现代范畴的经验和理解，应该是整体性地体现了当地人的历史主体性。在民族志实践中，"在地范畴"能够充分展现"整体的历史"的多维面相，反映整体生存伦理的文化逻辑。所谓整体生存伦理，意即，生存伦理弥散于社会整体生活中，在所谓的政治、经济、文化、宗教诸领域均无处不在，无时不有，因而是整体性的，故称之为整体生存伦理③。无论是个人的日常生活史、区域的社会史，还是国家的政治史，都存在着"在地"的生存实践逻辑。

"在地范畴"所呈现的整体生存伦理正蕴含了"他者"的生命体验和道德实践，其解释纬度中，既有"他者"对政治经济过程的现代性意义的经验，又有生产、生活、生命（做人、做事）的意义阐释，因而具有超越人类学二元论解释的民族志实践意义。在这里，道德不再作为一个狭

---

① ［美］西敏司：《甜与权力——糖在近代历史上的地位》，王超、朱建刚译，商务印书馆2010年版，第14页。

② ［美］乔治·E.马尔库斯、米开尔·M.J.费彻尔：《作为文化批评的人类学——一个人文学科的实验时代》，王铭铭、蓝达居译，生活·读书·新知三联书店1998年版，第152页。

③ 张佩国：《整体生存伦理与民族志实践》，《广西民族大学学报》（哲学社会科学版）2010年第5期。

临的伦理学领域，其整体性特点体现在其弥散于政治、经济、宗教诸多领域，这时，"道德"的整体性应使人类学家以更加开阔的视野呈现一个立体化的民族志图像。弥散在整体历史中的道德，本身就是历史性的，更是整体性的，具有民族志的"诗学与政治"的道德表述也成为历史实践的内在要素。在此，深邃的历史感和敏感的历史意识是"历史的民族志"实践者必备的精神气质和职业素养①。

在"历史的民族志"实践中，"历史"通过仪式、事件、地景、记忆与物的生命史等诸多介质活在"当下"，成为"被发明的传统"，而"'被发明的传统'意味着一整套通常由已被公开或私下接受的规则所控制的实践活动，具有一种仪式或象征特征，试图通过重复来灌输一定的价值和行为规范，而且必然暗含与过去的连续性"。②

如果把仪式也当作一种历史记忆的话，那么正如保罗·康纳顿所说，"研究记忆的社会构成，就是研究使共同记忆成为可能的传授行为。……正是为此目的，我把纪念仪式和身体实践作为至关重要的传授行为，加以突出。……有关过去的意向和有关过去的记忆知识，是通过（或多或少是仪式性的）操演来传达和维持的。"③王斯福在研究民间宗教的仪式时，不仅将其看作一种记忆，更看作是地方文化秩序的运作实践，"过去与现在区分开来，过去被当作一种教条而备受尊敬，目的是要借助仪式或者其他的观察和知识，重新认识到过去的那些失败，并加以改进。……历史意义在这里就是一种运作，通过这种运作，现在便从过去那里转借来一种权威，由此也保持了一种前后秩序的连续。"④

"地景"不是纯自然的观赏景观，而是一个历史过程，蕴含了一个地方社会的形成过程，更富含了意识形态的历史意义⑤。"地景从来不是一成不变的，它浸透着历史——既是与之相关的人的历史，更重要的是它自

---

① 参阅张佩国《整体的历史与弥散的道德》，《中国社会科学报》2010 年 6 月 22 日。

② ［英］E. 霍布斯鲍姆等：《传统的发明》，顾杭、庞冠群译，译林出版社 2004 年版，第 2 页。

③ ［美］保罗·康纳顿：《社会如何记忆》，纳日碧力戈译，上海人民出版社 2000 年版，第 40 页。

④ ［英］王斯福著：《帝国的隐喻——中国民间宗教》，赵旭东译，江苏人民出版社 2008 年版，第 8—9 页。

⑤ Eric Hirsch and Michael O'Hanlon, *Edit*, *The Anthropology of landscape*, *Perspectives on Place and Space*, Oxford, Clarendon Press, 1995, p. 23.

己的历史。两个层面的历史常常是交织在一起，无法清晰区分与辨别的；以拟人的修辞来说，历史便是人之'命运'与地景之'命运'之间的相互切合。这使得我们对地景的探讨，一方面绝不能忽视或抹去地景自身所浸透的时间感；另一方面也需要从中看到与之相关的人群社会交往的历史关系。"①"地景铭刻"（landscape inscription）实际就是一种历史记忆，也是一个地方文化秩序生成的历史，人们借地景的想象来划定空间边界、族群类别，以竞争财富资源、争夺文化领导权②。

而"物"也是有生命的，"物"有其生命史，形成了其背后的物质文化。台湾地区人类学家黄应贵及其学术合作者对物与物质文化的研究，按照他们自己的说法，"最主要的突破是，由象征性沟通系统之性质的改变来凸显物性与历史及社会经济性之间的关系"。③而有关"物"的历史民族志实践，则"试图从长时段中去考察物的流通、传播，以及在跨文化语境下意义转化的过程"。④

当然，在整体史取向的"历史的民族志"书写中，事件、仪式、地景、记忆、物的生命史等介质，都不是碎片化的，而是在整体生存伦理的视野下得以解释，更凸现"他者"的历史主体性。"在当下发现历史"，一方面，显示了民族志实践者敏锐的历史意识和读史（此处主要指在田野工作中发现历史）能力；另一方面，更应呈现当下的人们是如何"制作历史"的。

三 "制作历史"：实践抑或书写

从历史哲学的角度来说，"一切历史都是当代史"（克罗齐语）、"一切历史都是思想史"（柯林伍德语）。这一历史哲学问题在"历史的民族志"实践层面，则转化为"制作历史"（Making History）的方法论。历史

① 汤芸：《以山川为盟——黔中文化接触中的地景、传闻与历史感》，民族出版社2008年版，第30页。
② 参阅胡正恒《历史地景化与形象化：论达悟人家团创始记忆及其当代诠释》，收录于《宽容的人类学精神：刘斌雄先生纪念论文集》，台北，中研院民族学研究所2008年版，第199—232页。
③ 黄应贵主编：《物与物质文化》，台北，中研院民族学研究所2004年版，第18页。
④ 舒瑜：《微"盐"大义——云南诺邓盐业的历史人类学考察》，世界图书出版公司2010年版，第244页。

不仅是历史学家、人类学家"心中的历史",更是"他者"的历史,"历史的民族志"更多地是要呈现"他者"的历史主体性。约翰·戴维斯在评论 E. 沃尔夫对历史人类学的贡献时说:"如果我们想要解释过去在某个当代异国社会所发挥的形塑力量时,我们就必须要牢记:那个历史中的行动者,对过去可能会有与我们不一样但首尾一贯的看法。"① 我们必须打破粗糙的主观史与客观史的二元界分,真正将历史制作看作一个整体性的历史实践过程。

台湾学者贾士蘅将 Making History 翻译成"制作历史",也许来自于对 Making History 英文原词的理解。人类学家安唐·布洛克(Anton Blok)就指出了"制作历史"的"建构论"倾向:"'制作历史'(making history)这话,并非没有语病。首先,它带有唯意志论的弦外之音。……其次,就算'制作历史'指的是'建构'、'组成'、'塑造'或仅是单纯的'书写'历史,我们也必须同样小心。过去并不只是一种建构,而就算它只是建构(或重构或解构),我们也必须指出它是谁的建构,并且要描绘出其中的权力安排:谁对过去的声明得到承认和接受?凭什么?为什么?敌对的小派系竞相争取历史的真相。"②

我们熟知马克思的那段经典表述:"人们自己创造自己的历史,但是他们并不是随心所欲地创造,并不是在他们自己选定的条件下创造,而是在直接碰到的、既定的、从过去承继下来的条件下创造。"③ 安唐·布洛克也引用了这段话,"人民制作他们的历史,但是他们不能完全随心所欲地制作",但又加注释进行解释,贾士蘅将其译为:"人类制造自己的历史,但是他们不是以随便的事实来制造,或可以有自己的选择;而是以被给予的和留下来的直接事实进行制造。"④ 这里,仅安唐·布洛克的文章

---

① 约翰·戴维斯:《历史与欧洲以外的民族》,见〔丹麦〕克斯汀·海斯翠普(Kirsten Hastrup)编《他者的历史——社会人类学与历史制作》,中国人民大学出版社 2010 年版,第 29 页。

② 安唐·布洛克:《"制作历史"的反思》,见〔丹麦〕克斯汀·海斯翠普(Kirsten Hastrup)编《他者的历史——社会人类学与历史制作》,中国人民大学出版社 2010 年版,第 134—135 页。

③ 〔德〕马克思:《路易·波拿巴的雾月十八日》,《马克思恩格斯选集》第一卷,人民出版社 1972 版,第 603 页。

④ 安唐·布洛克:《"制作历史"的反思》,见〔丹麦〕克斯汀·海斯翠普(Kirsten Hastrup)编:《他者的历史——社会人类学与历史制作》,中国人民大学出版社 2010 年版,第 134—135 页。

里，就出现了"制作历史"和"制造历史"两个概念，后者和《马克思恩格斯选集》"创造历史"的译法相近，较多"决定论"色彩。

不管是"制作历史"，还是"创造历史"，都既有"决定论"成分，也有"建构论"的意义，两个面向都融合在历史实践的整体结构中，正如克斯汀·海斯翠普所言："历史人类学的一个重要课题，是生产'历史'的模式会随着脉络的不同而不同。除了环境、经济和社会组织上的明显差异以外，历史的制作也有一部分取决于当地对于历史的思考方式。人们系同时从概念及物质两方面来体验这个世界。"①

"制作历史"的整体实践意义，可以进一步从历史主体性和历史性（Historicity）的讨论得到阐发。黄应贵在总结台湾人类学家关于时间与历史记忆的研究时，曾指出："有关历史主体性的讨论，不只是指出它是当地人主观上为其主观历史的建构者及其历史过程的活动者与主导者，而为其历史的建构、运转与再现的主体，更指出作为文化认同的主要文化观念与其历史的长期发展经验所形成的历史发展趋势与特色，均共同塑造其历史性与历史主体性。也因此，历史主体性的建构并非完全只是当地人主观的意识而已。"② 由此可知，历史主体性的概念融合了建构论和决定论两种视角。

而"历史性"则带有更多的建构论和象征论倾向。"大贯惠美子（Emiko Ohunki - Tierney）综合归纳出'历史性'（historicity）的性质如下：

1. 历史性是指涉历史意识，是一个文化得以经验及了解历史的模式化方式。

2. 它具有高度的选择性。

3. 在历史性中，过去与现在透过隐喻及换喻关系相互依赖与相互决定。

4. 历史性包含多样的历史再现。

5. 历史行动者的企图与动机，会影响历史的结构化。

---

① 克斯汀·海斯翠普：《乌有时代与冰岛的两部历史，1400—1800》，见［丹麦］克斯汀·海斯翠普（Kirsten Hastrup）编《他者的历史——社会人类学与历史制作》，中国人民大学出版社2010年版，第114页。

② 黄应贵主编：《时间、历史与记忆》"序"，台北，中研院民族学研究所1999年版，第18页。

6. 历史性是历史建构与再现的关键角色。

7. 由历史性来探讨文化界定历史的历史人类学课题，最终的关怀还是文化本身。"①

张原特别推崇大贯惠美子的"历史性"概念和方法，他将其译为"历史感"，认为："就方法而言，象征人类学的历史研究已经超越了'文字中心主义'的研究，在研究中他们已经关注到一些公共的象征符号和浓缩的意义形式在实践中的演变，象征人类学的历史研究也突破了以往对符号象征较为静态的研究风格。将历史视为意义结构的过程，并将历史感视为历史主体活生生的经验，对于我从历史过程的动态与意义系统的多元背后去揭示和认识一个持续稳定的文化深层结构是极有帮助的。"② 如果仅仅在象征论意义上运用"历史性"概念，我以为，实际上比萨林斯所开创的后结构主义人类学，是倒退了一大步。

"他者"的历史编纂也构成历史制作的一部分，并体现了其"历史主体性"，必须承认在地方社会生存的人们才是地方社会历史的主人。而如福柯所说，历史的编史学，"就其传统形式而言，历史从事与'记录'过去的重大遗迹，把它们转变为文献，并使这些印迹说话，而这些印迹本身常常是吐露不出任何东西的，或者它们无声地讲述着与它们所讲的是风马牛不相及的事情。在今天，历史则将文献转变为重大遗迹，并且在那些人们曾辨别前人遗留的印迹的地方，在人们曾试图辨认这些印迹是什么样的地方，历史便展示出大量的素材以供人们区分、组合、寻找合理性、建立联系，构成整体。"③

王明珂即在历史叙述的意义上提出了"历史心性"的概念，"作为根基历史的'弟兄祖先故事'与'英雄祖先历史'皆有一定的叙事模式，或者说，它们有一种模式化的叙事倾向。我称之为'历史心性'。我以'历史心性'来指人们由社会生活中得到的，一种有关历史、时间与社会构成的文化概念。……它更贴近西方学者所称的'历史性'（historicity），

① Ohunki - Tierney, Emiko, 1990. Introduction, The Historicization of Anthropology, in Emiko Ohunki - Tierney ed. *Culture through Time*, Stanford, Stanford University Press, p. 27. 转引自黄应贵《历史与文化——对于"历史人类学"之我见》，《历史人类学学刊》第二卷，第二期，2004年10月。

② 张原：《在文明与乡野之间——贵州屯堡礼俗生活与历史感的人类学考察》，民族出版社2008年版，第38页。

③ ［法］米歇尔·福柯：《知识考古学》，生活·读书·新知三联书店1998年版，第7页。

但又比'历史性'更具体——我们可借文本分析来了解并分别不同的'历史心性'。"①他更多地从历史叙述文本的角度来谈历史心性，显然带有福柯的影子。但"历史心性"，甚至有意忽略了历史实践的物质层面和政治经济体系的意义，比"历史性"带有更浓厚的"唯意志论"色彩。

连瑞枝则为我们展示了云南洱海地区大理古国祖先与神明结合的历史面相，她"从人们如何理解祖先，如何透过祖先的系谱来定义世系，以及依据此一世系界定群己关系，这三个面向来讨论大理社会的内在动力以及运作原则。"②她的"社会结群论"与"历史心性"相结合，使其更注重当地人的"历史制作"。这一研究的启发意义在于，历史当事人的话语也是一种历史解释和历史编纂，更是地域社会秩序建构的要素。

"文化界定历史"，制作历史首先是一种实践，是体现他者历史主体性的实践过程，这一实践过程，自然涵括了他者的历史编纂。而历史编纂则不一定是历史学家和"历史的民族志"实践者的专利，"礼失求诸野"，"正史"和"西方中心主义"的历史书写之外，社会大众和"非西方"的所谓"没有历史的人民"，也在创造和书写着自己的历史，乃至"国史"和"世界史"。

---

①　王明珂：《英雄祖先与兄弟民族——根基历史的文本与情境》，中华书局 2009 年版，第 28 页。

②　连瑞枝：《隐藏的祖先——妙香国的传说和社会》，生活·读书·新知三联书店 2007 年版，第 6 页。

"中华"蒙译的历史话语

——民族国家的建构

纳日碧力戈

（复旦大学 社会科学高等研究院）

根据萨丕尔—沃尔夫假说，语言影响思维，从而影响行动。[1] 例如，不同的语言如何表达关于"中国"、"民族"和"国家"的概念，这些概念本身在不同时代和不同社会和文化背景下的变化，可为我们提供具有丰富内容的"所指"，为我们呈现来自不同语言和语用的征象、对象、释象以及像似、标指、象征。[2] 语言互译会同时涉及这些要素，尤其是像似

---

[1] 洪堡（W. Von Humboldt）和博厄斯（F. Boas）对语言相对论有重要影响。虽然这个理论随着博厄斯、萨丕尔和沃尔夫相继去世失去光环，还受到来自转换生成语法和认识人类学的挑战，但最近重新受到关注；心理学、语言学、人类学以及其他与人类学交叉的学科，开始以折中的态度看待语言相对论，学者们在承认普遍性的同时，也探讨社会和文化的差异带来的特殊性。参见 Gumperz, John and Stephen C. Levinson, 1996。当然，现实也作用于语言和思维，即语言、思维和现实构成互动共生地记录了他们与社会、自然互动的历史过程；此外，词汇（当然要和语法和语音结合起来）作为整个语言的构成部分也会直接或间接、公开或默认地影响语言使用者的思维和行为。在全球化和网络化的当今世界，来自不同语言系统的概念和词汇不断在发生交流，互相影响，互相借用，所以，某种语言影响某种思维和某种行动的程度已经比过去的"前网络"时代大大降低。

[2] 美国符号学家查尔斯·皮尔士（Charles Peirce）把符号现象分成"征象"（sign）、"对象"（object）、"释象"（interpretant）三个部分，这三个部分互相密切关联，各自以其他两个部分的存在而存在；"征象"、"对象"和"释象"也各自被进一步三分，尤其是人类学中常用的"对象"三分可作为重要的分析工具："像似"（icon）、"标指"（index）、"象征"（symbol）。根据丹尼尔（Valentine Daniel）对皮尔士理论的解析，对象一"像似"与所指有相似性，如拟声词、地图、设计图等；对象二"标指"与所指有连续关系，如烟与火的关系；对象三"象征"与所指有约定俗成的关系。这里需要强调，如皮尔斯本人所说，以上三分只是为了方便，在临场中必然是三分归一，互不可分。参见 Daniel, E. Valentine. 1984：30—40。邵京教授把"像似"（icon）、"标指"（index）、"象征"（symbol），解释为比形、比位、比义，并分别翻译成：形似、位近、义通，这无疑是可取的（参见 2010 年 12 月 14 日邵京在复旦大学的演讲《边疆，伦理，治理：以感染性疾病的控制为例》）。

（比形）、标指（比位）和象征（比义），源语和对象语中这些要素的不同分布，不仅影响说话者的认知，也影响他们的实践，形成"无控歧义"（uncontrolled equivocation），即如维韦罗斯·德·卡斯特罗（Viveiros de Castro）所说，交谈双方谈论不是同一个事情，但他们对此并无察觉，最终导致交流阻隔。① 举例来说，"中华民族"一词在汉语和蒙古语里的意思是有差别的：汉语里它表达以汉族、汉语和汉文化为中心的单一制国民国家②，而在蒙古语里"中华民族"只能翻译成 Dumdadu – in Udusuten – nuud，即"中央诸根"，这里的"民族"（"根"）用的是复数，而非单数，明确指出"中华各民族"的含义。鲜卑支系拓跋长期统治中国北方，先后建立过北魏（386—534）、东魏（534—550）和西魏（535—556），名扬于突厥语世界，那里的人称中国为 Tabghach（"桃花石"）；契丹人征服中国北方，建辽国（907—1125），"中国"在以英语为代表的几个西方语言中称 Cathay，即"契丹"。③"中国"的多语称谓表现了多个族群对于这片土地的不同"记忆投资"，他们也在这里留下自己的历史踪迹。也就是说，"中国"的建设者们是由多个民族的成员组成的。然而，这样的多族共建的历史却受到"一族一国"的西方国民国家理想模式的挑战，辛亥革命"驱逐鞑虏，恢复中华"的口号就是一个例证，孙中山希望建立一个真正属于本民族的现代国家，后来有采用"五族共和"的口号，但并没有放弃把少数民族同化为汉族建立真正的中华民族的方略。孙中山说："本党尚须在民族主义上做功夫，务使满、蒙、回、藏同化于我汉族，成一大民族主义的国家。"④

民族国家的建构始于西方，其中有所谓英法式"公民民族主义"的推动，也有东欧、中欧的"文化民族主义"的呼应⑤；非西方的民族国家

① Mario Blaser, "The Threat of the Yrmo: The Political Ontology of a Sustainable Hunting Program." *American Anthropologist* Vol. 111, No. 1, 2009.

② 如费孝通教授把"中华民族多元一体格局"译作 The Plurality and Unity of the Chinese Nation，这里的 Nation 用的是单数。

③ Ronald Lathan, *Introduction to The Travels of Marco Polo*, London: Penguin Books, 1958, pp. 7—29. 贾敬颜：《"汉人"考》，载费孝通主编《中华民族多元一体格局》，中央民族学院出版社 1989 年版。

④ 张有隽、徐杰舜主编：《中国民族政策通论》，广西教育出版社 1992 年版，第 136 页。

⑤ John Hutchinson, "Cultural Nationalism and Moral Regeneration", in John Hutchinson and Anthony D. Smith, eds., *Nationalism*, 1994, p. 127.

构建属于"族群民族主义"类型，且因其后发的性质而显得扑朔迷离①。斯大林的民族定义②兼有东西方民族特征：共同的语言、共同的地域、共同的经济生活，以及共同的文化—心理素质，这四大特征缺一不可，且要在资本主义上升时期具备形成。这个定义既强调领土和主权，强调语言文化，也强调工业化的先期条件，是个理想模型，不可能将世界上多样性的民族全部对号入座。因此，辛亥革命前后，当中国精英们试图建立和建设自己的"国族"的时候，就面临种种困境：一是西方模式各有不同；二是中国历史有统有分，与西方相异。盖尔纳在其名著《民族与民族主义》中认为，人类社会经历了前农业社会、农业社会和工业社会等三个阶段，狩猎和采集的人群不可能具备产生国家的社会条件，而农业社会则具备这样的条件，而且有了不同类型的国家，不过农业社会可以选择是否建立国家。在工业社会，情况发生变化，它规模庞大，分工复杂，国家的存在成为必需，没有选择的余地。③ 在工业社会，典型的工作不再是播种收割，不再是对物的直接操作，而是对意图的掌控，对概念的把握，对复杂设备的操作。④ 工业革命时代也是民族主义时代，民族主义是工业化组织的结果。⑤ 重要的是，民族主义是关于政治合法性的理论，它要求族群边界、文化边界和政治边界重合。⑥ 盖尔纳的民族主义理论可称为"现代论"，即民族主义唯有在现代工业时代产生，是工业化的产物，顺应了市场经济的需要；民族主义先于民族、民族国家出现，它或者对于萌芽的原初民族要素重新排列组合，"创造"民族，或者另起炉灶而创造。中国的建国者们首先要面对的问题，是中国不具备发达的资本主义，王朝遗风浓厚，而外部世界已经进入"弱肉强食"的逐鹿时代，没有强大的现代国家，没有强大的经济和军事力量，一个共同体就不能自立于万国之列。中国只能负重前行，勉为其难地建设现代国族。

追溯历史，公元前 4000 年左右埃及人有了历法；公元前 3500 年苏美

① Anthony D. Smith, *The Ethnic Origin of Nations*, Oxford: Blackwell Publishers, 1986, pp. 130—144.

② 斯大林：《马克思主义和民族问题》，《斯大林选集》（上卷），人民出版社 1975 年版。

③ ［英］欧内斯特·盖尔纳：《民族与民族主义》，韩红译，中央编译出版社 2002 年版，第6—7 页。

④ 同上书，第 44 页。

⑤ 同上书，第 54 页。

⑥ 同上书，第 2，57 页。

尔人初步有楔形文字；埃及人有了图形文字；但是，他们的文明和古国，都已经消失。苏联、美国、加拿大等大国的历史，也只能以数百年计，其中苏联的领土到第二次世界大战后才形成；美国和加拿大的历史只有200多年。"中国是唯一拥有历史悠久的稳定疆域的国家。"① 中国的"國"通"或"，原指"城"、"邑"，城里称"國"，城外称"郊"。② 于省吾先生认为，"中国"这一名称起源于周武王时期，西周时代以中土与四外方国对称。③ 最初的"中国"指周王的居地丰和镐（都在今陕西境内）；周灭商，将商的京师（在河南境内）一带也称为"中国"。春秋时期的"中国"已经扩大到周天子的直属区和晋、郑、宋、鲁、卫等国。不过，"中国"还有"民族"的意思。秦人来自东夷，处于戎狄之间，在占有原来的"中国"之后，却不能得到"中国"诸侯的承认，仍然被称为"夷狄"。④ 随后的"中国"不断扩大，一直发展到今天的规模。拉铁摩尔著《中国的亚洲内陆边疆》⑤，大手笔描绘中国农耕与游牧民族之间的互动历史，由于地理环境、语言文化等方面的原因，居于农耕腹地和游牧腹地的人群各自保持了自己的习俗，不能够互相同化，但居于中间地带（尤其是"储存地"）的群体，却有不少人掌握了双语和双文化，成为"静态"农耕文化和"动态"游牧文化的沟通者。从元代到清代，统一中国的任务都是由游牧民族完成的，其中胡骑三次南下对统一中国起到至关重要的作用⑥。在中国历史上有"以族定国"和"以国统族"的不同进路。"以族定国"即文化中心主义，把自己视为正统，把别人看作异统；"以国统族"，则兼容多元语言、宗教、文化，在行政上也有多样性。孙中山在发动辛亥革命时提出"驱逐鞑虏，恢复中华"的口号，属于"以族定国"；后来他又提出"五族共和"口号，则属于"以国统族"。梁启超起初用"中国民族"指包括各少数民族在内的"大民族"，后来他也同时使用了"中华民族"，由于当时"中华民族"和"汉族"时有互通，"中国民族"

---

① 葛剑雄：《统一与分裂：中国历史的启示》（增订版），中华书局2009年版，第2页。
② 同上书，第23页。
③ 于省吾：《释中国》，载胡晓明、傅杰主编《释中国》（第三卷），上海文艺出版社1998年版，第1515—1524页。
④ 葛剑雄：《统一与分裂：中国历史的启示》（增订版），中华书局2009年版，第25页。
⑤ ［美］拉铁摩尔：《中国的亚洲内陆边疆》，江苏人民出版社2005年版。
⑥ 葛剑雄：《统一与分裂：中国历史的启示》（增订版），中华书局2009年版，第87—89页。

比"中华民族"的涵盖较广①。目前,跨语言表达的"中国人"有"中华民族"和"中国民族"两类:一是汉语表达的"中华民族";一是非汉语表达的"中国民族"。汉语表达的"中华民族"由"华夏"——"汉"话语发展成为力图包容非华夏、非汉之民族的"大民族";非汉语表达的"中国民族"则发展成为"空间中国",与中国即"中土"的古义相合。

蒙古语把汉人称为 hitad,而 hitad 本义"契丹",在域外是 Cathy。元代分蒙古、色目、汉人、南人等,其中汉人包括北方宋人、契丹人、女真人、高丽人等;南人又称"南家"(nanggiyad),疑为满语中的 nikan②。然而,hitad 也指中国,蒙古国把中国叫作 hitad。这样,在蒙古语里 hitad 就有两个意思:一是"汉人";一是"中国"。我们可以由此二义,浓描族性对话的历史局部,既关注"历史三调"③,希望"从民族国家拯救历史"④,也试图呈现巴赫金式"对话的喧声"⑤。在蒙古语中,"中华民族"的"华"字不译⑥,直接的意思是"中央诸族"*dumdadu – in udusuten – nugud*,取其空间意义,不取其"华夏"意义。又据艾特伍德(Charles Atwood)考据,"中国"的蒙古文译名 *dumdadu ulus*("中央民众")出自蒙古八旗的喀喇沁部人罗密,时间大约在 1735 年,内蒙古卓索图盟土默特右旗人尹湛纳希也在所著《清史演义》使用了这个译名⑦。这种取空间意义的"中国"与"中国民族"契合,也与"民族"的早期用法⑧相承。以"大民族"统"小民族",以"空间中国"统"文化中国",即"以国统族",是中国近代以来的传统,也是本土特点。中国 19 世纪 50—70 年代的民族识别,延续了"民族繁殷"、"五族共和"的空间中国思路,没

---

① 黄兴涛:《"民族"一词究竟何时在中文里出现?》,《浙江学刊》2002 年第 1 期。

② 乌兰:《〈蒙古源流〉研究》,辽宁民族出版社 2000 年版,第 161、582 页。

③ [美]柯文:《历史三调:作为事件、经历和神话的义和团》,杜继东译,江苏人民出版社 2000 年版。

④ [美]杜赞奇:《从民族国家拯救历史:民族主义话语与中国现代史研究》,江苏人民出版社 2008 年版。

⑤ 刘康:《对话的喧声:巴赫金的文化转型理论》,中国人民大学出版社 1995 年版。

⑥ 在蒙古语中"华"即"汉",作 hitad。

⑦ Christopher Atwood, *Young Mongols and Vigilantes in Inner Mongolia's Interregnum Decades*, 1911—1931. Leiden: Brill. 2002, p. 41.

⑧ 据彭英明(1985)考证,王韬撰《洋务在用其所长》一文,提道:"夫我中国乃天下至大之国也,幅员辽阔,民族繁殷,物产饶富,苟能一旦奋发自雄,其坐致富强,天下当莫与颉颃。"这里的"民族"当然指中国各民族。

有采用苏联的"民族等级制",各民族不分大小一律平等,这是照顾中国传统的本土化处理。

包括中国在内的后发型现代国家,面临民族多元和政治一体如何调适的问题,民族身份与公民身份存在紧张,如果不想使这种紧张演变为冲突,那就要找到消解紧张的机制。民族国家受到各种挑战,矛头主要指向民族国家社会—政治结构。社会如何可能实现超民族的一体化?这仍然涉及以国统族还是以族统国的问题。在现代汉语的使用者中,"民族"、"国家"几乎就是同义词,近现代多族建国的历史被悬置起来,非汉语的"民族"和"国家"表达也被遮蔽。休·希顿—沃森和沃克·康纳都认为民族和国家不是一回事情①,沃克·康纳认为是美国把民族混同于国家,造成用词上的混乱②。如果要替康纳找例子,我们可以指出,直到现在,美国自称"联合国"(The United States),联合国自称"联合族"(The U-nited Nations)。维罗里(Maurizio Viroli)在区分民族(Nation)与国家(State)的基础上区分爱国主义与民族主义,也格外意味深长③。无论如何,现今的国民国家只有200多个,而民族则至少在2000个以上,这些不同的民族及其不同的语言和文化,只能分布在这些有限的200多个国家当中。多元多样已经成为现实,是我们日常生活的状况,学会在差异中生活和生存,是现代公民的基本常识。

从历史和现状考察中国,爱国、爱族、爱文化分属于不同的层面,不可混淆;以公民身份和文化身份统一民族是符合历史、尊重现状的选择。民主共和,公民认同,文化兼容,多元并蓄,这些都是这个新时代的关键词。学术话语中同样要体现共和诉求中的民族多样,以公民认同对应文化兼容,以多元并蓄消解一元化倾向所造成的紧张。多族建国是一个长期过程,是协商共生的动态表达,既有政治冲突造成的重组,也有理性考量形成的平衡。协商共生是各民族、各族群的生存常态。换句话说,多样性、

① [英]休·希顿—沃森:《民族与国家——对民族起源于民族主义政治的探讨》,吴洪英、黄群译,中央民族大学出版社2009年版,第1页。Connor, Walker, *The National Question in Marxist - Leninst Theory and Strategy.* New Jersey: Princeton University Press, 1984, Introduction, p. xiv.

② Connor, Walker, *The National Question in Marxist - Leninst Theory and Strategy.* New Jersey: Princeton University Press, 1984, Introduction, p. xiv.

③ Maurizio Viroli, *For Love of Country: An Essay on Patriotism and Nationalism.* Oxford: Clarendon Press, 1995.

异质性是社会和谐的理性前提、思辨基础和社会现实。如果，没有多样性
和异质性，"和谐"就成为多余，即"和谐"相对于多样性和异质性而
言，失去了多样性和异质性，关于"和谐"的思辨和实践也就成了相对
于"和谐"的"和谐"，成为没有意义的同义反复。

　　"像似"（比形）、"标指"（比位）和"象征"（比义）在不同语言
中有不同的分配，使歧义和多义成为跨语言、跨文化的常态，也使得对
话、协商成为必需。国家认同要建立在对话喧声的基础之上，在嘈杂之音
中寻找"重叠共识"。多语多义的"词源考证"有利于我们保持冷静头
脑，避免"幼稚现实主义"（naive realism），避免把自己的世界观当成普
世真理，避免对他人的不同思维视而不见；它有利于我们承认理性多元的
现实，鼓励"合作美德"，从而也就有利于达成建立在公共理性之上的罗
尔斯式"重叠共识"①。从"中华"蒙译可以得出结论：中国的民族国家
建构最终要指向国民国家的建构，公民意识要超越民族意识，但这是一个
长期的对话协商过程，是开放的互动过程，其中有历史的"断裂"，也有
历史的连续，有主流语言的表达，也有多语喧声。

---

　　①　顾肃：《多元民主社会中的重叠共识与公共理性》，史军译，《马克思主义与现实》2008
年第 1 期。

儒教神话的历史建构[*]

田兆元
（华东师范大学民俗学研究所）

儒教神话是一个历史的存在，也是一种现实的活态表现。它的历史建构过程，可以从民俗学与人类学的视角进行讨论。作为民俗学的视角，是将语言表述的神话与行为表演的神话当作一个整体来分析；而作为历史人类学，可以对于其历史的建构过程及其现实展演进行讨论。但是在讨论该问题的时候，不必要为学科所拘，我们以揭示儒教神话的系统构成为根本目的，这本质上还是一个以文献为中心的研究话题。

一 关于儒教神话的概念

关于"儒"的神话，有多种称谓，从概念上进行一些讨论，然后再探析其内涵，这样，作为一个论题，我们就会有一些基本的认同。

很长时期以来，我们一般认为儒家是实用理性主义，不语怪神乱力，说儒家神话也好，儒教神话也好，那是很少人会承认的。今天，我们再提这个话题，是儒家文化研究发展的结果，也是神话学发展到新的阶段的一个结果。学界普遍认为：神话不仅仅是原始人的游戏，而是伴随人类终始的一份精神遗产。如今，叶舒宪先生大力倡导儒家神话的研究，可以见出，中国神话学的研究已经走出了狭隘的空间。这既是神话学研究的跨越发展途径，也是儒学研究的必然使命。叶先生对于儒家神话发生有这样的一个解释："人间的王能够变成圣人，后来的孔子被当作圣人，这样的一

* 本文部分内容收录在叶舒宪、唐启翠编《儒家神话》（南方日报出版社 2011 年版）一书中，本文有所损益。

个传统应该说是儒家神话的一个脉络。"① 这是对于儒家神话形成的途径的一种表达和概括。这是丰富的儒家神话演进的一种表达。

过去，笔者在对于儒者的神话分析的时候，使用过"儒学神话"和"儒教神话"两个概念，唯独没有使用"儒家神话"的概念。今天重新检讨一番，觉得也是一个很有意思的话题。我们现在使用哪一个概念都可以，但是在使用的时候不是随意的，也许是应该首先考辨一番的。现在把那时的一些想法拿出来，再加上目前的一些思考，和大家交流一下，可能不仅有助于加深对概念的理解，进而对儒文化这个大的系统中，作为神话系统的儒文化会有一个整体的了解。

1998 年，我在《神话与中国社会》一书的第十一章讨论汉代神话，该章的题名为"儒学神话向皇权先挑战后归依"，使用的是"儒学神话"的概念。曾经这样认为："儒学之神化是一个把神化了的孔子及其经书同现实的符瑞与谶语相结合的过程。"② 这是对于汉代儒学神话发生的一种表达，认为"神化孔子是儒学神话的前奏"。

但该书后来有一节，又叫"儒教神话的命运"。当时没有使用"儒家神话"的概念。现在看来，使用哪一个概念并不是最为重要的问题，关键是怎么去界定概念的内容。但是当时使用这两个概念的一些考虑，也是有用心的。为什么当时不使用"儒家神话"的概念呢？

首先，我们说的儒家的这个概念，似乎耳熟能详了，闭着眼睛都会想出来这是指的什么。但是，儒家的概念实际上出现似乎较晚。在西汉的时候，没有见到关于儒家的称谓。而当时论述儒教神话的时候，是由于没有见到儒家的称谓，所以使用了儒学的概念，而儒学的概念在当时普遍使用。为什么西汉只有儒学的概念而没有儒家的概念呢？当时觉得也是较为奇怪，但没有深入思考。这里我们简单评述一番这个问题。

司马迁在《史记》的太史公自序里面说到其父司马谈谈六家要旨，计有阴阳、儒、墨、名、法、道德这六家，看起来已经是把儒列为一家，但是看他的具体阐述则不然。我们来看《史记》的这段论述：

> 太史公学天官于唐都，习道论于黄子。太史公仕于建元、元封之

①　叶舒宪：《中国圣人神话原型新考》，《武汉大学学报》2010 年第 3 期。
②　田兆元：《神话与中国社会》，上海人民出版社 1998 年版，第 226 页。

间，愍学者之不达其意而师悖，乃论六家之要指曰：

易大传："天下一致而百虑，同归而殊途。"夫阴阳、儒、墨、名、法、道德，此务为治者也，直所从言之异路，有省不省耳。尝窃观阴阳之术，大祥而众忌讳，使人拘而多所畏；然其序四时之大顺，不可失也。儒者博而寡要，劳而少功，是以其事难尽从；然其序君臣父子之礼，列夫妇长幼之别，不可易也。墨者俭而难遵，是以其事不可遍循；然其彊本节用，不可废也。法家严而少恩；然其正君臣上下之分，不可改矣。名家使人俭而善失真；然其正名实，不可不察也。道家使人精神专一，动合无形，赡足万物。其为术也，因阴阳之大顺，采儒墨之善，撮名法之要，与时迁移，应物变化，立俗施事，无所不宜，指约而易操，事少而功多。儒者则不然。以为人主天下之仪表也，主倡而臣和，主先而臣随。如此则主劳而臣逸。至于大道之要，去健羡，绌聪明，释此而任术。夫神大用则竭，形大劳则敝。形神骚动，欲与天地长久，非所闻也。

夫阴阳四时、八位、十二度、二十四节，各有教令，顺之者昌，逆之者不死则亡，未必然也，故曰"使人拘而多畏"。夫春生夏长，秋收冬藏，此天道之大经也，弗顺则无以为天下纲纪，故曰"四时之大顺，不可失也"。

夫儒者以六艺为法。六艺经传以千万数，累世不能通其学，当年不能究其礼，故曰"博而寡要，劳而少功"。若夫列君臣父子之礼，序夫妇长幼之别，虽百家弗能易也。

墨者亦尚尧舜道，言其德行曰："堂高三尺，土阶三等，茅茨不翦，采椽不刮。食土簋，啜土刑，粝粱之食，藜藿之羹。夏日葛衣，冬日鹿裘。"其送死，桐棺三寸，举音不尽其哀。教丧礼，必以此为万民之率。使天下法若此，则尊卑无别也。夫世异时移，事业不必同，故曰"俭而难遵"。要曰彊本节用，则人给家足之道也。此墨子之所长，虽百长弗能废也。

法家不别亲疏，不殊贵贱，一断于法，则亲亲尊尊之恩绝矣。可以行一时之计，而不可长用也，故曰"严而少恩"。若尊主卑臣，明分职不得相逾越，虽百家弗能改也。

名家苛察缴绕，使人不得反其意，专决於名而失人情，故曰"使人俭而善失真"。若夫控名责实，参伍不失，此不可不察也。

　　道家无为，又曰无不为，其实易行，其辞难知。其术以虚无为本，以因循为用。无成势，无常形，故能究万物之情。不为物先，不为物后，故能为万物主。有法无法，因时为业；有度无度，因物与合。故曰"圣人不朽，时变是守。虚者道之常也，因者君之纲"也。群臣并至，使各自明也。其实中其声者谓之端，实不中其声者谓之窾。窾言不听，奸乃不生，贤不肖自分，白黑乃形。在所欲用耳，何事不成。乃合大道，混混冥冥。光耀天下，复反无名。凡人所生者神也，所讬者形也。神大用则竭，形大劳则敝，形神离则死。死者不可复生，离者不可复返，故圣人重之。由是观之，神者生之本也，形者生之具也。不先定其神，而曰"我有以治天下"，何由哉？①

　　对于阴阳，司马迁使用的是阴阳之术，而对于儒，称为"儒者"，对于墨，也是称为"墨者"，只是对于名、法和道德分别称为名家、法家和道家。这样，儒家这个概念在《史记》中竟然没有被叫出来！也就是说，儒家这个概念，在那个时候可能是不存在的。

　　查阅典籍发现，在西汉的时候，似乎没有儒家称谓的概念，而只有儒学的概念。如《史记·五宗世家》称河间王："好儒学，被服造次必于儒者。山东诸儒多从之游。"又《史记·老子韩非列传》："世之学老子者则绌儒学，儒学亦绌老子。"司马迁自己使用儒学的概念，兼用儒者的概念，或者单独使用一个儒字。

　　为什么不称儒为家呢？我想一种可能是：武帝时代即将把儒学上升为一尊之学，称家与其他道家，名家和法家并列，有损儒学地位，无以体现儒学的高崇之处。所以儒可以称儒学，但不能称家，是不能和道家、法家和名家等混在一起使用同样的称谓的。

　　那为什么阴阳、墨这两家也不称家呢？司马迁可能也是出于对于这两家的地位考虑的。因为在春秋战国时期，儒、墨是显学，《韩非子·显学》："世之显学，儒、墨也。"所以墨学的称谓也不能跟道家、法家一样。而阴阳家呢？这是司马氏家族的职分，所以该排第一，也不能与道、法、名三家并列，所以用了"术"，以区别于其他的学派。因此，所谓六

①　《史记·太史公自序》。

家竟然有三种表述方式，即某术、某者和某家。我们熟悉的儒家的概念，在这里没有使用，在西汉时期大体上也没有使用。比较而言，称某某家，在六家之中，相对来说是地位较低的。

这就是当时没有选择"儒家神话"的概念，而使用"儒学神话"概念的原因。但现在看来，"儒家神话"与"儒学神话"的概念，似乎都不如儒教神话的概念更为合适一些。

当时觉得"儒学神话"的概念，在讨论神话这样一个范畴的时候，并不是最恰当的，毕竟儒学是学术，如果说使用儒教神话的概念，倒是可以获得广泛的认同。于是，在书中加入了"儒教神话"这样一个概念。后来便一直使用儒教神话的概念了。比如在《神国漫游》（上海人民出版社 2000 年）这部神话学的随笔集里面便有这样一篇文章：《儒教的神话依据》。

前面提到，关于儒文化的神话的任何一个概念都是可以使用的，但是其中也可以选择更为合理的表达形式。儒家神话，一是概念出现较晚；二是儒家作为一个学派的称谓，与神话一词黏附，也容易引起误解。儒家主要指代个人，是一个学派的集合概念。容易被人理解为个人的神话。所以窃以为儒家神话不是最为恰当。儒学神话呢？尽管当时使用过，但是这个说法也不太恰当，毕竟儒学的指向性明确，它所相关的是一种学术思想。儒学是有神学的因素，但是儒学的社会观，宇宙观并不都是神话学的东西。尤其是宋明理学以来，儒学的思辨性加强，神话与学术呈现出分离的情形。所以使用儒学神话的概念也不是很恰当。

我主张使用儒教神话这个概念。这是因为作为一种宗教，它与神话的关系更加密切。儒教是一个古老的关于儒文化的一种传统称谓，儒家，儒学，儒教三者虽然关系密切相互依赖，但是，儒家是学派的称谓，儒学是学术的称谓，儒教是信仰的称谓，三者合起来才是儒文化的完整形式。其中任何一项都不能代表儒文化的全部内容。儒的神话，主要是与儒的信仰关联，因此，称为儒教神话，从神话的特性来说，与信仰有密切关系，要比学派和学术关系紧密一些。

而当下人们对于儒教存在误解，认为儒非教之说不绝于耳。提出儒教神话的概念，还可以强化儒教这个重要概念，加深人们对于儒教作为一种信仰文化和实践的理解。

二　儒教神话的记录体系

　　儒教神话是一种体系较为严密的神话系统，后因为民间和地方的广泛参与，儒教的神话看起来又很杂乱。加上人们在讨论儒教神话时所凭借的资料存在选择不当的问题，因此，人们对于儒教的神话，就像一些人所认为的中国神话一样，认为儒教神话也是很杂乱无序的。这跟误解中国神话一样，误解了儒教神话，解除这种误解，需要正确理解儒教神话的记录体系。

　　首先，我们讨论儒教神话，《论语》《孟子》固然重要，但根本文献应该是"五经"而不是"四书"。有人在《论语》《孟子》里面找半天，不仅没有找到多少神话，甚至于连儒教的这样一个事实都要否定，因为这样两部重点谈论社会理想、个人价值的对话体著作，说的大部分都是现实问题，是关于为学，关于为政，关于为人的一些基本的伦理原则，这本来就不是讨论信仰与神话的书。

　　但是要是翻开"五经"，情况就大大地不同了。《诗经》"雅""颂"有最为动人的史诗，还详细描述神灵祭祀的仪式，以及人们对于天神地祇及其祖先的观念。最近的研究成果显示，就是"国风"中，也有大量的神话。因此可以提出《诗经》神话这样一个概念。《尚书》记载了唐、虞、夏、商、周的历史，更记载了这几个时代的神话与信仰的发展与变迁。《礼记》里的祭祀体系和神灵体系是较为严整的，体现出社会的规范。《春秋》一书及其"三传"，充满了神话色彩，像《左传》这样的书，简直就是一部启示录及其验证的表述。《周易》沟通神人，知来藏往，是神话背景下的著作。

　　这些充满神话的儒学典籍，是儒教的依据，而其中的神灵体系后来成为国家祀典的基本构架，很多王朝的国家祀典，基本就是按照《周礼》《礼记》的阐述建立起来的。儒教的神话转化为历代国家宗教和祭祀礼仪，因此是一活跃数千年的信仰系统。所以研究儒教神话，往往要重视中国古籍"史部"正史之"郊祀志"、"礼志"等，因为那里清楚地记载了儒典的神话是如何在国家祭祀体系里体现的，是儒教神话国家化的珍贵资料。

　　这些儒学的经典，在汉代被神话化了。孔子是神，经典也是神典，于是出现了以神话解释经书的典籍：汉代纬书。纬书神话孔子，这是任何宗教发生的必然过程。教主是一定要被神话的。但是，这些纬书在神话的道路上走得太远，又，当时的儒生把儒典与汉代社会现实关联得太紧密，而相关的宗教制度也没有建立起来，如组织较为严密的教团，单靠一批经典传述神话，这样，儒教的神话就很脆弱。加上不久佛教、道教传入或发生，它们的组织形式要比儒教严密，明显优于儒教，所以这些纬书及其神话后来被斥为荒诞遭到排斥。但是，这些纬书的影响是深远的，它对于孔子神圣形象的建立起到重要作用。

由于中国历史的记载是以《春秋》笔法为基本特征，一方面，强调实录；另一方面，重视善善恶恶的伦理教化。所以历代的史书，其主干的神话内容，是儒教神话的内容，因此，传统的史书也是儒教神话记录体系的重要构成部分。

以宗族文化为主体的传统社会，民间宗族文化的理论基础是儒家礼制。经过宋儒发展的儒学，把宗族建设作为社会建设的重要内容，相应的，也将宗族的神话扩展开来。通过宗庙，家谱和祭祀仪式，这些家族的神话在家族间世代流传，是儒教神话在基层的传播形式。

宋元以来的地方建设，往往把地方英雄神灵化，以便引导社会和世道人心。因此，家谱一类的民间典籍，地方志一类的地方文献，往往是宗族神话和地方神话的主要记载文献，它们是儒学神话在民间的表现。地方英雄的神话与宗族的神话往往呈现合流状态，如某一地方英雄，实际上乃是某一宗族的祖先和宗族的杰出人物，因为中国的聚族而居的特性，地方与宗族是密切关联的。

另外，民间口头传说故事，那些涉及地方英雄，尤其是清官孝子忠孝节义之类的地方英雄，那些与宗族祖先相关的神话故事，都是儒教神话的材料。

儒学经典，皇家祭祀的记录体系，地方文献，家谱，图像，雕塑，口传故事等，民俗行为，构成了一个儒教神话的记录体系，是我们研究儒教神话的基本材料。

以上是关于儒教神话的文献资料，也即语言形态的神话资料。我们认为，一种神话是由三种叙事形态构成的，语言形态只是其中的一种形态，而物象形态、民俗行为形态与语言形态合在一起，构成了神话叙事的完整的形态。①

　　因此，除了文献记载，宗庙神庙，雕塑等传世文物，也是儒教神话的物化形态，需要加以关注。如各地的孔庙文庙，孔圣人像；儒家忠义化身的关羽关帝庙宇、关帝像及其相关的文物等；各世家大姓的宗庙祠堂，祖先画像塑像等。这些建筑和塑像大都是根据一定的神话传说为依据建立的，因此，它们是凝固的儒教神话叙事形态。

　　此外就是儒教神庙神灵的祭奠仪式，上至国家祭奠的南北郊祀之礼，日月山川祭奠之礼；下至家族祖先祭奠之礼，宗庙祠堂的祭祀戏剧。这些祭祀之礼，很多都是古典神话的再现。因此，有人将神话研究称为神话—仪式学派，即是对于仪式的神话叙事功能的一种表达。

　　以上就是我们对于儒教神话记录体系的简略表述。

三　儒教神话的系统

　　儒教神话的系统，有几个组成部分：

　　第一，对于神话的基本理论和观念，即界定何为神、何为鬼、何种对象可以进入祭祀体系等问题。如，《礼记·祭法》这样说：

　　　　山林、川谷、丘陵，能出云为风雨，见怪物，皆曰神。有天下者，祭百神。诸侯在其地则祭之，亡其地则不祭。大凡生于天地之间者，皆曰命。其万物死，皆曰折；人死，曰鬼；此五代之所不变也。

　　这个关于鬼神的观念，几乎是中国鬼神观的基础。儒典记载的鬼神观，还有很多，比如：

　　　　宰我曰："吾闻鬼神之名，而不知其所谓。"子曰："气也者，神之盛也；魄也者，鬼之盛也；合鬼与神，教之至也。众生必死，死必归土：此之谓鬼。骨肉毙于下，阴为野土；其气发扬于上，为昭明，焄蒿，凄怆，此百物之精也，神之着也。因物之精，制为之极，明命鬼神，以为黔首则。百众以畏，万民以服。"圣人以是为未足也，筑

---

① 　田兆元：《神话的构成系统与民俗行为叙事》，《湖北民族学院学报》2011 年第 6 期。

为官室，谓为宗祧，以别亲疏远迩，教民反古复始，不忘其所由生也。众之服自此，故听且速也。①

这是讲的神道设教的问题，成为儒教神话的基础。儒典对于鬼神的概念，信仰的原则都有明确的阐释，因此其神话具有丰富的理论和观念的形态充斥其中。

儒教的神话与祭祀仪式是密切为一体的，在儒家的经典《礼记》中，对于神灵祭祀有着详细的描述，提出祭祀的规范和原则。有人说中国神话不系统，那真是外行。

除了关于祭祀的等级规定，对于神灵的遴选，儒教有一以贯之的理论：

夫圣王之制祭祀也：法施于民则祀之，以死勤事则祀之，以劳定国则祀之，能御大菑则祀之，能捍大患则祀之。是故厉山氏之有天下也，其子曰农，能殖百谷；夏之衰也，周弃继之，故祀以为稷。共工氏之霸九州也，其子曰后土，能平九州，故祀以为社。帝喾能序星辰以着众；尧能赏均刑法以义终；舜勤众事而野死。鲧鄣洪水而殛死，禹能修鲧之功。黄帝正名百物以明民共财，颛顼能修之。契为司徒而民成；冥勤其官而水死。汤以宽治民而除其虐；文王以文治，武王以武功，去民之菑。此皆有功烈于民者也。及夫日月星辰，民所瞻仰也；山林川谷丘陵，民所取材用也。非此族也，不在祀典。②

这段经典的表述，提供了一个神谱，更提出一个原则：自然神与祖先神，只有有功于民，才会被祭祀。这就注定了中国儒教神话的主角一定是圣人型、爱民型和益人型的正面形象。

这些整体性的表达神话的基本规范的典籍，在《易经》及其《易传》、《尚书》、《左传》，以及宋明之际的儒者著述，都有十分详细的讨论。如《朱子语类》，其阐述更加细致，其《鬼神》篇载师徒讨论：

---

① 《礼记·祭义》。
② 《礼记·祭法》。

　　周问："何故天曰神，地曰祇，人曰鬼?"曰："此又别。气之清明者为神，如日月星辰之类是也，此变化不可测。祇本'示'字，以有迹之可示，山河草木是也，比天象又差著。至人，则死为鬼矣。"又问："既曰往为鬼，何故谓'祖考来格'?"曰："此以感而言。所谓来格，亦略有些神底意思。以我之精神感彼之精神，盖谓此也。祭祀之礼全是如此。且'天子祭天地，诸侯祭山川，大夫祭五祀'，皆是自家精神抵挡得他过，方能感召得他来。如诸侯祭天地，大夫祭山川，便没意思了。"

　　这是讲原则问题，在传统的基础上，加入了"气"的概念。朱子还与弟子讨论一些具体的神灵，然后给出原则，如：

　　风俗尚鬼，如新安等处，朝夕如在鬼窟。某一番归乡里，有所谓五通庙，最灵怪。众人捧拥，谓祸福立见。居民才出门，便带纸片入庙，祈祝而后行。士人之过者，必以名纸称"门生某人谒庙"。某初还，被宗人煎迫令去，不往。是夜会族人，往官司打酒，有灰，乍饮，遂动脏腑终夜。次日，又偶有一蛇在阶旁。众人阒然，以为不谒庙之故。某告以"脏腑是食物不著，关他甚事！莫枉了五通"。中有某人，是向学之人，亦来劝往，云："亦是从众。"某告以"从众何为？不意公亦有此语！某幸归此，去祖墓甚近。若能为祸福，请即葬某於祖墓之旁，甚便"。又云："人做州郡，须去淫祠。若系敕额者，则未可轻去。"①

　　这里讲述了很具体的五通神信仰的问题，举例阐述原则：当官要去淫祠，但是皇家所封，则动不得。鬼神实有，但有正邪之分。
　　儒教对于鬼神的这种讨论和规则，是我们研究儒教神话必须关注的。
　　第二，国家祭祀的神灵体系。
　　儒典详细记载了先秦各代的祭祀神灵，后世以此为准绳，安排国家祀典。典籍记载的最初的神灵祭祀体系，是舜行政的时候建立的，《尚书·尧典》：

――――――――――
　　①　《朱子语类》卷三"鬼神"。

> 肆类于上帝，禋于六宗，望于山川，遍于群神。

这里最高的神灵是上帝。六宗有很多的解释，一般认为是天地四时，这是自然神灵。只是祖宗神灵在这里地位不突出，因为那时还是禅让制度，没有建立起宗法制度来。儒家三位一体的神灵在这里就有两部分突显出来了。值得一提的是上帝，由于基督教的传入，将 God 译为上帝，这是很不妥当的，加上我们长期对于中国儒教的漠视，我们已经忘却：上帝本来是中国人的最高神。你要查看一下儒典，和历代史书的礼志与郊祀志，上帝崇拜比比皆是。上帝后来有天帝、帝、天、昊天上帝、皇天上帝等等不同的称谓，但一直是中国神话中的最高主宰。

到了周代，随着宗法制度的建立，国家的神话体系基本建立起来了：

> 天子将出，类乎上帝，宜乎社，造乎祢。诸侯将出，宜乎社，造乎祢。①

这就是天神地祇人鬼的系统，秦汉以下，各有损益，但主干一直延续到清代：

> 清初定制，凡祭三等：圜丘、方泽、祈穀、太庙、社稷为大祀。天神、地祇、太岁、朝日、夕月、历代帝王、先师、先农为中祀。先医等庙，贤良、昭忠等祠为群祀。乾隆时，改常雩为大祀，先蚕为中祀。咸丰时，改关圣、文昌为中祀。光绪末，改先师孔子为大祀，殊典也。天子祭天地、宗庙、社稷。有故，遣官告祭。群祀，则皆遣官。
> 大祀十有三：正月上辛祈穀，孟夏常雩，冬至圜丘，皆祭昊天上帝；夏至方泽祭皇地祇；四孟享太庙，岁暮袷祭；春、秋二仲，上戊，祭社稷；上丁祭先师。中祀十有二：春分朝日，秋分夕月，孟春、岁除前一日祭太岁、月将，春仲祭先农，季祭先蚕，春、秋仲月祭历代帝王、关圣、文昌。群祀五十有三：季夏祭火神，秋仲祭都城隍，季祭砲神……②

---

① 《礼记·王制》。
② 《清史稿》卷八十二，志五十七。

　　这里上帝依然，天地、宗庙和社稷依然，我们就能够理解儒教神话与信仰的悠久传统。

　　儒典中的五帝，既纳入了祀典，也建构成民族的历史，司马迁将《大戴礼》的五帝系统写入《史记》，成为庄严的民族历史，后世许多一统天下的民族，都将自己的谱系与五帝接轨。五帝神话实际上成为儒学的历史神话。

　　我们之所以把国家祭祀体系纳入儒教神话的体系，是因为这套体系是儒典所载，更因为实施这套礼仪的是儒家的圣明君主的代表，尧舜及其三王。历代在制定祭祀制度时总是参考儒家经典所载，尤其是不同民族统一统治中国时，这套体系是不二的选择。比如北魏在建立国家祀典的时候，拿出《周礼》很仔细地分析，力求合乎古礼。因此，儒教的神话带来的国家祀典，对于中华民族的发展具有不可估量的意义。轻易否定这个体系将使这个民族失去方向。

　　第三，宋明以来的地方英雄和宗族神灵。

　　宋明以来，皇家册封地方神灵，将地方神话和信仰纳入国家的轨道，是中国神话发展的一个突出的新问题。这些神灵具有复杂的文化内涵，甚至具有佛道的文化因子，但是皇家的册封几乎是按照有功烈于民的儒教原则办事的。如妈祖，不仅具有拯救海上渔民的神功，还因为保障国家册封使，是保障国家安全的神灵。妈祖本身具有佛道等宗教的诸多因子，但是皇家看重的是利国利民。这种儒教文化的导向，使得其他宗教也努力塑造利国利民的形象。如佛教，都会在寺庙上书写"国泰民安"的字样，书写"河清海晏"的字样。妈祖从一个普通的民间女神，被皇家册封，从夫人，到天妃，再到天后，地位不断上升，从一个地方神灵变成了国家的神灵。当然对于整个中国来说，妈祖还是一个地方神，是属于国家神话体系下的地方神灵。

　　许多编辑妈祖文献的编者，面对众多的妈祖神话，只是选择对于国家有利，对于民生有利的事情，其他的神圣故事，他们会斥为荒诞不经。经过国家册封的地方神灵，成为一个庞大的神话体系，是地方的主流神话。

　　各地蔚然兴起的土地神和城隍神，更是把地方神的信仰推向一个高潮。而对于家族来说，他们的祖先的故事已经被神话，他们通过家谱和祠堂排位，取得神圣的地位。这些家族的神灵是宋明理学发展的结果。如张载强调，今无宗子，故朝廷无世臣。若立宗子法，则人知尊祖重本，人既重本，则朝廷之势自尊。理学家的主张直接催生了近世的民间祖宗崇拜。收录在《近思录》的一些语录，可以看出他们辛勤的努力，他们要明谱系，收宗族，厚风俗。这些论述让人们感到，民间老百姓能够建庙，理学家真是功不可没：

> 冠昏丧祭，礼之大者，今人都不理会。豺獭皆知报本，今士大夫家多忽此。厚于奉养而薄于先祖，甚不可也。某尝修六礼，大略家必有庙，庙必有主，月朔必荐新，时祭用仲月。冬至祭始祖，立春祭先祖，秋季祭祢，忌日迁主祭于正寝。凡事死之礼，当厚于奉生者。人家能存得此等事数件，虽幼者可使渐知礼义。①

这是一个宣言性的文献，因为此前的礼俗，庶人无庙。这既是给老百姓一个祭祀祖先的权利，又是社会风俗建设的手段，因此宋明理学将祖先崇拜推向了一个新的阶段。由以前皇家宗庙的祭祀扩展到民间的广泛的家庙祭祀，使得儒教的神话与信仰真正有了群众基础。

此外，关于孔子及其弟子群的传说和神话，在各地的孔庙及其县学乡学，包括私学的承载下，则是属于教主神话。这些神话，从纬书到民间故事，多彩驳杂，成为儒教神话的关于宗教组织神圣性建构的重要内容。这其中，老师的地位的神圣性建构，也是属于儒教神话的一个环节，因为老师是儒教信仰和思想传播的中间环节，因此必须提升其神圣性，于是有"天地君亲师"这样一个崇高的地位。鲁迅小时候读书先拜孔子，是中国历史上的文人的儒教崇拜的最初形式。

除了语言的叙述，民俗行为乃是神话的展演，儒家的礼仪以行为的方式述说着儒教的神话传统。神话学与民俗学一体化的理论，在儒家神话这里有更加充分的表现。因此，民俗就是活态的神话。②

结语：民间的儒教神话制约国家信仰的选择

儒教神话是中国传统神话的主流神话，它依托儒家经书、史书和地方

---

① 《近思录》卷八。

② 关于神话学与民俗学一体化的表述，谢六逸教授于 1928 年出版的《神话学 ABC》一书有明确的表达，本人有专题论文讨论。

文献，通过国家祭祀、地方崇拜仪式和宗庙崇拜仪式，以及神庙、图像和文物等负载，并流行于口头，以丰富的形态流传在中国历史的长河里。

儒教神话通过理论阐述和原则确立，在皇家祀典、地方英雄崇拜和家庙崇拜，以及学校的崇拜活动，形成了国家与社会一体的、系统严整而又充满变化的神话系统，是中国神话研究的核心对象。

于是，我们很难将国家的神话与民间的神话区别开来，除非那些直接对抗国家、掀起反叛的那种神话，但这只是在某些特定的时期才会有的。实际上，民间的儒教神话形成了强大的传统惯性，逼迫着任何一代统治者必须遵循儒教传统，统治者也必须遵循传统的祭祀礼仪，宣扬传统的天命神话，以取得政权的合法性。

我们看到许多的统治者集团有着自己的神话与信仰体系，在统治之初也企图将其作为国家的主流文化形态，但是后来发现这是不可行了，因为民间的强大的儒教传统力量，使得他们最终选择儒典所载、与民间价值一致的神话与信仰。如满族统治者，起初也有以萨满文化一统天下的冲动，但是最终放弃，固然是因为儒家文化是一种优秀的文化形态，但更重要的是据于民间强大的儒家文化基础的缘故。

于是，我们发现，与其说是民间和社会屈从于国家神话的压力，不如说是儒教传统在民间社会强大的影响力，使得统治者别无选择，与民间社会一起共同培育儒教及其神话，国家神话与民间神话都是传统孕育下的产物。

当我们在新的世纪，在民俗文化保护，民俗传统弘扬的时刻，我们再次发现：民间社会，知识精英与国家合成一起，再次掀起了儒教神话的新高潮。无论是传统节日的弘扬，还是黄帝炎帝等祖先的祭奠，以及诸多的儒家圣人的神话被列入非物质文化遗产保护国家名录，都是全社会的选择。

于是我们发现，既不是国家的力量，也不是社会的冲动，而是不可遏制的传统精神，即民俗行为、口头叙事以及典籍记载，为这个民族带来别无选择的文化资源。

"国家人类学"三题[*]

范　可

（南京大学人类学研究所）

一　为什么是"国家人类学"

国家人类学（the Anthropology of the State）是一些西方学者在新世纪伊始时提出来的概念。① 今天看来，这样一种关注的出现与盛极一时的新自由主义有关。它在关注国家本身的同时，对所谓的"国家效应"（state effects）给予更多的注意。提倡研究国家人类学的学者对国家的理解显然有葛兰西（Antonio Gramsci）的影响。葛兰西对国家的看法与以往的理论家有些不同，他不仅注意到国家的强制性（coerce）性质，同时也强调了国家的另一个面向，也就是当今经常有人提到的所谓"文化霸权"（cultural hegemony）。② 文化霸权是国家对意识形态的主导实践中而渐渐产生的一种习惯势力（如果可以这么理解的话），它帮助国家在社会里建立起它的统治秩序。换句话说，国家对社会的控制除了强制性之外，还有其"教育"的一面，社会上有知识的人士实际上以身作则地成为某种榜样，起了维护统治秩序的作用。葛兰西提到意大利乡间的医生、教师、教士、

---

* 本文以《权力与稳定》为题刊载于《江苏行政学院学报》2011 年第 5 期。

① Michel－Rolph Trouillot："*The Anthropology of the State in the Age of Globalization：Close Encounters of the Deceptive Kind*"，Current Anthropology. 2001，Vol. 24（1）：1—23.

② 准确的讲，这个字翻译为"文化主导权"可能更为精确些。因为它更像是中国古代治理术的所谓"王道"。"霸权"总令人联想到霸道，与葛兰西的原意不符。但因"霸权"的使用已经沿相成俗，本文依然在大部分地方如此使用。然而，我们必须准确地理解它的原意。"霸权"实际上与此有些相反，如果我们考虑到"国家"的含义的话。换言之，hegemony 可以说是解释了国家的"教化"功能。

地主等等，都成为贫苦农民所羡慕的对象和学习的榜样；他们的存在可以导致民众"自发"地服从于支配性集团的秩序与利益。在这样的意义上，这些"文化人"发挥了"国家"的效应。①

在研究国家人类学的学者看来，随着经济全球化过程的加剧，尤其是资本与信息的全球流动，使得许多原先由国家所控制的领域出现了所谓的"主权缺失"现象。由于近二三十年来新自由主义的强烈影响，不少国家将一些原先或者理应由政府担当的事情也放任于市场，国家管理出现了公司化经营的趋势。一些跨国实体、国际组织和制度，如欧盟、世界贸易组织、国际刑事法庭、国际法庭、世界银行、国际货币基金组织等，以及其他一些非政府组织的活动实际上在一些方面取代或者限制了国家在某些领域内的作为。② 国家主权似乎在日渐萎缩。欧盟的出现更是使人们对民族国家的存在前景不抱乐观。有人甚至相信，在可以预知的时间跨度里，民族国家形式衰亡指日可待③。于是，当政府从一些领域退出来之后，它原先的责任由谁来担当跨国资本在这一变化过程起了什么作用，以及国家角色如何从管理（administrator）转向治理（governance）——成为了国家人类学研究的课题。国家效应也就成了国家人类学研究的关键用语之一。

但是，"国家效应"虽然是葛兰西的启发，但在语境上却大异其趣。葛兰西的文化霸权是国家本身的派生物，它的存在使得国家政权更为稳固。但国家人类学意义上的国家效应并不一定如此。对有些国家而言，这种国家效应在有些方面如同"异己"势力，所以并不一定都受到欢迎。而就一些民主体制国家而言，体制外因素所产生的国家效应实际上是国家政府本身"放权"的结果。里根、撒切尔时代的西方国家政府力图扭转"二战"之后凯恩斯主义主导下的"镶嵌型自由主义"（embodied liberal-

---

① Gramsci, Antonio: *Selection form the Prison Notebooks.* New York: International Publishers. 1971, pp. 12—23.

② Trouillot, Michel - Rolph: 2001, "*The anthropology of the state in the age of globalization: close encounters of the deceptive kind,*" in Current Anthropology. Vol. 24 (1)；[美] 哈维（David Harvey）:《新自由主义简史》，王钦译，上海，上海译文出版社 2010 年版，第 6—45 页；Patrick Buchanan: "*Thedeath of the Nation - state*" (http://www.lewrockwell.com/buchanan/buchanan43.html), 2006.

③ Patrick Buchanan: "*Thedeath of the Nation - state*" (http://www.lewrockwell.com/buchanan/buchanan43.html), 2006.

ism)经济模式①，主张把包括公共产品在内的那些原先由国家政府所承担的责任也市场化，以缩小政府规模。一场有人称之为"里根—撒切尔革命"的扩大市场领域的公共管理运动由此滥觞。这样一来，与市场相关的一些机制与组织遂进入了国家权力退出的场域，由此产生了国家效应。

如此的国家效应就一些西方原先就崇尚自由主义的国家而言，自然是遂其所愿。20世纪70年代以后，随着"滞胀"而来资本积累危机宣告了镶嵌型自由主义走到了穷途末路，反对政府干预主张市场竞争的新自由主义理念逐渐在发达国家的思想交锋中占据了上风。到了70年代末，扩大市场领域的公共管理运动等于是让国家卸掉一些"包袱"；而这些包袱多为国家原先所负担的与民生攸关的公共产品。这种做法的背后自有一套信念，这就是弗里德曼（Milton Friedman）在他那本《资本主义与自由》里边有关何为自由主义的表述②。当然，我们也不能不排除一些势力强大的利益集团的院外游说对一些国家政治和经济决策的影响力。对此，我们暂且不对其是非做评断。但是，我们知道，有些国家的政府在卸包袱的同时，却在许多方面坚持采取旧有的、完全与自由竞争的市场经济所应有的制度性配套不相吻合的制度设计。

哈维（David Harvey）认为，中国改革开放与里根—撒切尔革命大体上同时开始并非事出偶然。笔者对此不表赞同。改革开放的起因与新自由主义应当说没有直接的因果关系。但是，在改革的过程中引进了新自由主义的一些理念则很明显。有些国家的政体性质决定其各级政府会对体制外因素所产生的国家效应有所忌惮，从而对非政府组织备加警惕，视之如同洪水猛兽。我们可以听到这样一种说法：NGO（非政府组织）不啻为AGO（反政府组织）。政府一方面由于不承认私有财产神圣不可侵犯而坚持国家对国土的永久性占有；另一方面却又在治理策略上引入新自由主义的成分。如此一来，两者之间所存在的紧张就必然要寻求突破口以求宣泄。国家于是吊诡地走上了一条既要压制来自权力之外的国家效应，又期待那些能产生权力外国家效应的机制来提供部分原先政府所负责的、为公民或者社会提供服务的路子。由于政府对非政府组织的不信任，事实上任

---

① ［美］哈维（David Harvey）：《新自由主义简史》，王钦译，上海译文出版社2010年版，第13页。

② Milton Friedman, *Capitalism and Freedom*. Chicago and London: University of Chicago Press. 1982 ［1962］, pp. 7—36.

何非政府组织很难有所作为。于是，在一个体制外资源匮乏的社会里，一旦政府卸包袱，负担必然就转嫁到民众身上。

　　正是基于新自由主义原则流行以来在世界范围内出现的各种变化，尤其是与新自由主义不无关系的全球化进程加速，才有学者提出应当研究当下的国家和国家效应。国家人类学于是成为话题，并由于其对于非国家组织或者非政府组织所起的国家效应的关注，使该话题与常规的政治人类学有所不同。政治人类学通过研究社会结构里组织的政治效用、决策过程、仪式的政治意义、社会精英的行动模式等，来理解人的政治行为。严格地讲，国家人类学，以及更早些时候出现并且流行的人类学的族群性研究，也应该是政治人类学的一部分。但是，由于族群性研究所具有的特殊性，使它有所偏离传统政治人类学的象牙之塔。族群性研究把更多的注意力投放在关注民族国家框架之内不同族群之间的互动，和民族国家叙事语境里族群多样性和文化多样性的缺失问题，以及这种整体与差异之间矛盾所引起的后果。国家人类学的倡导者也有开辟新的研究领域的雄心，他们也将国家人类学与政治人类学作了区分。简而言之，政治人类学实际上研究的是政府——进行管理的机构与制度性设计与安排，因为国家（state）这个词只是权力的代名词，本身没有什么实际的内涵。国家人类学则有所超越，它更多地关注国家权力之外的力量对社会的管理的参与以及对国家政府所产生的影响，同时，我认为，它也应当研究国家权力在全球化过程中所扮演的角色，即，国家权力是如何对全球化做出反应，以及如何应对全球化影响下国家社会内所出现的各种政治经济文化变迁和思想激荡。这是因为在难以捉摸的"当下"，国家的职能无论在种类上还是倚重方面已经与过去有了很大的不同。但无论有何改变，其核心都是权力的把持与运作。

二　关于权力

　　权力一直是社会理论的核心问题之一。经典社会学家对权力的关注承接了霍布士—洛克关于社会契约假设的传统，关心社会如何达成控制与和谐的问题。一般说来，权力指的是那种能令人服从的能力。布尔迪厄之所以把象征资本（symbolic capital）视为一种不具权力形式的权力就是因为，在追求"被认可"（be recognized）的背后所期待的是别人的尊敬与服从①。但是，把权力仅限于此显然不行。如果权力仅为令人服从的能力，那么我们每个人在特定的时候都对某些人拥有这种能力。所以，我们还必须问，权力通过什么方式来令人服从？令人服从的方式是如此重要，以至于其本身就在言说着权力。在这一点上，国家与权力几无不同。在韦伯式的国家定义里，国家就是正当地对强迫性或者暴力的垄断。当然，如是说有其不足。并不是只有国家对暴力的垄断和施加强迫性具有正当性，传统中国的宗族组织在某种程度也可以如此；许多没有国家政权的社会也是如此。虽然它们使用暴力也必须服从它们的社会所认可的正当性，但毕竟它们的社会内部并未发展出国家组织。在许多社会里是否使用暴力往往取决于某种神秘力量的仲裁。神判（ordeal）在许多社会里强调的就是实施暴力的合法性。它本身就是一种为社会所认可的强迫性行动，而如果需要的话，权力又可以通过神判获得使用暴力的合法性。但无论如何，韦伯式的国家定义还是捉住了国家之所以为国家之最实质性的要害，即，必要的时候，它可以强迫被治理者服从它的意志，尽管在现代国家里这种强迫性必须以法律的形式确立下来。因而，为所欲为的国家权力不符合现代文明。

在大部分当代文明社会里，权力的暴力实质隐藏得很深。以美国为例，虽然警察在认为被威胁的时候可以通过以暴制暴的方式来维护社会治安，保证社会的正常运行，但在大部分情况下，权力隐蔽地通过其他手段去实践。公民教育其实就是权力实践的重要内容之一。它表面上看来并非被强迫地灌输，但正如涂尔干早就指出的那样，接受教育在工业化社会里已经成为一种人们意识不到的在文化决定论和社会化影响意义上的"强制"（constraint），知识、价值就此进入人们的脑际，并使人们成为社会的一部分，社会也就此不断地延续着其主流价值②。这就是福柯所说的，当代社会的权力在温和的外表下，通过知识体系去实践，因为知识或者真理与权力紧密结合，相得益彰。真理与权力体系和权力的效应之间存在着循环关系：权力体系生产和确认真理。另一方面，真理吸引权力，而真理的统治地位也因此而延展③。权力的操演创造或者引发知识生产出现新的

---

① Pierre Bourdieu, *The Logic of Practice.* Stanford: Stanford University Press, 1990, pp. 112—121.

② Steve Lukes, *Emile Durkheim: His Life and Work.* New York: Harper & Row, 1972, p. 12.

③ Michel Foucault, *Power.* James D. Faubion (ed.); Robert Hurley et. al. (trans.). New York: Penguin Books, 2002, p. 132.

目标，并积聚了新的信息主体。权力的操演因此而持续地创造知识，而知识也反过来不断地使权力更具实效性。[1]

教育是权力实践之最重要领域。它是把统治者意志以合理的方式传送给社会的重要渠道。统编教科书无疑是权力在教育领域操演之最重要手段之一。所谓教科书都是按照一定的主导思想撰写的。在我国，历史教科书展示和描述各种所谓的"历史性"事件。通过这些历史性事件的追因、归纳、推演来证明现在是过去的逻辑结果，此即是所谓历史选择了执政党和现行体制的"科学"论断。所以，所谓的历史性（historicity）实际是对客观历史过程与历史事实的主观裁断。历史因此而成为一个环环相扣因果相生的线性过程。连续性（continuity）因此成为所有民族国家历史叙事的关键之点。历史在此实际上阐述的是政权的正当性。正因为如此，所有的政权都把编写本国历史视为要务。对于那些威权、极权等专政体制的国家而言，国家历史编撰尤其重要。一部国家通史宛如族谱。专政体制国家往往有类似"族谱编修处"的机构，有组织地进行国史编撰，专门从事国史知识的生产。杜赞奇（Prasenjit Duara）把通史这类东西称为"史志"（Historiography），用大写的 H 来表明，这种叙事就是国家的谱牒[2]，其意义在于民族认同（national identity）的建构。诚如安东尼·史密斯（Anthony Smith）所言，正是由于这种叙事往往追溯到久远的过去，历史与景观实质上成为了民族建构（nation - building）的载体与模具[3]。普法战争惨败后，法国人意识到，战败的部分原因在于许多法国人根本没有法兰西民族认同，于是从那时起，他们也开始进行法国国史教育。

虽然以上提及的民族叙事最初可能仅为民族主义运动中的文化民族主义者之所为，但是它很自然被权力所接受并被定于一尊。这就是为什么在大部分国家里，对自身的历史过程往往有较为统一的说法。这也是为什么在一些国家里，"统编教材"或者"部颁"教材在社会人文科学教育中的主导地位。通过指令性的统编教材撰写，专政型国家的教育体制致力于生产千人一面毫无个性、缺乏创意的产品。这种类似"洗脑"的方式其实

① Colin Gordon, *"Introduction" in Michel Foucault*, *Power*. James D. Faubion (ed.). New York: Penguin Books. p. 2002, pp. xi—xii.

② Prasenjit Duara, *Rescuing History from the Nation*. Chicago: University of Chicago Press, 1995.

③ Anthony Smith, *The Ethnic Origins of Nations*. Oxford: UK and Cambridge, USA: Blackwell, 1986, p. 200.

见之于许多国家，但就专制政体下的教育而言，可能用"格式化"来形容更贴切些。思想被格式化对治理者来说，乃是最理想的状态。于是，"我们"取代了"我"，个体于是被淹没于整体之中。这倒也符合现代国家为便于治理而把民众化约为"人口"的做法。

权力还决定了最基本的教学方案（curriculum）。比如，在我国的教育体制里，必修课由教育部规定，如研究生教育中的 A 类、B 类等，不一而足。这样一来必修课多选修课少，而分量最重的 A 类课程则多为所谓的思想政治教育之类的内容。设置这类课程之目的不言自明。在这样的教育体制下，思维观念的多样性不受欢迎，所谓的"思想偏激"者遂成为需要进行"会商"的对象。学生中有不同或另类思维者几稀矣。在人类学的观照里，创新的前提是多渠道的思想交流和想法交换。因此，思想方式和思维观念的多样性恰恰是创新不可或缺的源头活水。一个思想方式统一或者同一的社会必然原创力低下。其实，这才是所谓的"钱学森问题"之问题所在。[1]

权力还善于通过仪式性操演来自我赋权（self‐empowerment）以示其存在之合法性。"我们"之所以能取代"我"，或者所谓"大我"之所以能取代"小我"，在很大程度上就是权力对仪式操弄的结果。仪式由一系列程式性行动所组成。其中的最重要之处便是参与者按行动步骤各司其职，整齐划一。此举有助于参与者徒增整体归属感和增进相互间的情感，至于他们的思想能否达成一致无关紧要。仪式能够增强团结这是许多社会思想家的共识。涂尔干认为，天主教地区之所以自杀率低于新教地区，其中一个重要原因就在于天主教注重仪式[2]。仪式使人感受一种整体氛围，徒增神圣感。卡西尔（Ernst Cassirer）指出，仪式中激起的是情感而不是思想[3]。由于威权或者极权政体国家无法或者不愿为公民提供强调民主、自由、公平与正义的社会制度或者意识形态，以使其公民的国家认同有所固着与依托，因此，在治理术上，这类国家政府所能达到只能是某种所谓缺乏共识的团结（solidarity without consensus）。如何能使公民产生对国家的忠诚感和认同感？那就是把国家的社会政治生活的许多方面都仪式化。信念（belief）虽然可以培养，但它毕竟是个人的想法，一个人的真实想

---

① 钱生前对中国为什么出不了大师有所感叹，此一问题曾在网上引起广泛争论，然多不着要点。
② Emile Durkheim, *Suicide: A Study in Sociology*. New York: Free Press, 1997 [1951].
③ Ernst Cassirer, *The Myth of the State*. New Haven: Yale University Press, 1946, p. 24. 转引自 David Kertzer, *Ritual, Politics, and Power*, New Haven: Yale University Press, 1988, p. 67.

法旁人是不知道的。所以，在治理术的意义上，仪式自然比信念重要。通过共同参与做某件事，一起共享某种东西、某种程序，自然能激发某种共同的情感。因此，通过持续的仪式表达忠诚拥戴来稳固政权或者政治组织远比成员间同质性的信念来得有效①。所有的极权政体都热衷于仪式性操演——"二战"时期的法西斯德国、日本、意大利，以及苏联集团国家都是如此。早期苏共领导人托洛茨基很早就意识到仪式具有鼓动情感的动员作用。他认为单靠政治宣传远远不够，在革命的动员当中还应当通过仪式来激起人们的表演欲②。仪式不仅是权力的展示和自我赋权的有效途径，也是权力维护自身稳定的一种方式。

三　关于稳定

任何国家都不愿社会处于无序与动乱当中，因此，维护稳定是每一个国家都必须认真对待的问题。从国家的观照点（perspectives of the state）来看，稳定意味着既定的秩序能够得到维护，社会与政体的各个组成部分能够正常运作以维持整体的动态平衡状态。因此，如果选择一个西方语言的词汇来精确表达这种状态，homeostasis 最为合适。Homeostasis 多用于自然科学领域，对之的定义是结构功能式的，即生物有机体的动态平衡。由于生物有机体都是由组织、器官等构成，保持其动态平衡不啻就是体内平衡达到一种稳定状态。法国思想家利奥塔（Jean - Francois Lyotard）可能是第一位把这个概念运用到人文社会科学领域的人。在那本他本人不甚满意，但却被有些人奉为后现代主义运动"圣经"的《后现代的条件》一书中，利奥塔指出，社会结构性的权力中心为 homeostasis 原则所驾驭，这是为什么有时新的、重要的发现会被科学阶序（scientific hierarchy）无视多年，因为该发现可能危及原先人们所接受与认可的规范的稳定性。③值得注意的是，在涉及不稳定时，利奥塔用的是"去稳定"（destabilize）。所以，他的 homeostasis 是动感的，有着自我调节的意思，虽然他本人并

---

① David Kertzer, *Ritual*, *Politics*, *and Power*. New Haven：Yale University Press. 1988, pp. 68—69. 范可：《灾难的仪式意义与历史记忆》，《中国农业大学学报》2011 年第 1 期。

② David Kertzer, *Ritual*, *Politics*, *and Power*. New Haven：Yale University Press. 1988, p. 14.

③ Lyotard, Jean Francois, The Postmodern Condition , a Report on knowledge. Minnegota ：Univercity of Minnegota Press ，1984.

不喜欢这种状态。因此，homeostasis 存在的目的是稳定，或者说超然的稳定（stabilization）。这一概念可用于总结涂尔干和帕森斯的主要思想，对于理解曾经盛极一时的英国政治人类学的主要理念也有一通百通之良效。我们对国家提倡和极力想要维护的"稳定"应当建立在这样的理解基础上。

如此理解稳定似乎有回到结构功能主义分析之嫌。但是，现实使我们不能忽略这样的思路。如果利奥塔运用这一概念时涉及的是知识生产领域，那么，它对我们理解当前的现实有何启迪？科学权威担心，业已存在的带有层阶结构的规范规则可能会因新的激进发现而被动摇，从而有意或者无意地忽视这样的发现以维护稳定。如果以此来比附当下的中国社会现实，情况又何尝不是如此？然而，这样的分析思路却带有这样的意义指向：国家实体的拟生物机体化，或者"身体化"。如此一来，保持动态平衡的稳定状态也就是保持着"健康"。此即为权力中心所理解的"和谐"。此种"和谐"的要义在于各部分各司其职，步调一致，与真正意义上的和谐（harmony）不可同日而语。英文里的和谐与和声、和弦是同一个字，说明和谐必须是由差异与不同构成的。所以，真正意义上的和谐应是"和而不同"。整齐划一不是和谐，正如齐唱与合唱截然不同。而齐唱作为一种操演形式，是军队所青睐的。我们所领悟的、承负着来自权力中心的信息的和谐就是如同齐唱和团体操式的声音一致、步调一致。维稳便是维护这种步调一致的稳定。如此也就可以套用 homeostasis。

生物体都有一套防御系统以应付病原体的入侵。在人身上，这一防御系统的重要组成便是白血球。如果我们将整个国家比附为人体，那么便可以把维稳的林林总总考虑为保护肌体的"白细胞"。除了人们想得到的一些必需的要素外，我们很难想象，为了维护所谓的稳定还有哪些地方可打发如此庞大的经费？如同一些发达国家一样，监控摄像头在我国也是无处不在；对互联网进行管理，政府更是不遗余力。外来的互联网信息如同病毒或者细菌，会侵蚀机体。为了保持健康就必须未雨绸缪，国家遂建立起庞大的网管系统。通过这一系统，国家有效地监控公民的线上交流（当然，进行监控者也未必那么敬业）。

政府的"白细胞"还包括庞大的城管保安大军，参与者不乏过去所谓的"社会闲杂人员"。这些人往往充当下等打手，而当发生警民冲突等群体性事件时，这些人可以被牺牲掉，充当替罪羊。在一些地方，这些人多有如恶霸为所欲为者。在"两会"召开期间,许多地区原该喧闹的地方都显得特别安静,原先的治安城管看似少了许多,原因是他们中的大部分人被派去看管那些可能上访的"刁民"或者所谓有"精神疾患"者。有些地方的安保人员通过吃喝打牌的方式将那些潜在的,或者"习惯性"的上访者分头集中在一起,使他们不至于"走失"。这种素质的安保队伍的存在,说明国家投入维稳的力度。至少当政者觉得,原先拥有的专业的治安力量已不敷所需。

显然,国家在张开双臂拥抱资本主义全球化的同时,并没有使自身的其他条件与之配套。许多地方政府在追求发展的同时,无视民众的各种诉求。对许多地方政府而言,强拆仅仅是为了追求 GDP 的增长。因为增长的数字代表着地方官员的治理能力与业绩,而这是进一步向上爬的必备条件。他们为此可以罔顾民生。西谚有曰:"罗马不是一天建成的。"而我们的国家目前则进入一种疯狂的人为造就城市化的状态。在明知这种发展是不可持续的情况下,还继续在基础建设上加大投入,力求使发展的快车保持惯性。这样的发展侵蚀的是我们的子孙后代的权益。各种条件聚集在一起的结果便是我们所看到极度的贫富分化、东西部的差距和城乡之间在物质上的巨大差距和难以弥补的心理落差;社会上弥漫着仇富、仇官的愤怒情绪。这种状况的直接结果便是政府对民众不信任,视民众为威胁稳定的因素,于是陷入维稳越维越不稳的怪圈①。其结果便是国家应激反应过度,如同肌体强烈的排异反应——如果继续用身体来比喻的话——就是免疫系统在自己的身体内部寻找敌人,自己打自己。身体需要白细胞,但过多的白细胞则会引起白血病,从而对自己的生命构成威胁。

一个社会能否稳定取决于制度因素。民主国家的政坛闹得再热闹,整个社会依然正常运转。而保证社会稳定的国家制度最低限度应当是遵从民意,治理者可以听见真正的来自百姓的声音。被治理者(governed)如果可以自由地发出自己的声音就会有自己也参与治理的感觉,不管事实上是否如此。但至少有一点是确定的,被治理者会觉得自己参与了国家政治的博弈。历史发展到了今天,原先那些先贤们所奠立的民主制度已不再沉浸于美好的理想状态之中。它们早已成为国家治理术。诚如查特吉(Partha

---

① 孙立平:《中国要跳出社会维稳怪圈》,财经网(http://www.caijing.com.cn/2010-09-10/110517484.html)。

Chatterjee）所指出的那样：今天的民主制度已经不是民有、民治、民享的政府。它毋宁被视为被管理者的政治①。换句话说，民主制度虽然已经不是理想中的样子，但被管理者至少还有选举、博弈，甚至参与决策的机会。中国社会走向真正的稳定必然要求在制度的创新上，也就是政治体制上的改革有所作为。

---

① 原文为：Democracy today, I will insist, is not government of, by and for the people. Rather, it should be seems as the politics of the governed.

Partha Chatterjee, *The Politics of the Governed: Reflections on Popular Politics in Most of the World*, New York City: Columbia University Press, 2002, p. 4.

从"因寺名镇"到"因寺成镇"[*]

——南翔镇"三大古刹"的布局与聚落历史

吴　滔

（中山大学历史人类学研究中心）

　　有关明中叶以降市镇日趋普及原因的讨论，一向是江南市镇研究中的重要话题之一。陈晓燕、包伟民曾将市镇出现的直接原因归纳为农村聚落因商品经济发达所促成、官吏世家聚居和从军镇演化而来三种类型，[①] 基本上可以涵盖以往学界的主要观点。然而，越来越多的学者意识到，明代中叶并非市镇形成的逻辑起点。如果完全不了解"成镇"之前更早的聚落形态，则很难厘清市镇作为一种新兴的聚落层级是如何选址并取得相对于周边聚落的区位优势的。虽然有学者尝试从水系、地形的变迁、土壤构造等角度考察明清江南市镇形成的自然地理基础，[②] 或者从交通角度强调一些市镇的"区位"优势，[③] 但是，除了突出商业聚落多倚河而建的特征外，并未给我们提供更多的富有价值的信息。一个市场的"区位"优势

---

　　* 本文刊载于《历史研究》2012 年第 2 期。

　　① 陈晓燕、包伟民：《江南市镇——传统历史文化聚焦》，同济大学出版社 2003 年版，第 20 页；另可参吴仁安《明清上海地区城镇的勃兴及其盛衰存废变迁》，《中国经济史研究》1992 年第 3 期。

　　② 宋家泰、庄林德：《江南地区小城镇形成发展的历史地理基础》，《南京大学学报》（哲学·人文·社会科学）1990 年第 4 期；［日］海津正伦：《中國江南デルタの地形形成と市鎮の立地》，森正夫编：《江南デルタ市鎮研究——歷史學と地理學からの接近—》，名古屋，名古屋大學出版會 1992 年版。

　　③ ［日］川勝守：《長江デルタにおけ鎮市の發達と水利》，中國水利史研究會编：《佐藤博士還曆紀念中國水利史論集》，東京，國會刊行會 1981 年版；［日］林和生：《中國近世の地方都市の一面——太湖平原の鎮市と交通路について—》，京都大學文學部地理學教室：《空間·景觀·イメージ》，京都，地人書房 1983 年版；范毅军：《市镇分布与地域的开发——明中叶以来苏南地区的一个鸟瞰》，《大陆杂志》第 102 卷第 4 期，2001 年。

并非简单地用交通便利就能涵盖，经济、习俗和行政制度等要素的合理配置同样非常重要，交通原则不过是区位理论所需要考虑的诸多因素之一。除非我们以具体的市镇为例，通盘考察所有这些要素在其中所起作用，并结合更大的区域背景，否则单单关注市镇设立和缘起与水路交通之间的关联，不仅不能从中看出时间序列，而且多少会显现出一些循环论证的意味。遍检现存各类地方文献尤其是在江南地区收藏特别丰富的乡镇志，关于乡村聚落和市镇早期历史的直接记录相对匮乏，即便有也仅零星地存在于寺庙类地标性建筑的石刻碑记中。或许正是由于寺庙的建立与聚落初期历史的纠缠不清，使部分学者热衷于论证所谓"因寺成镇"现象的合理性。① 推测寺庙和商业聚落的孰先孰后，就像讨论鸡与蛋的关系一样扑朔迷离，这其中不仅仅涉及究竟是"因寺庙成镇"还是"因庙会成镇"抑或是"因香市成镇"这样的概念偷换，更无法回避的是"成镇"之前的聚落与寺庙之间的时间顺序和空间关联。如果不能解决这两个问题特别是后一个问题，任何对于"因寺成镇"的讨论均或成为空中楼阁。竺暨元将"因寺成镇"的现象区分为旧聚落位移至寺院形成市镇和寺院主导形成市镇的两种形式，进而强调"文化驱动力"乃是传统市场发育的关键因素，② 或多或少触及了上述难题，但却忽略了传统社会经济运行的机制，具有"文化决定论"的嫌疑。本文在前人的基础上，选取在清中叶就明确宣称是"因寺成镇"的嘉定县南翔镇为个案，通过追溯聚落历史的变迁与镇中三大寺庙的兴废，揭示其从"因寺名镇"到"因寺成镇"的空间形塑过程，希冀对市镇起源和市镇空间格局形成诸问题作出些许回应。

一　南翔镇概况与相关文献介绍

南翔位于嘉定县东南，南临吴淞江，境内有上、中、下三条槎浦，别名"槎溪"。镇中为十字港，横沥、上槎浦、走马塘、封家浜四条河道交接于镇中心的太平桥南。横沥塘北经马陆通嘉定县城，上槎浦南通孙基港

---

① 魏嵩山：《太湖流域开发探源》，江西教育出版社1993年版，第249页；[日]本田治：《宋代の地方流通組織と鎮市》，《立命館文學創刊500號紀念論集》，1987年。

② 竺暨元：《太湖以东地区"因寺成镇"现象研究》，硕士学位论文，复旦大学历史地理研究所，2010年，第41—45页。

入吴淞江，封家浜沿"隆兴桥下西去，由井亭桥折而南，贯月河，入吴淞江"，走马塘由蕴草浜西达江湾、宝山。[①] 四河均属干河，其中横沥为市河，俗称"市心横沥"。除了四大干河以外，镇之周围东南西北四向各有河湾：东为五圣庙湾，西为侯家湾，南为薛家湾，北为鹤颈湾，颇似佛教中的"卍"字状。这种布局配合镇中南翔寺、大德万寿寺和万安寺三大古刹，将当地人心目中的聚落布局与佛教的不解之缘发挥得淋漓尽致。至清中叶，镇人已将市镇的历史追溯到了传说中南翔寺建立的"萧梁"时代，并提出"因寺成镇"的说法：

> 槎溪，古曤地，萧梁时建白鹤南翔寺于此，因寺成镇，遂以名寺。……其地在邑治之南，水脉分流，回环渟蓄，四郊有湾，形如卍字。商贾辐辏，民物殷繁，为诸镇之冠。[②]

一些学者对这种说法深表怀疑，认为南翔作为一个聚落或许历史悠久，但聚落不一定就是市镇。[③] 从农村聚落成长为市镇尚需相当长一段时间。最早的关于南翔镇的记载出现在正德《姑苏志》和正德《练川图记》中[④]，然而，二志除了标明方位外，没有提供更多的信息。嘉靖《嘉定县志》首次将南翔镇的历史前推到宋元时代：

> 南翔镇，在县南二十里，因寺而名，创设于宋元间，莫考其所始。其地东西五里，南北三里，百货填集，甲于诸镇。[⑤]

南翔镇的历史早于正德也许不难推断，但除了后人的追忆，目前还没有直接资料显示宋元时代的南翔就已经发展成为市镇。南翔镇像许多在明中叶逐渐粉墨登场的江南市镇一样，一直陷于"出身不明"的尴尬境地。由此，所谓"因寺成镇"，并非仅指寺庙与市镇的同步发展或者次第出

① （清）嘉庆《南翔镇志》卷一《疆域·水道》，上海古籍出版社2003年标点本版，第10页。
② （清）嘉庆《南翔镇志》卷一《疆里·沿革》，第1—2页。
③ 樊树志：《江南市镇：传统的变革》，复旦大学出版社2005年版，第543页。
④ （明）正德《姑苏志》卷十八《乡都·市镇村附》，正德刻嘉靖续修本，第23页；正德《练川图记》卷上《乡都·市镇附》，民国十七年徐光五先生校正本，第12页。
⑤ （明）嘉靖《嘉定县志》卷一《疆域志·市镇》，嘉靖三十六年刻本，第16页。

现，同时也应涉及人们是如何认知寺庙与市镇之间的关系的。有关这一点，详见后文的讨论。

本文所利用的主要材料，除了由乾嘉时期镇人张承先和程攸熙编纂的《南翔镇志》①外，还综合参考了正德、嘉靖、万历、康熙、乾隆、嘉庆、光绪和民国等八个版本的《嘉定县志》。虽然县志里有关南翔镇的材料只存一鳞半爪，但却有不少三大古刹的碑记，甚至不乏宋元时期的文字，《南翔镇志》里也收录了一些如宋代康复古的《建山门并桥记》、元代释宏济的《南翔寺重兴记》和贯云石的《大德万寿讲寺记》之类的珍贵材料，可为我们了解南翔的早期聚落历史提供一些有益的线索。

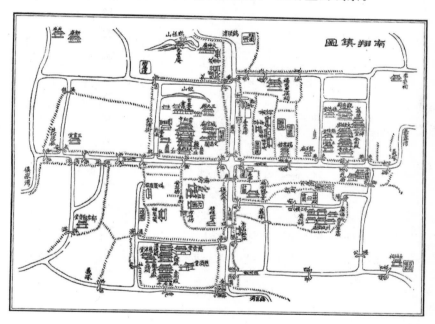

图一　清中叶南翔镇地图

资料来源：嘉庆《南翔镇志》

嘉庆《南翔镇志》卷九《艺文·书目》曾经著录了明正德间僧文案所辑《南翔寺文录》和清乾隆间筠斋所编《续南翔寺文录》，二书现均已

----

① 按：现今存世的清《南翔镇志》是由乾隆四十一年张承先纂、嘉庆十一年程攸熙续纂而成。

亡佚。从都穆为文案所题的"序"看来,《南翔寺文录》一书主要收录了宋元两代名流所遗"寺之诗文"。① 清康熙间,嘉定知县陆陇其和苏松常镇粮道王恺先后途经南翔寺,在寺中浏览过寺记、寺志,里面均录有"寺创于梁天监,盛于唐祥符"② 等关于寺院沿革的文字,从中可推知历史上还存有一部称作《南翔寺志》或者《南翔寺记》的文献,惜乎该书已经散佚,未知与《南翔寺文录》是否为同一本书。至乾隆间,《南翔寺文录》已不在本地流传,不仅县志未见著录,"编练川(指嘉定——引者注)宋元诗者,亦未见臻录",乡人汪照在宁波天一阁见到一抄本,"书共二十番十行十九字格,纸墨颇古雅",将之按原来格式抄录带回。③ 笃斋在见到此书后,有感于"明代诗文尚多遗漏","爰就所见元、明及国朝诗文,并寺中沿革,厘为二卷,以补其阙"。④ 虽然以上关于南翔寺的专书今已不见,"寺僧皆不能守,即藏书家亦无存焉"⑤,但这些书籍在历史上的流传与使用,或多或少影响着人们对于南翔寺乃至南翔镇历史的书写或表达,更进一步说,所谓"因寺成镇,遂以名寺"的说法,在一定程度上,正与这些文本的不断"层累"直接相关。

二 "自属地名"的出现和聚落格局的奠定

如前所述,按照清人的说法,南翔寺创建于萧梁,然而,至少在唐宋时期,这种说法尚未出现。南翔寺的得名,与一则有关白鹤助缘的传说有关。传说最早的记录者为宋代昆山人龚明之(1091—1182),在他的《中吴纪闻》中载:

> 昆山县临江乡,有南翔寺。初寺基出片石,方径丈余,常有二白鹤飞集其上,人皆以为异。有僧号齐法师者,谓此地可立伽蓝,即鸠财募众,不日而成,因聚其徒居焉。二鹤之飞,或自东来,必有东人

---

① 都穆:《题南翔文录》,嘉庆《南翔镇志》卷九《艺文·书目》,第122页。
② 陆陇其:《嘉定白鹤寺记》,《三鱼堂文集》卷十《记》,清康熙刻本,第12页;王恺:《白鹤南翔寺蠲赋碑记》,嘉庆《南翔镇志》卷十《杂志·寺观》,第151页。
③ 汪照:《文录后跋》,嘉庆《南翔镇志》卷九《艺文·书目》,第122页。
④ 笃斋:《续南翔寺文录跋》,嘉庆《南翔镇志》卷九《艺文·书目》,第132页。
⑤ 同上。

施其财；自西来，则施者亦自西至。其他皆随方而应，无一不验。久
之，鹤去不返，僧号泣甚切，忽于石上得一诗，云："白鹤南翔去不
归，惟留真迹在名基。可怜后代空王子，不绝熏修享二时。"因名其
寺曰南翔，寺之西又有村，名白鹤。①

　　比《中吴纪闻》成书略晚的范成大所著《吴郡志》也记录了这一传
说，除了文字略有出入外，意思上并无二致。② 其时，嘉定县尚未从昆山
县析出，南翔寺的创立者"齐法师"亦不知为何代高人。单从这则传说
所描绘的历史情境看来，创寺之初，不仅寺址所在地人烟寥寥，周边地区
也鲜有聚落，施主需从四面八方远道而来，而齐法师聚徒而居，或是南翔
成聚之始。"寺之西又有村，名白鹤"之句中的"又"字，透露出南翔自
身已成为一村落，否则恐不会表述为"又有村"而只需说"有村"即可。
由此我们可以进一步判断，至少在龚明之和范成大生活的南宋初期，南翔
已开始具有属于自己的"自属地名"，且地名的由来与南翔寺难脱干系。
依据台湾学者施添福的观点，在某地拓垦之初，并无聚落存在，亦即缺乏
一个明确的地名可以使用，而不得不借用现有的邻近地区的名称，随着开
发的深入和聚落的逐渐成形，这一地方需要一个专有的名称，以彰显其特
别意义。③ 于是出现地名的分化，其标志是新兴的地方拥有了"自属地
名"，南翔聚落早期的历史恰好见证了这一过程。如果说以上理解仍带有
猜测的成分，那么透过康复古的《建山门并桥记》中的一段文字，我们
则可以从另一角度了解"南翔"地名的来历：

　　　　姑苏属邑，粤惟昆山，境土衍沃，俗淳家富。距县百里，乡名曰
　　临江；乡富之聚，地曰南翔。聚有佛祠，祠由地名。④

　　虽然我们无从了解康复古的个人履历，更不清楚他所生活的具体时

　　① 龚明之：《中吴纪闻》卷三，载王稼句编纂《苏州文献丛钞初编》，苏州，古吴轩出版
社 2005 年版，第 59 页。
　　② 范成大：《吴郡志》卷四十六《异闻》，江苏古籍出版社 1999 年版，第 611 页。
　　③ 施添福：《清代台湾的地域社会：竹堑地区的历史地理研究》，新竹，新竹县文化局
2000 年版，第 264—270 页。
　　④ 康复古：《建山门并桥记》，嘉庆《南翔镇志》卷十《杂志·寺观》，第 146 页。

代，但可以肯定的是，以上这段碑记的撰写时间当在嘉定析县之前。材料中明确指出有乡聚名曰"南翔"，并进而将南翔寺的得名归咎于南翔村，与龚明之将南翔村得名于南翔寺的说法正好相反，反映出地名解释中"多系并存"的特点。然而，不论是"因寺名聚"还是"因聚名寺"，均不影响我们对于南翔在南宋初年具有"自属地名"并已成聚落的判定。

如果想将南翔聚落早期的历史继续向前推，有一件相当有力的实物证据或许可供佐证，那就是唐咸通八年（867）动工、乾符二年（875）竣工的南翔寺尊胜经幢。经幢共两根，原立于大雄宝殿前，一直流传至今，1959 年移至古漪园，分立于南厅和微声阁前。据清人孙星衍的《寰宇访碑录》载，经幢正书"乾符二年八月"；后题"建幢主莫少卿"名。① 明人都穆在《题南翔文录》中也曾提及他亲眼目睹过经幢石。这两根经幢最大的价值在于，为我们提供了两条非常重要信息：第一，南翔寺在唐咸通、乾符即已存在；第二，有位名叫"莫少卿"的善士曾经捐助过一对经幢给南翔寺。对于如此重要的物证，后人当然不会视而不见。明清时期不断有人将莫少卿与齐法师扯上关系，并企图和白鹤助捐的传说对接起来。例如姚广孝的《南翔寺修造疏并序》中曾云："……有齐禅师者，戾止于此。日有双鹤侍，行人知其为异人。莫少卿首为舍财，创寺当槎浦之上。"② 赵洪范的《南翔寺免役记》亦称："唐乾符间，僧行齐重修，亦感白鹤导募之异，而有莫少卿者，尽捐宅，以拓基址，方广一顷八十亩有奇，四水为围，四梁为界，寮舍六十二，僧徒七百余。"③ 在这些文本里，只字不提捐助经幢之事，而是强调莫少卿为建寺院舍财捐宅的事迹。按照常理，有能力捐自宅建寺，自然应为住在南翔寺周边的人士，似乎表明晚唐时期南翔已经发展成聚落，然而，这毕竟是后人的追忆，难免有不少添油加醋的成分。在莫少卿的居址完全不明的情况下，单凭其个人行为，很难推断出任何有关南翔早期历史的片段。几乎可以肯定，当时即使存在规模较小的居民点，却远没达到形成具有"自属地名"的聚落的阶段。

咸通、乾符离唐武宗会昌年间（841—846）不远，武宗灭佛一度给

---

① 孙星衍：《寰宇访碑录》卷四，嘉庆七年刻本，第 28 页。

② 姚广孝：《南翔寺修造疏并序》，《逃虚子集·类稿》卷五《独庵稿·书题跋》，清钞本，第 21 页。

③ 赵洪范：《南翔寺免役记》，嘉庆《南翔镇志》卷十《杂志·寺观》，第 150 页。

江南佛教带来重创，大量寺院被拆除，与南翔寺同属昆山县的慧聚寺即是其中之一，"兹寺当在毁间"①，到宣宗大中五年（851）才得以恢复。尽管元明以后，不断有人将南翔镇的历史追溯到萧梁，但除了将白鹤建寺的传说前推至那个时代，尚没发现比莫少卿施舍经幢更早的任何历史记载。更有意思的现象是，终宋一世，并没人有兴趣追问南翔寺的前代事迹，反倒是到了元明时代，萧梁创寺的说法才逐渐流行起来。从这个意义上，唐武宗之前南翔寺的"历史"多半为后人所建构。嘉庆《南翔镇志》将唐代诗人戴叔伦（732—789）的一首诗《赠慧上人》改名作《白鹤寺访慧上人诗》后，试图把南翔寺的历史延伸到中唐，也是这一思路下的副产品：

　　　　仙槎江口槎溪寺，几度停舟访惟能。自恨频年为远客，喜从异郡识高僧。云霞色酽禅房衲，星月光涵古殿灯。何日却飞真锡返，故人邱木翳寒藤。②

　　诗中的"仙槎江"并非南翔附近的槎浦，而是在江西泰和县境内的赣江支流，③ 戴叔伦曾有在抚州任刺史的经历，这首诗完全有可能是在其任期内所作。南翔寺在历史上的确曾叫过"白鹤寺"，但从没有称"槎溪寺"，将戴叔伦的诗移花接木到南翔，显然是由于南翔亦别名"槎溪"的缘故。一旦戴叔伦的诗被人们接受，对于推断南翔寺创于萧梁无疑亦会更加有利。

　　槎浦是作为吴淞江北岸的"旱田塘浦"之一，首次出现在北宋郏亶的《治田利害七论》中。所谓"旱田塘浦"，系"畎引江水以灌溉高田"者，为五代吴越国时期太湖以东农田水利开发的遗迹。④ 与槎浦南北相接的横沥塘，比槎浦的历史可能还要早些，郏亶称：

---

　　① 辩端：《慧聚寺圣迹记》，淳祐《玉峰志》卷下《寺观》，光绪三十四年太仓旧志汇刻本，第 11 页。
　　② （清）嘉庆《南翔镇志》卷十《杂志·寺观》，第 142 页。
　　③ 据李贤《明一统志》卷五十六《吉安府》（《景印文渊阁四库全书》，台北：台湾商务印书馆 1986 年版，史部，第 231 册，第 136 页）："仙槎江，在泰和县，东南流入赣江。"
　　④ 范成大：《吴郡志》卷十九，第 277 页。

　　　　今昆山之东，地名太仓，俗号"埕身"。埕身之东，有一塘焉，
　　西彻松江，北过常熟，谓之"横沥"。又有小塘，或二里，或三里，
　　贯横沥而东西流者，多谓之"门"。……古者堰水于埕身之东，灌溉
　　高田；而又为埕门者，恐水之或壅则决之，而横沥所以分其流也。①

　　从中可知，太仓冈身以东的旱田塘浦水利系统，乃由南北走向的横沥
及与之垂直的众多埕门构成。尽管封家浜和走马塘至元代以后才正式具有
专名②，但它们在宋代或许就是那些小塘，没有自属称呼，均被笼统地称
作"门"或"埕门"，明清时期南翔镇"十字港"的雏形正是在这一格局
上逐渐形成的。南宋和元代是南翔早期聚落历史发展的关键时期，不仅小
塘开始具有专名，槎浦也被细分为上、中、下三条。③　与水利工程细密化
相伴随的，是南翔寺的进一步拓展和大德万寿寺、万安寺的修建。
　　南宋嘉定七年（1214），平江知府赵彦橚和提刑按察使王棐上疏，拟
割昆山县东安亭、春申、临江、平乐、醋塘五乡二十七都置嘉定县。疏中
认为昆山县东乡有三大害，必须加以根治：

　　　　争竞斗殴，烧劫杀伤，罪涉刑名，事干人命，合行追会，不伏赴
　　官，至有经年而不可决者，此狱讼淹延之害；滨江傍海，地势僻绝，
　　无忌惮之民相率而为寇，公肆剽掠，退即窝藏，殆成渊薮，此劫盗出
　　没之害；豪民慢令，役次难差，间有二十余年无保正之都，两税官
　　物，积年不纳，只秋苗一色言之，岁常欠四万余石，其他类是，此赋
　　役扞挌之害。有此三害，昆山遂为难治之邑。④

　　姑且不论以上三害是否是地方官为设立新县而刻意编造的托词，王朝
欲强化对昆山东乡的管理当是不争的事实，这也能从一个侧面印证了当地
开发的进度。嘉定十年（1217），《创县疏》得到批准，嘉定正式立县。
就在设县前一年，南翔寺也面临着难得的发展机遇，九品观堂和僧堂先后

------

　　①　范成大：《吴郡志》卷十九，第266—267页。
　　②　任仁发：《水利集》卷七，明抄本，第25页。
　　③　同上。
　　④　《宋知府赵彦橚提刑王棐请创县疏》，万历《嘉定县志》卷一《疆域考·建置》，《四库
全书存目丛书》，济南齐鲁书社1997年版，史部，第208册，第679页。

落成。临济宗南派宗师北磵居简专门为两堂撰写碑记，其《南翔寺僧堂记》曰：

> 连长榻，剪广座，容数千指开单钵，必搜梁栋，选柱石，然后可以栟幨震风陵雨。虽然，非古也。古之人，一生打彻于塚间树下。古已往矣。若今食息于塚树，鲜不溃洞观听，曰怪，曰诞，曰奸偷。鬼物啸族呼类，水洒挺逐，使不在吾竟乃已，而奸偷之徒，往往托以沮吾法。……此堂之建，于以见前辈虑后世者若是，作五观法，俾食于堂者作如是观。[①]

从碑记中可见，南翔寺原来可能是没有僧堂的，僧众居无定所，寺的规模也不会很大，到了嘉定九年（1216），建成了能容纳僧人数百的僧堂；而九品观堂自嘉定三年（1210）始建，历时近七年方才告竣，[②] 规模也当不会太小，由此可推断当时南翔寺之兴旺。作为有数百僧人的寺院，本身就达到了一个中等聚落的规模，无论从何种角度，都应视为一个聚落而不能仅仅理解为是一个寺庙。如果是这样的话，讨论寺庙和聚落孰先孰后，事先就假定了两者之间是充满异质性的，然而，越来越多的证据表明，聚落的形成乃至人口的聚居与寺庙的建立、拓展完全有可能是同步的。如果我们认定有一类"寺庙型聚落"的存在，以上困惑或可迎刃而解。

在宋代，寺院的合法性视有无敕额而定，否则随时可能被政府拆毁或移作他用。除了这一途径外，在寺院规模的"达标"和古迹的冒充上用心思，也可通过所谓"异途"取得合法地位。[③] 如果说南宋初期的南翔寺，更多的是通过扩大规模取得安身立命的位置，而到了嘉定建县以后，则学会了在敕额和冒充古迹上做文章。在元朝释宏济的《南翔寺重兴记》中，首次完整梳理了南翔寺的"辉煌历史"：

> 直嘉定署南一舍，距江五里所，南翔寺在焉。梁天监间，比丘德

---

① 居简：《南翔寺僧堂记》，《北磵文集》卷二《记》，宋刻本，第11页。
② 居简：《南翔寺九品观堂记》，《北磵文集》卷二《记》，第12页。
③ 刘长东：《宋代佛教政策论稿》，成都，巴蜀书社2005年版，第154、160页。

齐法师开山，时二鹤至止，若有所感然。寺成，鹤乃蹁跹而南，地以
南翔称，郡志异闻记之为审。旧隶昆山县。案《图经》，光化二年
（900），行齐法师复庵于兵烬旧址。岂两齐公异世同文者欤！唐开成
间，锡今额。宋端平，丞相郑公清之为大书其扁。众恒数千指，宫室
侈丽，犹石梁方广应真之居。①

　　宏济首先将白鹤助缘的传说断代于梁天监年间，接着把"齐法师"
一分为二，一个名"德齐"，一个名"行齐"，分别生活在萧梁和晚唐；
德齐乃开山创寺之僧，而行齐乃复庵中兴之僧，这样不光解决了南翔因寺
名聚的出身问题，而且巧妙地处理了从萧梁到晚唐之间寺庙历史的断裂。
不仅如此，强调开成间（836—840）正式敕额，时间恰好定格在武宗会
昌灭佛之前，相信亦绝对不仅仅是巧合。宏济是杭州路天竺集庆教寺的住
持，对于南翔寺的历史不会如此熟悉，相信碑记中的情况应是南翔寺僧所
提供。相比这些有附会虚饰嫌疑的做法，端平间（1234—1236）由郑清
之书写匾额之事，倒有可能是最靠谱的事。一来离宏济撰写碑记的时间至
元三年（1337）仅一百年左右；二来伴随着嘉定设县后社会秩序的逐步
确立，朝廷赐额给新县的寺庙完全符合逻辑。姚广孝干脆直接讲："宋端
平间，赐'南翔'额，丞相郑清之书。……赐额虽从赵宋造，端乃出萧
梁。"② 或可印证端平赐额之说。自《南翔寺重兴记》撰成之后，有关南
翔寺的历史溯源再也没有出现新的"层累"，明清时代的各种地方文献，
几乎毫无例外地承袭了宏济的说法。③
　　元代乃是南翔聚落发展历史上最为关键的时代之一。不仅南翔寺的规
模在南宋的基础上继续扩大，大德万寿寺和万安寺也相继创立。经历设县
后100多年的发展，嘉定已成人烟稠密之区，南翔一带，"民居与绀院琳

---

① 释宏济：《南翔寺重兴记》，嘉庆《南翔镇志》卷十《杂志·寺观》，第138页。
② 姚广孝：《南翔寺修造疏并序》，《逃虚子集·类稿》卷五《独庵稿·书题跋》，第21
页。
③ 参见正德《练川图记》卷下《寺观》（第2页）；嘉靖《嘉定县志》卷九《杂志·寺观
附》（第12页）；万历《嘉定县志》卷十八《杂记考下·寺观》（《四库全书存目丛书》，史部，
第209册，第131页）；康熙《嘉定县志》卷十三《寺观》（康熙十二年刻本，第10页）；乾隆
《嘉定县志》卷十二《杂类志·寺观》（乾隆七年刻本，第30页）。其中康熙志和乾隆志将赐额
的时间定在北宋绍圣年间，恐为南宋绍定之误，绍定为端平前一个年号，同在宋理宗朝，年代相
近，嘉庆《南翔镇志》和王世贞的《重修南翔寺记》均将赐寺额的时间定在绍定年间。

宫离，立江浒，据要津"①，一派繁荣景象；由于十字港河道已初具雏形，南翔成为沟通县城与吴淞江的重要交通节点，往来商旅常常会经过此地，"视〔南翔寺〕廊庑为康庄"，频繁在那里歇脚。②

尽管如此，改朝换代引发的战乱还是对南翔寺产生了不小的冲击：

> 宋末造，兵饥相戕，甲第豪门勒于施，室庐圮毁，振复为艰，产殖不能以赡其众，营供务者病焉。等莅染之籍，必输粟若干，补饘粥之不足；又不足，则乞诸乡党邻里。③

南翔寺的日常经费原来主要是依靠施舍所得的"常住"财产，宋末元初，其经济来源已无法得到保障，转而仰仗僧侣的私财和邻里的周济。从邻里乡亲那里获取周济，多少透露出南翔寺周边已经聚居着数量不少的普通居民，其聚落的规模可能伴随着宋代农田水利的开发而不断扩大。正是凭借既有的物质基础，南翔寺在至元间重新获得了极大的发展空间。至元二十八年（1291），大浮屠良琦"疏沦其断港绝湟，以宣潮汐之壅，夷其曲径旁溪，以便轮蹄之役。不数年，生意津然也。乃谋诸大弟子即翁宗具出橐金，倡于众，市膏腴以增岁入，更输粟之制以输上田，较昔之费什之一，力实倍之。于是阡陌日辟，仓库日充，僧堂聚斋，熙熙若众香之国"。④ 通过疏浚河道，广募资金，购置田产，南翔寺得以振兴。至顺末，良琦之徒孙昙证开始出任住持。经过良琦以下三代僧人的努力，南翔寺积累了大笔财富，这其中很大一部分都用在了寺院的维修重建上。仅至顺二年至四年（1331—1333）重修大雄宝殿，就花费了三十万缗之谱。⑤ 明代人赵洪范虽然将南翔寺"方广一顷八十亩有奇，四水为围，四梁为界，寮舍六十二，僧徒七百余"的盛况套用到莫少卿时代，但从寺院的实际规模上看，恐怕是依据元朝时的情形作为其蓝本的。

由良琦所创立的"控产机构"，并不只经营南翔一寺，而是将手伸向周边地区，不断扩大其势力范围。大德初，良琦于南翔寺东一里左右，

---

① 释宏济：《南翔寺重兴记》，嘉庆《南翔镇志》卷十《杂志·寺观》，第138页。
② 同上。
③ 同上。
④ 同上书，第138—139页。
⑤ 同上书，第139页。

"以一顷为基，环而池之"，另创一寺院，以"已囊土地、年粒入寺，永备营缮之产"，大德十一年（1307），该寺敕额为"大德万寿寺"。① 时隔20年，泰定年间，其徒孙义荣又在西南觅得一块地，创立万安寺，"作法华道场、弥陀、观音之殿、说法之堂"等，与南翔寺和大德万寿寺形成三足鼎立之势。②

元代已不像宋代那样固守十方寺和甲乙寺的分别，③寺院具有独立处置私产和住持承替的权力。《大德万寿讲寺记》中称："寺之永焉，甲乙传焉，子孙保焉。师（指良琦——引者注）开山祖焉，其嗣嫡圆明、妙智、真觉、即翁大师宗具膺师之心，以宣相力。"讲的就是这种情况。法眷在住持承续优先权上的次序，已与世俗社会无异，寺产亦可以随着承嗣者被继承，经营寺院与做其他"生意"完全没有什么不同。这就为俗家插手寺院的"生意"打开了方便之门。良琦本人"俗姓朱，……少祝发南翔寺"④，宏济的《南翔寺重兴记》中透露，比良琦早一代的紫衣僧了融出身自"里之大姓朱氏"，很可能就是他的亲生父亲，而几十年间先后参与南翔寺修建的宗具、昙证、普现、普基、普传诸僧，分别是良琦的"子"、"孙"和"曾孙"。⑤ 在一定意义上，南翔寺已成为良琦一家的家族产业，大德万寿寺和万安寺的创立，则类似于家族的"分房"。

三座寺庙在修建之时，均对周围的河道进行了整治，初步形成"四水为围"的格局。这不仅整饬了宋代当地原有的"堰门"水利系统，同时也以三者为"坐标"奠定了明清时期南翔聚落的基本格局，明初这里的地理景观正如姚广孝所看到的："川原平衍，民物丰庶，寺居其间，为彼植福"⑥ 南翔已发展成为具有相当规模的大聚落。甚至可以这么认为，嘉靖《嘉定县志》中所云南翔镇"东西五里，南北三里"的市镇范

---

① 贯云石：《大德万寿讲寺记》，嘉庆《南翔镇志》卷十《杂志·寺观》，第152页。
② 虞集：《万安寺记》，嘉庆《南翔镇志》卷十《杂志·寺观》，第154页。
③ 按：甲乙寺和十方寺的差别，主要体现在住持承替和寺产继承制度的差别上，在甲乙寺制下，住持承替乃寺内之事，优先权按血胤亲疏或嫡庶长幼定其次第，寺产的私有权受到官方的承认和保护，而在十方制下，寺院住持由官府或朝廷决定，创寺僧对财产的私有权也变为公有。（参见刘长东《宋代佛教政策论稿》，第270—273页）
④ 嘉庆《南翔镇志》卷八《人物·方外》，第118页。
⑤ 释宏济：《南翔寺重兴记》，嘉庆《南翔镇志》卷十《杂志·寺观》，第139页。
⑥ 姚广孝：《南翔寺修造疏并序》，《逃虚子集·类稿》卷五《独庵稿·书题跋》，第21页。

围即发端于元代。尽管尚没有材料直接显示南翔一带在宋元时期已形成"草市",但作为重要的商贸交通节点,不仅南翔寺中的廊庑成为商旅歇脚之所,大德万寿寺之南也曾"列屋以朝寺,备著以润行旅"。① 这些卖茶的小店铺或就是南翔初级市场的雏形。果真如此的话,嘉靖《嘉定县志》略显武断地将设立南翔镇的历史追溯到宋元时代,恐也不是捕风捉影。然而,即使南翔在宋元时代已经发展成为商业性聚落,其性质和产生的机制也与明清时期的市镇有着很大的不同。越来越多的迹象表明,明清时代中长距离贸易背景下涌现出的市镇,相对于宋元时代的商业聚落更像是脱胎换骨,而非简单的延续。

三 南翔成镇,寺据镇中

有关明初南翔的情况,因材料所限,我们只能了解少许片段。明王朝曾在嘉定县分设吴塘、江湾、顾迳三个巡检司,南翔墩为江湾巡检司所属的 16 个烽堠之一,② 可见当时其战略地位并不十分突出。洪武三年(1370),明太祖召集各地僧耆,将天下寺院分为禅、讲、教三类,要求僧众分别专业修习。禅指禅宗,讲指禅宗之外的其他宗派,教则包括从事祈福弥灾、追荐亡灵等各类法事活动的僧人群体。据后人追忆,南翔寺和大德万寿寺被归入讲寺,没有敕额经历的万安寺则被算作教寺。③ 然而,洪武《苏州府志》中却只记录了南翔一寺,而未记另外两寺,在对南翔寺的描述中,涉及了白鹤助缘的传说,将传说发生的年代定在唐开成四年,并以此作为寺院改称"南翔"之始。④ 姚广孝在《南翔寺修造疏并序》中曾透露:"洪武初,〔南翔寺〕为欠粮事抄籍官,续奉上旨,拨还僧居,为国祈福"⑤,前朝对待寺院丛林的诸多礼遇政策,在明初得以大幅度的回缩,想维持原有的寺产不受严苛的赋役之累,绝对不是件容易的事。考虑到明初"归并丛林"的力度,大德万寿寺和万安寺的命运也好

---

① 贯云石:《大德万寿讲寺记》,嘉庆《南翔镇志》卷十《杂志·寺观》,第 152 页。

② (明)正德《练川图记》卷上《防卫》,第 10 页。

③ (明)正德《练川图记》卷下《寺观》,第 2 页。

④ (明)洪武《苏州府志》卷四十三《寺观》,《中国方志丛书》,台北,成文出版社有限公司 1983 年版,华中地方第 432 号,第 1756—1757 页。

⑤ 姚广孝:《南翔寺修造疏并序》,《逃虚子集·类稿》卷五《独庵稿·书题跋》,第 21 页。

不到哪去。洪武二十七年（1394），僧庆余重修大德万寿寺，[①] 而在所谓"重修"的背后，或可想见修整之前的破败。三大古刹的衰败，多少延缓了宋元以来以寺庙为主导的聚落发展进程。或许可以认为，即便宋元时期的南翔已有成为商业聚落的迹象，至明初也在画地为牢的"洪武型生产关系"[②] 的宏观调控下，变得与一般农村聚落无异。

　　嘉定现存的第一部县志正德《练川图记》，是我们认识明代当地历史的最早且最完整的地方文献。该志首次记载了嘉定县的五市六镇，虽寥寥数语，却指明了正德间嘉定主要市镇的具体坐落，其中也包括南翔镇，该镇位于"县南二十四里十二、十三都"。[③] 由于没有交代确切的"成镇"时间，使我们一时难以判断明代南翔市场发育的起点。从大的制度背景看，宣德正统间，应天巡抚周忱曾在苏州府的嘉定、昆山二县推行过折征官布的改革，实施这一政策的主要目的虽是为了减轻苏松地区的漕粮加耗，但却间接促发了当地实物财政向货币财政的转换，并带动起一批棉布交易市场，[④] 嘉定县的南翔、安亭和昆山县的陆家浜等市镇即是这时兴起的棉业市镇中的一分子。姑且不论南翔镇的兴起或者复兴与宋元时代商业聚落的初级形式有无直接关联，单从折征棉布所带来的中长距离贸易的商机而言，已足以令南翔镇另起炉灶。[⑤] 从时间上判断，南翔镇在明代出现的上下限，应在宣德至正德之间，与该镇在同一机制下产生的昆山县陆家浜市即号称"创于宣德初"。[⑥] 南翔成镇的时间虽然不如陆家浜明晰，但正统间，南翔寺和大德万寿寺先后得到不同程度的整修，或可从中看出聚落重振的某些迹象：

　　　　正统中，而〔南翔寺〕大圮，司空周忱氏过而慨之，以邑赋之

---

① （明）嘉靖《嘉定县志》卷九《杂志·寺观附》，第 12 页。

② 参阅梁方仲《明代粮长制度》第四章，上海人民出版社 2001 年版。

③ （明）正德《练川图记》卷上《乡都·市镇附》，第 12 页。

④ 吴滔：《赋役、水利与"专业市镇"的兴起——以安亭、陆家浜为例》，《中山大学学报》2009 年第 5 期。

⑤ 据嘉靖《嘉定县志》卷三《田赋志·物产》（第 31 页）："邑之货莫大于布帛，平布则户户织之。富商巨贾积贮贩鬻，近自杭歙清济，远至辽蓟山陕，动计数万。"

⑥ （明）正德《姑苏志》卷十八《乡都·市镇村附》，第 10 页。

羡粟倡，而诸善知识和焉，其观遂复故。①

〔大德万寿寺〕创于故元沙门良珣，基拘满顷，号为雄敞，逮今二百余年。正统初，虽尝一改新之，顾材久益圮，费浩不可支。②

虽然修整规模如此宏大的寺院或会感到物力维艰，但如果附近没有积聚足够多的人气和财力，这类"善举"恐怕永远得不到实践。从这个角度说，正统间的南翔多少有了些起复之象。经历了一百多年的积累之后，到了嘉靖年间，南翔已发展成"地东西五里，南北三里，百货填集"的大镇。富商巨贾纷纷前来嘉定购置棉布，尤以徽商居多。在徽州布商的心目中，南翔的地位相当重要，隆庆间徽州人黄汴所著商用类书《一统路程图记》中曾专门介绍了"苏、松二府至各处水路"，"松江府由南翔至上海县"的线路在其中非常醒目：

松江府，三十里砖桥，四十里陆家阁，四十里南翔，廿里江桥，即吴淞江，三十里至上海县。③

从松江府到上海县，本来可走直线距离更短的浦汇塘，之所以沿砖桥进入横沥塘，绕道位于吴淞江以北的南翔，再南折回吴淞江至上海县，是为了涵盖更多的棉织业市镇，"路须多迁，布商不可少也"。④ 另外，同书中"松江府由太仓州至苏州府"的线路也经过南翔镇，功能和性质与"松江府由南翔至上海县"略同，均可视为布商收购棉布的"专用"航道。在某种程度上，与其说是市镇多倚干河而建，不如说航道亦因市镇之固有格局而凸显其重要性。

如前所述，南翔"因寺而名"及起源于宋元的说法均始自嘉靖《嘉定县志》。嘉庆《南翔镇志》承袭了这一说法，进而认为，宋元时代的南翔不仅已经成镇，而且那时市镇的中心也不在清代最繁华的十字港一带，

---

① 王世贞：《（万历八年）重修南翔寺记》，《弇州山人四部续编》卷六十一《文部》，明刻本，第9页。
② 徐学谟：《重修大德讲寺记》，康熙《嘉定县志》卷二十二《碑记》，第49页。
③ 黄汴：《一统路程图记》卷七《江南水路》，载杨正泰《明代驿站考》，上海古籍出版社2006年版，第266页。
④ 同上。

而是大大地偏向西南，"万安寺前至王家桥俱列肆"。① 万安寺"坐按三槎之浦，前接淞江"②，的确比南翔寺和大德万寿寺所在的封家浜和走马塘以北的地区更接近交通孔道吴淞江。如果当年义荣具有这样的"区位"意识，则选址建寺或有"生意"上的考虑，然而，"自是以后又历七甲子，至国朝乾隆九年（1744）中，更元明易代之变"③，万安寺几乎荒废了四百多年之久，这似乎与万安寺附近曾经的繁华景象有所矛盾。嘉庆《南翔镇志》将明中叶以后万安寺南颓败的状况归为倭乱所引起的火灾，其直接后果是镇中心的东移：

> 后以吴淞江多盗，西南受侵，居民渐渐东徙。明正嘉间，倭寇叠至，乡邨多被火，万安寺南居民屋宇多燔。④

正德嘉靖之际倭乱对于嘉定所产生的影响的确不小，据时人回忆，"惟罗店、月浦、真如、清浦残毁为甚，其余皆次之，然穷乡僻壤，靡有孑遗矣"，⑤ 万安寺一带遭受重大毁坏，绝非没有可能。然而，对照嘉靖间南翔镇"东西五里，南北三里"的格局，无论如何，其南界都达不到离大德万寿寺五里之遥⑥的万安寺。从地名学的角度，聚落的自属地名，得名自"南翔寺"而不是"万安寺"，明中叶，市镇的商业中心也的确集中在南翔寺一带，"寺据镇之中，镇以寺重，亦以寺名，其间□□栉比，商贾猥集"⑦；如果之前万安寺附近确实存在街市的话，那么它到底是在南翔镇范围之内，还是与十字港附近的街市不相连属，分属于两个不同的商业聚落，就变成一个难以回避的问题。若是后一种情况，则所谓市镇中心的东迁，根本就是子虚乌有之事，更可能是清中期的人们立足于整合当

---

① （清）嘉庆《南翔镇志》卷一《疆里·沿革》，第2页。

② 虞集：《万安寺记》，嘉庆《南翔镇志》卷十《杂志·寺观》，第154页。

③ 沈元禄：《重修万安寺记》，嘉庆《南翔镇志》卷十《杂志·寺观》，第154—155页。另按：嘉庆《南翔镇志》卷十《杂志·寺观》（第153页）虽记载了明永乐间有僧人法永重建万安寺，但康熙以前各个版本的方志均没有提及该寺的任何一次重修。

④ （明）嘉庆《南翔镇志》卷一《疆里·沿革》，第2页。

⑤ （明）嘉靖《嘉定县志》卷一《疆域志·市镇》，第18页。

⑥ （明）嘉靖《嘉定县志》卷九《杂志·寺观附》，第12页。

⑦ 冯梦祯：《重修白鹤南翔寺大雄殿记》，载柴志光《上海佛教碑刻文献集》，上海古籍出版社2004年版，第140—141页。

时的市镇区域所精心编造的 "空间故事"。尽管嘉靖间万安寺已与南翔、大德二寺合称为 "三大刹"①，似乎表明了聚落的整合度，然而，这更多的是立足于三个佛寺渊源角度的表达，并未直接涉及聚落的完整性。即便退一步说，万安寺的确早已处在南翔镇的范围内，全镇的发展亦非是均质的。直至清中叶以前，万安寺南面的河道尚称作新华浦②，其后该河道不知何故更名为陆华浦③，原来的新华浦，逐渐变成陆华浦以南的另一条河道④，这种地名的分化和改变，意味着聚落景观纹理的细致化⑤，其背后对应着地区开发的进展。这一现象不早不晚地出现在清乾隆朝，也就是清《南翔镇志》成书前后，时间上虽配合了所谓市镇的东移，但从空间上看，万安寺前河道的最终成形，似乎要大大晚于宋元时期就已初现雏形的南翔寺东侧的 "十字港"。既然如此，南翔镇从西南向东北迁移的说法，多少有些经不起推敲。如果真的存在所谓南翔镇本镇街市的东徙，则原本偏向西边的繁华街道很可能并不是万安寺前街，而是位于南翔寺西的钓浦街，钓浦街虽稍稍偏离十字港，但 "明时为大街，直达镇北冈身路"⑥，且紧贴南翔寺，完全符合时人所描述的 "寺据镇之中，镇以寺重" 的景观形态。

　　万历初年，随着南翔镇棉布生意的名气越做越响，各地客商纷至沓来，其中 "歙之公乘里士，行贾不可指数"⑦，他们长期驻镇，与由当地人开设的布行布庄进行棉布交易；布行布庄之间为争取布商，也争斗激烈，有如两军对垒⑧。另有一群市井无赖之徒，俗称 "白拉"，他们 "私开牙行，客货经过，百计诱致，诡托发贩，悉罄其资，否亦什偿三四而已"⑨。在商利的争夺中，由于布行布庄垄断了棉布的批发环节，客商首先败下阵来，万历《嘉定县志》载：

　　① （明）嘉靖《嘉定县志》卷九《杂志·寺观附》，第12页。
　　② （明）嘉靖《嘉定县志》卷四《水利志·运河》，第9页；康熙《嘉定县志》卷十三《寺观》，第10页。
　　③ （清）嘉庆《南翔镇志》卷二《营建·桥梁》，第23页。
　　④ （清）嘉庆《南翔镇志》卷一《疆域·水道》，第10页。
　　⑤ 施添福：《清代台湾的地域社会：竹堑地区的历史地理研究》，第268页。
　　⑥ （清）嘉庆《南翔镇志》卷二《营建·街巷》，第21页。
　　⑦ 王世贞：《重修南翔寺记》，《弇州山人四部续编》卷六十一《文部》，第10页。
　　⑧ ［日］西嶋定生：《中国经济史研究》，农业出版社1984年版，第640—643页。
　　⑨ （清）乾隆《嘉定县志》卷十二《杂类志·风俗》，第8页。

南翔镇，……往多徽商侨寓，百货填集，甲于诸镇。比为无赖蚕食，稍有迁徙，而镇遂衰落。[①]

客商不仅在棉布的价格上受土著商人的挟制，若遇漕粮阙兑或赋税拖欠，还时常有被地方权势转嫁赋税责任的可能，万历九年（1581）嘉定县的漕粮就是靠着"借商民"才得以完成。[②] 面对诸多重负，部分客商不得不选择暂时退出利益的角逐。万历初，南翔寺大圮，寺僧拟大力倡修，其时虽商贾云集，却应者寥寥，"若某某辈然，不能十之一"，仅有徽商任良佑"独弁髦之，悉竭其精力"，捐资白银二千余两，才勉力修好大雄宝殿。[③]而供僧人居住的禅堂，直到天启元年（1621）方告落成。[④] 透过此事，一方面表明以徽商为主体的行商群体，因户籍不在本地，对地方事务的兴趣非常有限，在当地人的心目中，"徽俗以赀为命"[⑤]的形象已根深蒂固；另一方面也显示出部分客商的无奈，为了生存，或者分出一杯羹，或者捐出一笔善财，如果不选择和当地人士合作，将会继续受到排挤。南翔镇在万历中期的一度衰落，在一定程度上正是因为行商与土著之间在很多利益分配上难以达成一致。除了万历《嘉定县志》所概括的，其时"北方自出花布，而南方织作几弃于地"。[⑥] 由于北方有了自产布，南翔附近所产的棉布对于客商的吸引力不再像之前那样大，恐怕也是市镇衰败的主要原因之一。不过，时隔不久，徽商重新确定了棉布的标准，改贩"标布"为"中机"，[⑦] 南翔镇再度兴盛，至康熙初，又恢复到"多徽商侨寓"的状况。[⑧] 南翔与罗店镇一道，成为清代嘉定县经济最发达的两个市镇，有"金罗店，银南翔"之名。[⑨]

---

① （明）万历《嘉定县志》卷一《疆域考上·市镇》，《四库全书存目丛书》，史部，第208 册，第 690 页。

② 徐学谟：《（万历十一年）吁部请折状》，程铦辑：《折漕汇编》卷一，光绪九年刻本，第 1—2 页。

③ 王世贞：《重修南翔寺记》，《弇州山人四部续编》卷六十一《文部》，第 10 页。

④ 唐时升：《白鹤南翔寺新建禅堂记》，《三易集》卷十二，明崇祯刻清康熙补修嘉定四先生集本，第 3—4 页。

⑤ 王世贞：《重修南翔寺记》，《弇州山人四部续编》卷六十一《文部》，第 11 页。

⑥ 徐学谟：《（万历十一年）吁部请折状》，程铦辑：《折漕汇编》卷一，第 1 页。

⑦ ［日］西嵨定生：《中国经济史研究》，第 646 页。

⑧ （清）康熙《嘉定县志》卷一《市镇》，第 6 页。

⑨ （清）光绪《罗店镇志》卷一《风俗》，上海社会科学院出版社 2006 年版，第 6 页。

四　市镇的"内涵式发展"与"因寺成镇"说的出炉

明清鼎革，并未过多影响南翔镇的繁荣。经过近两百年的发展，至清中叶，该镇"生齿日繁，里舍日扩，镇东附近新街南，黄花场北、金黄桥外，渐次成市"。① 黄花场正好位于南翔寺南面，由于市廛日益兴旺，大大抬高了这一带的地价。南翔寺附近自成镇以后一直都是商业中心，自明后期始，寺基不断遭受各方势力的蚕食。先是寺之东北隅，"不知何时鞠为园蔬"，后又改作三官殿。② 嘉靖十四年（1535），知县李资坤分南翔寺址建槎溪小学。③ 除了官用和民用，寺基挪作商用的更不在少数。崇祯间人赵洪范为恢复往日之寺产僧舍，曾仔细核算过唐宋以来南翔寺"所捐之域"，可无论他怎样努力，还是无法说服俗众退还已占的寺产，最终不得不接受"除俗占而外，非殿址则僧居也"的既成事实。④

入清以后，南翔寺的原有地盘越变越小。顺治年间，寺僧慧心欲选取云卧楼旧址建七佛阁，"但其地向属西房，因将寺前廛屋相易，而且称贷倍价以得之"⑤，寺院的沿街房屋正是通过类似这样的方式逐渐沦由市井割据。至康熙朝，南翔寺虽获赐御书"云翔寺"的匾额，⑥ 各色人等对寺产的敬畏之心却未随之增强。康熙二十六年（1687）和四十一年（1702），寺院的核心区域先后被惠民书院和留婴堂侵占，而且均建在大雄宝殿的中轴线附近。⑦ 由于寺前的房屋早已被占殆尽，人们于是开始尝试在建筑的密度上做文章，"山门前后左右及报济桥面皆民居，直逼天王殿前"。⑧ 报济桥正对南翔寺的山门，又名"香花桥"⑨，在狭窄的桥面上，竟然能挤出一些空间容纳违章搭建，可以想见南翔寺附近聚集了多少

① （清）嘉庆《南翔镇志》卷一《疆里·沿革》，第2页。

② 徐时勉：《南翔寺七佛阁记》，康熙《嘉定县志》卷二十二《碑记》，第58页。

③ （清）嘉庆《南翔镇志》卷三《小学》，第26页。

④ 赵洪范：《南翔寺免役记》，嘉庆《南翔镇志》卷十《杂志·寺观》，第150—151页。

⑤ 徐时勉：《南翔寺七佛阁记》，康熙《嘉定县志》卷二十二《碑记》，第58页。

⑥ （清）嘉庆《南翔镇志》卷十《杂志·寺观》，第138页。

⑦ 参见石松《公建抚宪赵公长生书院碑记》；王鸣盛《重修惠民书院记》，嘉庆《南翔镇志》卷二《营建·书院》，第15—16页。

⑧ （清）嘉庆《南翔镇志》卷十《杂志·寺观》，第147页。

⑨ （清）嘉庆《南翔镇志》卷二《营建·桥梁》，第24页。

人气。乾隆三十一年（1766），桥面民居失火，延烧至天王殿，从此地面廓清，"民房基址各捐于寺"。① 南翔寺虽多少收回一些失地，但与宋元时期的强势已不可同日而语。

在巨大的商业利益的驱使下，经过不断拓展，南翔镇的商业街市逐渐突破十字港的限制，东有走马塘南岸街、北岸街、新街，西有封家浜南岸街、北岸街，南有白鹤寺南街、太平桥南（西岸米巷街）、横街、黄花场街，北有横沥西岸街、东岸街、钓浦街，另有 41 条弄堂与大街和十字港相通，② 共同构成了南翔镇的基本格局。除此而外，连接街道弄堂的还有 70 座左右的桥梁。乾隆中，镇人程虔五以己之力，修建桥梁 50 余所，几乎横跨了整个镇子的所有水道。③ 除了完善镇内交通，从万历至乾隆，为加强周边河道的通航能力，地方官和镇人还多次组织疏浚走马塘和封家浜，横沥和槎浦虽也时有疏浚，但频率远不如前两者。④ 这主要是由于吴淞江挟带黄浦口的浑潮，时常从蕴草浜自东向西倒灌进入嘉定南部各内河，容易使走马塘和封家浜淤浅，南北走向的横沥和槎浦相对少受影响。

虽然康熙间的南翔镇已"市井鳞比，舟车纷繁，民殷物庶，甲于诸镇"⑤，但从嘉靖到光绪，南翔镇"东西五里，南北三里"的格局却始终没有发生根本性改变，这并非意味着市镇经济的长期停滞。实际情况应是，在基本格局大体奠定之初，市镇内部的民居当有疏密之别，其后随着住宅密度的增长和桥梁的修建，越来越多的聚落缝隙被填充，市镇内涵式发展才逐步完成。在这一过程中，不仅聚落原来特征非常鲜明的"寺庙"空间内涵逐渐被"市镇"的空间内涵所取代，市镇与周围四乡的景观"异质性"也愈发凸显。南翔镇人由此更加坚信南翔寺和南翔镇唇齿相依的关系："寺居镇之中，镇以寺始，一寺兴废，系一镇盛衰"⑥，随着街市的稠密化，又在这种关系中移植进三大古刹的要素：

　　　　嘉定为吴下邑，邑之南二十余里曰南翔镇，川原平衍，民物殷

---

① （清）嘉庆《南翔镇志》卷十《杂志·寺观》，第 147 页。
② （清）嘉庆《南翔镇志》卷二《营建·街巷》，第 21 页。
③ （清）嘉庆《南翔镇志》卷二《营建·桥梁》，第 22—25 页。
④ （清）嘉庆《南翔镇志》卷一《疆里·开浚》，第 11—12 页。
⑤ 彭定求：《留婴堂序》，嘉庆《南翔镇志》卷二《营建·坛庙》，第 18 页。
⑥ 钱大昕：《重修敕赐云翔寺大雄殿记》，嘉庆《南翔镇志》卷十《杂志·寺观》，第 141 页。

庶，甲于嘉邑。然地滨海，近吴淞，受东西南三面潮汐之汇，无高山大麓障蔽其间，形家以镇之佛寺，鼎立三方，谓能襟带群流，控压巨浸，为萃秀钟灵之所，非只属浮屠氏精蓝栖息处也。原三寺，白鹤创于梁，大德、万安两寺递建于元，其规制宏远，庄严华丽，实成一镇巨观。①

配合时人对全镇景观的诠释与塑造，"因寺成镇"的说法开始取代"因寺名镇"并逐渐深入人心。我们与其将之视为市镇历史的"无限"延长，不如理解为是对现实空间尺度的合理解释和适度构建。

清代的南翔镇，仍是客商采购的首选地之一，"四方商贾辐辏，廛市蝉联，村落丛聚，为花豆米麦百货之所骈集其间"②，在诸多货物中，以棉布最为出名：

> 棉布，有浆纱、刷线二种。槎里只刷线，名扣布，光洁而厚，制衣被耐久，远方珍之。布商各字号俱在镇，鉴择尤精，故里中所织甲一邑。③

据西嶋定生的研究，清代徽商不仅在贩布的客商群体中占据压倒性优势，而且通过直接开设布号，雇佣专人负责收购和会计等环节，逐渐突破了以往布庄布行在交易市场上对利润的垄断。④ 南翔镇出产的棉布因品质优异，吸引了大量的徽州客商。除了棉布业，稻米也是南翔镇日常交易的大宗。自明中叶以降，"以棉织布，以布易银，以银籴米"⑤乃嘉定县棉织类市镇最基本的商业形态，南翔镇也不例外，"东西南北，除杂货外，米之上下，动以万计"⑥。正是在棉织业和米粮业为主体的商贸活动的驱动下，南翔镇的持续繁荣才得以保证。随着人口的大量聚集，治安问题愈

---

① 叶昱：《修建万安禅寺殿阁记》，嘉庆《南翔镇志》卷十《杂志·寺观》，第155页。
② 参石松：《公建抚宪赵公长生书院碑记》，嘉庆《南翔镇志》卷二《营建·书院》，第15页。
③ （清）嘉庆《南翔镇志》卷一《疆域·物产》，第12页。
④ ［日］西嶋定生：《中国经济史研究》，第649—650页。
⑤ 徐行奏、殷都代：《（万历二十三年）永折民疏》，《折漕汇编》卷二，第2页。
⑥ 参石松：《公建抚宪赵公长生书院碑记》，嘉庆《南翔镇志》卷二《营建·书院》，第16页。

发重要。"脚夫、乐人聚伙结党，私画地界，搬运索重直，婚丧勒厚犒，莫甚于南翔。"① 有鉴于此，雍正中，设南翔巡检司，并置把总一员，专任南翔防务，分巡封家浜、黄渡、纪王庙等地防务。② 乾隆三十四年（1769），又以"地当繁杂，窎远治城"，移驻县丞分防南翔。③

除了自上而下的行政组织，南翔镇各种"半自治性"的机构也在清中叶陆续建立起来。先是康熙四十一年（1702），南翔阖镇士商建留婴堂，"铺户暨各镇量输，以足其费"，"收送里中弃儿"，后改称"育婴堂"。④ 嘉庆十三年（1808），朱抡英等又在文昌阁设振德堂，施棺代葬，并收养过路孤苦老人。⑤ 直至民国初年，两堂均是南翔镇权力运作的中心。从嘉庆镇志的《南翔镇图》中，我们可以清晰地辨析出分防署、文昌阁和育婴堂均建在南翔寺的基址上。在寺庙及其周边地区已经受到严重蚕食的情况下，南翔寺的空间性质发生了巨大变化。并非南翔寺本身而是南翔寺原来所占据的地点，真正扮演着市镇的商业中心和展示官方权威的舞台的角色，这与该处有无寺庙并无直接关联。

南翔寺唯一遗留的宗教外的重要功能，只剩下举办公益活动了。崇祯十二年（1639）岁歉，羌世隆父子三人"以麦八百石磨𪎮作饼"，在南翔寺前鸣钟集众分发⑥；康熙四十四年（1705）和雍正十一年（1733），南翔镇施粥的场所均在南翔寺内。⑦

清政府降低了商人入籍的门槛，使徽商增强了对南翔镇的认同⑧，更多地参与到地方事务中来，这与明代的情况大相径庭。前述的程虔五即是其中的一员，他除了修建桥梁外，还担任过育婴堂的董事⑨，出任两堂董事的徽州人绝不在少数，据《南翔陈氏宗谱》载：休宁人陈燧也曾任育

---

① （清）嘉庆《南翔镇志》卷十二《杂志·纪事》，第186页。
② （清）光绪《嘉定县志》卷十《兵防志·兵制沿革》，光绪八年刻本，第2页。
③ （清）嘉庆《南翔镇志》卷四《职官》，第29页。
④ 张鹏翀：《育婴堂序》，嘉庆《南翔镇志》卷二《营建·坛庙》，第18—19页。
⑤ （清）光绪《嘉定县志》卷二《营建志·公廨》，第11页。
⑥ （清）嘉庆《南翔镇志》卷六《人物·孝义》，第50页。
⑦ （清）嘉庆《南翔镇志》卷十二《杂志·纪事》，第185页。
⑧ 据《紫阳朱氏家乘·序文》（民国六年嘤南紫阳恒敬堂石印本，第15页）："紫阳一脉，系出安徽休宁，白鹿传经，前徽具在。清乾隆中叶，第世高祖玉鸣公迁居嘉定之南翔镇，服贾于斯，入籍于斯，绵瓜瓞于斯，厥后继继绳绳，分而成族。"
⑨ （清）嘉庆《南翔镇志》卷七《人物·耆德》，第78页。

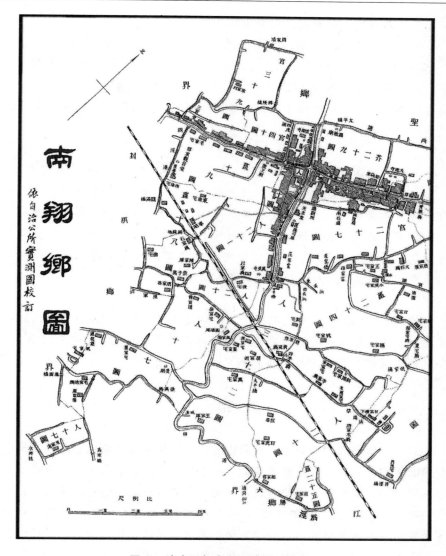

图二　清末民初南翔区域图（局部）

资料来源：（民国）《嘉定县续志》

婴堂的堂董。① 除此而外，徽商对其他公益事务亦颇为留心。歙县人罗采在镇开设有踹坊，雍正十一年（1733）岁祲，"同人奉文公捐煮赈，采独

———————————

① 《松岩公墓志铭》，《南翔陈氏宗谱·墓志铭》，民国二十三年（1934）刻本，第1页。

力设厂广福禅院，赈至三月余而止"。①

在一定程度上，正是因为徽商的全面参与，南翔镇至民国初已成为
"纵跨横沥，横跨走马塘，街衢南北五里，东西六里"②的嘉定县第一大
镇。自光绪三十一年（1905）沪宁铁路开通后，车站距镇仅二里左右，
有专门的马路与火车站相贯通，交通极其便利，大大促进了南翔寺前商铺
的进一步发展：

> 云翔寺前东街、南街最繁盛，大小商铺四百数十家，晨间午后，
> 集市两次。往昔布市绝早，黎明出庄，日出收庄，营业甲于全邑。近
> 年贸布多在昼市，销路又为洋布所夺，此业遂不如前。大宗贸易为棉
> 花蚕豆米麦土布，鲜茧竹木油饼纱鱼腥虾蟹蔬笋之属亦饶，自翔沪通
> 轨，贩客往来尤捷。士商之侨寓者又麇至，户口激增，地价房价日
> 贵，日用品价亦转昂，市况较曩时殷盛。③

伴随着铁路对水路交通的冲击，南翔镇终于突破了明中叶以来内涵式
的发展模式，街市开始大幅度地向位于南部的火车站靠拢。"镇以寺始"
和"因寺成镇"的古老故事从此翻开了新的一页。

五　结　论

探讨市镇形成之前聚落的早期历史，对于认识江南市镇起源以及街市
布局的成型，具有非常重要的意义。由于材料所限，前人基本上忽略了对
市镇聚落的历史回溯，即便有也多拘泥于明清以后人们的种种猜测。如果
我们将不断"层累"的文献放回到具体的历史场景中，或可发现一些聚
落形成初期的蛛丝马迹。以南翔为例，聚落的发展一直与南翔、大德、万
安三大古刹纠缠不清，其中年代最久远的南翔寺更是成为当地人构建聚落
历史的"晴雨表"。唐宋时期，有关南翔的主要信息几乎全被南翔寺所填
充。从保存至今的唐代经幢来看，当地有人居住的历史至少可追溯至唐武

---

① （清）嘉庆《南翔镇志》卷七《人物·流寓》，第 89 页。
② （民国）《嘉定县续志》卷一《疆域志·市镇》，《中国方志丛书》，台北成文出版社有限
公司 1975 年版，华中地方第 170 号，第 87 页。
③ （民国）《嘉定县续志》卷一《疆域志·市镇》，第 87—88 页。

宗灭佛之后，然而，当时聚落的专称还没有出现。南翔首次拥有"自属地名"始自南宋初年的白鹤助缘传说，这在很大程度上要归功于当地旱田塘浦的开发。在聚落早期开发的过程中，僧人的聚集和寺产的拓展本身就是聚落从起源直至达到一定规模的重要指标之一。如果为了迎合不同时代的人们对"自属地名"不同版本的解释，而将孰先孰后的论证强加于寺庙和聚落之间，则显得苍白乏陈。元代南翔寺的兴盛和大德、万安两寺的创立，一方面使南翔演变成为具有相当规模的大聚落，一举奠定了明清两代市镇"东西五里，南北三里"的基本格局；另一方面也催生了南翔寺始建于萧梁时代的说法，并逐渐得到后人的广泛认可。纵观宋元时期南翔的历史，十字港格局虽在北宋就已显现端倪，但在商业聚落未正式形成之前，无论三大古刹修建得多么宏伟铺张，其区位优势亦无从充分展现。南翔一带至多不过是行旅商贾的茶歇之所。

　　明初对佛寺的打压，大大延缓了原本以寺庙为主导的聚落发展进程，甚至导致聚落的分崩离析。直到正德前后南翔正式成为嘉定县七大镇之一，十字港的区位优势才开始显现出来，南翔、大德等寺也稍许恢复了些元气。明中叶以后，当市镇空间达到一定规模，平面式扩展渐趋停止，商业中心始终不离南翔寺及其周边的十字港一带，这并非是出于南翔寺的主导作用，恰恰相反，伴随着南翔镇的日益发达，南翔寺的原有寺基不断遭受各方势力的侵蚀，这块方圆不足二顷的地方，因地理位置的优越，建筑之稠密已达到令人无法想象的程度，逐渐由单纯的宗教中心发展成为集宗教、商业和行政等职能于一体的重要场所。直至晚清，南翔镇的范围也没有突破明代的既有格局，从这一意义上，其发展路线或可概括为"内涵式"的发展类型。这种发展类型并非意味着市镇实体空间近乎不变，而是体现为聚落景观纹理的细密化和十字港四周的空间垄断倾向。与之相应，市镇与周围四乡的空间"异质性"愈发突出起来。

　　配合"内涵式"的发展线路，南翔镇和南翔寺唇齿相依的关系一直被当地人置于非常突出的地位，先是强调"因寺名镇"，意在彰显地名的独特个性，在内涵式发展告一段落后，又出于解释现实空间尺度的需要，制造出"因寺成镇"的历史误会。无论怎样，清人眼中的"因寺成镇"，与我们今天所讨论的市镇起源问题并不处在同一话语系统之下。明中叶以降，在江南特别是太湖以东地区涌现出大量以经营棉业和米业为主的"专业市镇"，它们在贡赋体系中"改折财政"的带动下不断壮大，同时为满足中长距离贸易的需要，已逐渐摆脱了传统意义上的"定期市"的模式。这些市镇每日开市，既不受集期限制，也不迎合庙会或者香市的周期。所谓"因寺成镇"，更大程度上是在聚落景观纹理细密化的背景下对"自属地名"加以过度诠释的产物。

在太湖以东市镇兴起之初，有一种"主姓创市"的现象特别值得关注，具体说来，就是一些市镇由某一大姓创立，并由该大姓掌控市镇的支配权。例如，同位于正德间嘉定县七大镇之列的娄塘、罗店二镇，即分别由王璿和罗升所创。① 这类市镇多以创市之日作为聚落形成的起点，从罗店镇的命名上或可窥见些许痕迹，它们不像南翔镇有更早的聚落历史可以追溯。从形成的机制上看，这两类市镇或许并无本质的不同，但是，如果我们不明白明清以前南翔聚落的发展脉络，将注定无从理解南翔镇从"因寺名镇"到"因寺成镇"的历史型塑过程，进而会在探讨市镇起源乃至市镇空间构成的时候陷入"顾名思义"的错觉之中。明清时代，人们之所以会留下"寺据镇中，镇以寺重"的印象，不单是出于表达南翔寺周边认知环境的强烈愿望，更具有标明市镇中心相对位置的功用。寺庙固然参与或见证了市镇兴起到日趋繁荣的历史过程，但绝非形成市镇的主导力量，这具体表现在，十字港的区位优势在南翔寺最为兴旺的年代并不突出，反倒是在其日呈式微之际才渐露峥嵘。探索市镇的缘起、动力和性质等问题，应在充分了解传统市场运作机制的前提下，在具体的制度环境中理解经济现象，若是不假思索地以"文化驱动力"或"宗教驱动力"等概念去想象和解释传统时代市场的发育形态，就难免会导致削足适履的简单化错误。

---

① （明）嘉靖《嘉定县志》卷一《疆域志·市镇》，第 16 页。

国家认同与"客家"文化[*]

——江西省上犹县营前镇个案研究

黄志繁

（南昌大学历史学系）

一 导 言

一般意义上，闽、粤、赣边界山区被认为是"客家"文化地区。[①] 研究者基本上视这一地区为所谓的"客家大本营"，从而毫无异议地认为，这一地区之地域文化为"客家"文化。然而，令人疑惑的是，一方面，研究者几乎一致同意这一地区为"客家大本营"、地域文化为"客家"文化；另一方面，却对诸如"到底何为客家？""客家源流是什么"等基本问题争论不休。[②] 既然我们连"客家是什么"这一基本问题都没弄清楚，我们又有什么理由去定义一个地区的文化为"客家"文化呢？因此，很有必要抛开"客家"一类的先入为主的概念，重新梳理这一区域的地域文化变迁史。

长期以来，客家学界虽然有不少对"客家"村落进行个案研究的著作，但这些著作很少从较长历史时期展开讨论，特别是，几乎没有学者对一个"客家"聚落宋至清的历史进行梳理和讨论，而宋至清显然是所谓"客家"文化形成的关键时期。出现这个现象，重要的原因是史料的阙

---

[*] 本文综合了作者《"贼""民"之间：12—18 世纪赣南地域社会》（生活·读书·新知三联书店 2006 年版）一书相关章节的内容。

　① 考虑到目前学术界对"客家"尚无统一定义，文中凡是涉及客家，一律打上双引号。

　② 关于大陆"客家"的研究成果甚多，本文无力一一列举。有兴趣的读者可参考相关研究综述文章。王洪友：《中国大陆客家研究的现状与今后方向》，《广州师院学报》1995 年第 3 期；丘菊贤：《客家研究综述》，《嘉应大学学报》1997 年第 5 期；陈支平：《大陆客家研究的功利与学术趋向》，（台湾）《客家文化研究通讯》1999 年第 2 期；等等。

如，人们很少能够找到一个史料上能够上溯宋、下至清的"客家"聚落。非常幸运，赣南西部的营前镇有文字可考的历史可追溯至南宋，而且，一直到清代，关于营前的史料不绝于书。如此连续的历史记载，使我们可以通过梳理营前历史，更细微具体地了解一个"客家"聚落 12—18 世纪变迁史，来分析"客家"文化之形成。

营前镇位于上犹县城西面 77 公里，南接崇义，北接遂川，西邻湖南桂东，东连上犹平富、五指峰乡。从行政区划上，营前指的是现今上犹县营前乡所辖范围，由于本文所叙故事基本上发生在营前圩（即营前盆地中心地带），按照当地人说法，"营前"也可等同于"营前圩"，因此，本文所指"营前"即为营前圩。旧时营前圩是一片低洼盆地，四周则是湘赣边界万山深壑，上犹江（当地人叫云水）从中流过，新中国成立前可通帆船至县城。新中国成立后，为了建设发电水库，营前老圩被放水淹没，营前镇也就搬到了今天的位置。

二　峒寇、书院与"起渭公"

根据笔者实地考察得知，营前古称太傅圩。相传唐末虔州节度使卢光稠在营前建兵营，因卢曾被赠封为太傅，故此地称太傅营，圩场为太傅圩，光绪《上犹县志》载："太傅营，在县治西北一百里，唐时里人卢光稠建营于此，宋初赠太傅，故名。"① 卢光稠是否曾经在营前建兵营已不可考，但是，有一点是肯定的，就是营前由于地处湖南和江西交界处，又和崇义接壤，地势险要，历来是兵家控扼上犹西北之要地。嘉靖《南安府志》有记载曰："（上犹）自创场迄今三百四十五年之间，群凶寇乡良民凡五十有三，而犯邑者十五。……嘉定己巳，岜袍陈葵反，本路孙通判咎犹字有反犬文，壬申改为南安县。"② 从上述记载可看出，南宋上犹县是动乱相当频繁的地方，还因为嘉定己巳（1209）岜袍陈葵反，嘉定壬申（1212）上犹县改名为南安。

上文中的岜袍就在营前附近，是个相当重要的军事要隘。光绪《上

---

① （清）光绪《上犹县志》卷 2，《舆地志·古迹》。
② （明）嘉靖《南安府志》卷 15，《建置志·公署》。

犹县志》记曰:"疋袍隘、卢阳隘、岜头隘、平富隘、石溪隘,俱在村头里。"① 村头里就是营前,从后面的论述可以看出,明清时营前本地人多以村头里代替营前。

由于史料阙如,嘉定己巳年陈葵反叛的原因,我们已不可得知,但是,嘉定年间营前及其附近地区却是峒寇出没之地。陈元晋的《渔墅类稿》有记载曰:"南安峒中先是赤水疋袍之民,凭负险阻,怙终喜乱,然非六路水路诸峒之人与之附和,亦不敢轻有动作。"② 上文中的"赤水""疋袍"之民,大概就是今天的营前附近能确知的最早的居民。赤水,今已不知所在,但是,赤水一定是在营前附近,或者就是营前的另一个称呼。根据李荣村的研究,赤水峒在上犹县的西境,靠近湖南桂阳县的地方③,而符合这个条件的地方非营前莫属。嘉靖《南安府志》有记载曰:"(元大德壬寅)簿尉刘彝顺抚安赤水新民,复起太傅书院为化顽之计。"④ 我们从前可知,营前圩古称就是太傅圩。足见"赤水"和"疋袍"一样,都在营前附近。⑤

"赤水疋袍"之民就是南宋的"峒民"。从法理上来说,"峒民"就是"化外之民",在事实层面上,"峒民"可能被官府编入户籍,成为处于"生"峒和官府之间的"峒丁",也有可能完全被官府排除在"编户齐民"之外。上引《渔墅类稿》卷四载:"本司昨置太傅、石龙两寨,正在峒中平坦之地,……寨兵不许承受差使,不许调遣移戍,专一在寨教习事艺。自立寨之后,十年之间,寇峒有所惮而不作。"⑥ 可见,"赤水""疋袍"在南宋末年由于比较顽固地与官府对抗,官府在此已经设立了军寨专门弹压。比较值得注意的是太傅寨设立在所谓"峒中平坦之地",根据笔者对营前地形的了解,设立太傅寨的地方应该是老营前圩,即被龙潭水

---

① (清)光绪《上犹县志》卷7,《兵防·关隘》。
② 陈元晋:《渔墅类稿》卷四,《申措置南安山前事宜状》,四库本。
③ 关于赤水峒的情况,可参考李荣村《黑风峒变乱始末——南宋中叶湘粤赣间峒民边乱》,《中研院历史语言所集刊》第41卷,第3期(1969)。平定黑风峒叛乱后,在江西、湖南交界处设立了桂东县,所以,李文中所说的桂阳县应该是今天的桂东县。
④ (明)嘉靖《南安府志》卷15,《建置志·公署》。
⑤ 关于赤水峒的情况,可参考李荣村《黑风峒变乱始末——南宋中叶湘粤赣间峒民边乱》,《中研院历史语言所集刊》第41卷,第3期(1969)。
⑥ 陈元晋:《渔墅类稿》卷4,《申措置南安山前事宜状》,四库本。

库所淹没的地势较为低洼之地。①

宋政府还在营前设立了书院，以"教化"峒民。《宋会要辑稿》有如下记载：

> （嘉定十三年八月二十六日），江西提刑司奏："江南西路提刑赵汝谱乞将南安县丞阙下部省废却，以俸给补助新创太傅、石龙两寨及太傅书院地基，并养士刘士聪等户役官田段等税赋。未委县丞俸给每岁若干，太傅、石龙两寨税赋若干，可以两相对补。本司契勘照得南安邑小事稀，官不必备。若减省县丞以补民赋，其钱米犹有赢余。损予县道以补逃绝失陷之租，如此，则荒残之邑，凋瘵之氓皆得以抒，诚为两便。乞将见任人听令终满，下政别改注口等差遣。"从之。②

当时南安正在裁减官吏，理由是"南安邑小事稀，官不必备"，与此同时，却"新创"了两个军寨和"太傅书院"。虽然没有具体材料说明太傅书院在"弭盗"中的作用，但在以上的讨论中，可以推测出地方官在军事要地设立这个书院的用心。

太傅寨和太傅书院的建立，表明官府统治在动乱之区的初步确立。因此，可以说，南宋营前盆地的中心地带（即所谓的"峒中平坦之处"）已经成了官府维持营前一带乃至整个湘赣边界的重心。

作为营前本地的土著，不难想象，其中必然有一些归顺的峒民成为了官府所依赖的力量，从而接受正统的"教化"，成为当地有势力的家族。但是，目前尚无确定的资料显示这一点。根据族谱资料，营前最早的居民是陈、蔡两大姓。当地《陈氏族谱》载："兴祖……宋昭（绍？）熙三年，由泰邑柳溪迁犹邑营前石溪都。"③《蔡氏族谱》亦载："我营城蔡氏则以起渭公为始迁祖，……以宋季离乱，复自住歧徙上犹之营前"④，又陈姓族人追述曰："吾乡名营前，里曰村头，陈蔡二姓卜居斯地，自宋末由元

---

① 笔者曾于 1994 年和 2000 年两次进入营前进行实地考察。
② 《宋会要辑稿》第 88 册，职官 48，第 3484 页，中华书局，1957 年。
③ 《营前陈氏重修支谱（世德堂）·庆源图序》，乾隆四十七（1784）年本。
④ （民国）《上犹县村头里蔡氏族谱》卷首，《源流考》。

明迄清数百载矣。"①

姑且不论族谱资料记载是否可靠，至少在元代，我们可以看到蔡姓在当地的活动身影。元代和宋代一样，官府仍在一些不易"教化"之地兴建书院。例如，前述太傅书院在元代继续由官方重建，嘉靖《南安府志》卷17，《书院》载：

> 至元大德间，县簿刘彝顺申复台省重修书院。时有吉水住岐人，姓蔡名璧字起渭者，侨寓于此，彝顺见其学行超卓，增中俊秀选而未任，遂举有司掌学务。而起渭亲构讲堂，崇饰圣像，训迪一方，子弟文风为之复振。延祐初，达鲁花赤杨伯颜察儿复营学田百亩有奇，仍举起渭司教。是时书院将倾，而起渭又衷资购材大加修葺。

如前所述，太傅书院所在地营前自宋以来就是峒寇出没之地，元代地方官如此热心在此地建书院，应当有更现实的通过教化来"弭盗"的考虑。文中的蔡璧即是营前蔡氏的始祖"起渭公"。《蔡氏族谱》记其迁来营前经过为：

> 我营城蔡氏则以起渭公为始迁祖，朔其所自，盖莆田忠惠襄公之苗裔也。传自衡道公，宦游盱江，因徙南昌之甲子市及铜川居焉。子节烈，授招讨司，从文丞相起义兵勤王。后徙居吉水住岐之下坊市，次子君瑞，生二子，曰玺曰璧。璧公字起渭，以宋季离乱，复自住岐徙上犹之营前。起渭公经明行修举贡元。大德间县簿刘彝顺，延掌太傅书院。②

这段记载，有附丽名人的嫌疑，把蔡氏说成是蔡襄之后，后来又有节烈公从文天祥起兵勤王的"忠义"历史。蔡氏始迁祖名璧，字起渭，据称起渭公曾中"俊秀选"（即《起渭公源流考》中的"贡元"），历代府、县志"选举志"、"人物志"中，均未见有蔡璧的记载，颇疑蔡氏不一定

---

① 《营前陈氏重修支谱（世德堂）·陈蔡嗣孙同撰序》（不分卷），乾隆四十七（1784）年本。

② （民国）《上犹县村头里蔡氏族谱》卷首，《源流考》。

有如此光辉的宗族历史，而是其本来就是当地土著。不过，《府志》资料中如此言之凿凿，也应当不是空穴来风，特别是，如后文所述，蔡姓在明代已经是人才辈出、财大势雄的本地家族，估计在元代已经有一定基础了。

三　明代营前的宗族与地方社会

营前蔡和陈氏至迟在明代已是势力不弱的地方大族，应是没有疑问的。《蔡氏族谱》记载："本道公后本太公富于赀，明景泰间捐谷一千二百石赈饥，奉敕旌义。其孙朝权公于嘉靖间又捐谷一千五百石赈饥，亦奉敕建坊。"[①] 蔡氏的"义举"，道光《上犹县志》卷 4《城池》也有记载："义民坊在营前蔡姓城内东，明嘉靖为义民蔡朝权建。"可见蔡氏在明代确实财大气雄，实力不俗。陈姓在明天启年间已经是"游庠食饩，贡于雍饮于乡者，共数十余人"[②]，有如此之多的功名，陈姓应当并非弱小宗族。

明代营前地区依然是动乱不断，由于营前又靠近崇义县的桶岗地区，而正德年间桶岗及其周围地区正是动乱之源，营前也必然受其波及。在这种背景下，陈、蔡二姓都维持了与官府的良好关系，并成为官府平定盗贼的重要力量。《陈氏族谱》有记载曰："明正德年间，流寇猖獗，欲筑城自卫而不果。其从王文成公征桶岗贼有功，旌为义勇指挥使者则瑄之第四子九颧也。"[③] 可见，陈氏族人曾经跟随王阳明征讨桶岗盗贼，并被官府表彰为"义勇指挥使"，虽然这个职位并不是正式的品官，但已充分说明陈氏与官方的密切关系。

蔡氏的力量似乎比陈氏要强大，而且，与官府关系也更为密切。集中体现蔡氏强大力量和与官府密切关系的是营前蔡家城的建立。天启年间，上犹知县龙文光到过营前，写下《营前蔡氏城记》：

> 予治犹之初年，因公至村头里，见其山川清美，山之下坦，其地

① （民国）《上犹县村头里蔡氏族谱》卷首，《源流考》。
② 《营前陈氏重修支谱（世德堂）·营前陈氏祠堂记》，乾隆四十七（1784）年本。
③ 同上。

有城镇之，甚完固。既而寓城中，比室鳞次，人烟稠密。询其居，则皆蔡姓也，他姓无与焉。为探其所以，有生员蔡祥球等揖予而言曰：此城乃生蔡姓所建也。生族世居村头里。正德间，生祖岁贡元宝等因地近郴桂，山深林密，易以藏奸，建议军门行县设立城池。爰纠族得银六千有奇，建筑外城。嘉靖三十一年，粤寇李文彪流劫此地，县主醴泉吴公复与先祖邑庠生朝侑等议保障之策，先祖等又敛族得银七千余，重筑内城。高一丈四尺五寸，女垣二百八十七丈，周围三百四十四丈，自东抵西径一百三十丈，南北如之。①

营前靠近明代赣南的大贼巢桶岗，盗贼自然频繁骚扰，因此，蔡氏族人有"建议军门（即南赣巡抚）行县设立城池"之举。后来可能这个要求没有得到批准，蔡氏遂自己建了外城。直至嘉靖三十一年（1552），在县令的帮助下又建了内城。在蔡氏建城的过程中，族内的士大夫起了重要作用，而建城的举动也得到官府的同意与支持。

根据徐泓的研究，明代一般的筑城活动都由知县或知府主持，② 可见，并非一般百姓可以自行筑城自卫。然后，动荡的局势迫使一些编户齐民筑城自卫，类似的还有大庾县峰山城的例子：

> 据江西按察司分巡岭北道兵备副使杨璋呈：奉臣批，据南安府大庾县峰山里民朱仕玦等连名告称：本里先因敌御崒贼，正德十一年被贼复仇，杀害本里妇男一百余命。各民惊惶，自愿筑砌城垣一座，搬移城内。告申上司，蒙给官银修理三门。③

峰山城的建立仍必须"连名告称"，说明筑城的行动乃是在官府的批准之下进行的，同时也表明筑城者本身获得了官府的认可和保护。在营前，围绕蔡家城的建立，还有一个广为人知的故事：

> 在营前，同为土著的大姓有两家，一为陈；一为蔡。两家都想筑

① 龙文光：《营前蔡氏城记》，光绪《上犹县志》卷16，《艺文》。
② 徐泓：《明代福建的筑城运动》，台湾，《暨大学报》第三卷第一期，1999年。
③ 王守仁：《移置驿传疏》，《王阳明全集》卷11，上海，上海古籍出版社1992年版，第354页。

城自卫，于是同时向官府请示，官府的批复是"准寨不准城"，因
"寨"和"蔡"谐音，"陈"和"城"谐音，于是大家理解为"准蔡
不准陈"。蔡家可以筑城，而陈氏则不能。①

　　这个故事，当然是后人的编造。从语气和内容看来，有可能是陈氏在
为自己没有能够筑城进行辩解。从这个故事也可看出，当时筑城自卫必须
经过官府批准。既然筑城自卫要经过官府批准，就意味着和周围啸聚为盗
的人区别开来。②　与此相对，在合法城中居住的人则和官府合作御寇防
盗。
　　在宗族聚居之地，由于有组织起来防盗御寇的要求，宗族组织比较容
易完善起来。明代营前蔡氏就已有了比较完善的宗族组织，这从蔡家城的
修缮和维护中可看出。《营前蔡氏城记》说：

　　　　其城垣损坏、城堤倒塌修补之费，一出于生姓宗祠。生祖训曰：
　　君子虽贫，不鬻祭器，创建城垣，保固宗族，其艰难讵祭器之若。即
　　或贫不能自存，欲售屋土者，只可本族相授受，敢有外售者以犯祖
　　论。故子孙世守勿失焉。予闻而颔之。……彼夫聚居村落，一遇有警
　　即奔窜离散，而父母兄弟之不相保，室庐田产之不能守，岂非捍御之
　　无资以至此？……蔡氏之建城不贻子孙以危而贻子孙以安，不欲其散
　　而欲其聚。……今观蔡氏后贤，虽罹兵燹而人无散志，城中屋地，不
　　敢鬻与外姓，惟祖训是遵，洵可谓能继先志者矣！自兹以往，聚族而
　　处，居常则友相扶持，筋酒豆肉，而孝敬之风蔼然；遇变则守郫巡
　　侦，心腹干城，而忠义之气勃发。

　　由上文可见，蔡氏建有宗祠，并有族产用于维持蔡家城的运作，而
且，族人"欲售屋土者，只可本族相授受，敢有外售者以犯祖论"。
　　陈姓虽然没有能建立自己宗族的城池，但是，如前所述，陈氏宗族在
明代也涌现了许多科举功名人物，还设立了学田，建立了祠堂，其宗族的

组织化程度应当也不低。乾隆年间陈氏族人追述明代其宗族情况曰："明天启四年，邑侯龙公倡建营溪水口文峰宝塔。而陈氏之游庠食饩，贡于雍饮于乡者，共数十余人。爰合本里蔡捐置塔会租田壹百零伍担，奖励后进，以志不忘所自。明季多难，祠宇民居悉为流寇所焚毁。"① 从中可看出，明代陈氏已经建立了祠堂，并且和蔡氏一起建立了文峰塔。关于是次文峰塔的建立，其族谱中有更详细的记载，其文曰：

> 吾乡名营前，里曰村头，陈、蔡二姓卜居斯地，自宋末由元明迄清数百载矣。前天启间，邑侯龙公以公事来登临览胜，窃叹东方文峰低陷，爰斜两姓建造宝塔。嗣是，游泮者登科者相继而起。两姓之祖，仰慕做人之化，聊效甘棠之颂，建祠置田，塑像崇奉，以志不忘。其租田壹百零伍石，载粮壹石三斗三升，内拨壹拾伍石赠僧香灯之资，余玖拾石议定游泮与夫俊秀轮次完粮收管。若科甲及恩、拨、副、岁等贡，众议收一年以资路费，僧粮一并包纳。毋得紊序争收，祖训敢不凛遵！今幸遭逢圣世，加意右文，两姓游泮以及国学者约计数十人。若一人管收一年，久令后起者悬悬观望。公议自今伊始，在康熙以前游学者一人轮收一年，而四十四年以后进学者，每年轮案挨次，两人合收，以免换越，庶得坳冶祖惠，永为定制。是序。
>
> 今将田土名数目开后（略）。
>
> 龙飞康熙四十五年丙戌岁仲冬月
> 学长：良稳、泰伯同记

上述引文表明，陈、蔡二姓在知县的号召下不仅联合修建了文峰塔，还建立了塔会并捐了一定数量的学田，以奖励两姓科举人才。罗勇对两姓族谱整理，也发现两姓世代联姻。② 这些事实至少说明了三个问题：第一，两姓都和官府保持了密切的关系，知县也很重视与营前两大宗族维持良好的关系；第二，陈、蔡两姓尽管有各种各样的矛盾，但是，相处比较和谐，还能联合起来做共同事业；第三，陈、蔡能在当地以两姓之力建文

---

① 《营前陈氏重修支谱（世德堂）·营前陈氏祠堂记》，乾隆四十七（1784）年本。
② 参考罗勇《一个客家聚落区的形成和发展——上犹县营前镇的家族社会调查》，《赣南师范学院学报》2002年第1期。

峰塔，充分说明两姓基本上控制了当地，是地方上有实力的集团。

上引文中的"祠"不太清楚祭祀何人，推测是与文峰塔配套的一个小庙。《陈氏族谱》记载："由是两姓绅士联为文会，共捐置塔会租田边地壹百零伍石以志永久。奈明季迭遭流寇，荡析离居，祠烬产没，而谱牒无存。"① 说明这个小庙明末被毁于兵火，但两姓所创立的学田还存在，直到清代依然在发挥作用。

因此，明代，特别是明末，陈、蔡两姓基本上成了营前地区重要的力量，他们和官府维持了较好的关系，涌现了比较多的科举功名人物。但是，在陈、蔡两大宗族周围也依然是盗贼出没，蔡氏不得不筑城自卫。不过，陈、蔡与官府保持密切关系，并成为当地最重要力量的事实也表明，明代的营前虽仍可从宽泛意义上以"盗区"视之，但绝对不是宋代那样的峒寇出没之地，而是教化程度比较高的地区了。

四　清初营前的流民与土著

在清初的社会大动荡中，广东流民武装阎王总在赣南境内频繁活动，且不时以上犹为主要活动据点。康熙十七年（1678），三藩之乱平定后，上犹知县回忆遭受流民侵扰的情形时说：

> 康熙上犹县刘详为逆寇恃强据地等情，看得上犹县一邑两次屠戮，五载蹂躏。自康熙十三年至今，人绝烟断，空余四壁孤城，一片荒山。幸天兵震临，狗鼠丧魂，随有投诚之众自愿仍垦营前。卑职不敢以目前之粗安，听其贻祸于封疆；不敢以一己之便宜，听其蓄殃于百姓。实有见其断断不可安插营前者，试敬为宪台晰详陈之。一则逆寇之叵测宜虑也。按明季粤省流叛，阎王总等乘间劫掠赣南诸邑，时有阁部杨、虔院万于乙酉年招其众从军，此一叛一抚也。顺治八年，撤调营前文英防兵，随有十三营之阎寇，窜伏犹崇诸峒，出没肆掠。又幸虔院刘、总镇胡遣师搜剿，余孽投降，此再叛再抚也。迨顺治十六年，募垦檄下，其党乘间复集，始焉遍满犹、崇二邑，继而蔓延南康之北乡，以及吉安之龙泉。从前当事止知藉以垦荒益赋，不知此辈

---

① 《营前陈氏重修支谱（世德堂）·世德堂陈氏支谱跋》，乾隆四十七年（1784）本。

劫掠成性，有革面而究未革心者。自甲寅一变凡占垦之粤流，遂尽流为播毒之叛逆矣。迄今五载，土著遭杀遭掳，数邑尽殃，而上犹为甚。上犹之营前、牛田、童子等乡尤甚。缘顺治十六年招垦余孽，混集其地，斯根深而祸益深耳。今以大逆败北，势穷乞降，又蒙总镇概示不杀，暂令屯垦营前等处，此则三叛三抚也。①

上犹的广东流民"三叛三抚"的过程，其实也是流寇逐渐转变为官府控制之下的"民"的过程。特别是"顺治十六年，募垦檄下，其党乘间复集，始焉遍满犹、崇二邑，继而蔓延南康之北乡，以及吉安之龙泉"，官府招募流民开垦荒地，导致了流民大量涌入。康熙十三年（1674）的甲寅之变，"凡占垦之粤流，遂尽流为播毒之叛逆矣"。流民叛乱的直接受害者是当地土著，"迄今五载，土著遭杀遭掳，数邑尽殃，而上犹为甚。上犹之营前、牛田、童子等乡尤甚"。《南安府志》载："上犹流寓广人余贤、何兴等聚众作乱。四月初八日，围营前城。……是时营前城陷，屠戮甚惨，西北境悉遭贼掳。……盖自甲寅至是蹂躏五载，上犹象牙湾（营前）朱氏，浮潮李氏，周围屋周氏，石溪之王氏、杨氏，水头之胡氏、游氏，竟至合族俱歼，无一存者。"②

由上述记载，可看出明代在营前居于优势地位的土著陈、蔡③在清初的动乱中遭受惨重损失。陈氏至祠宇成为土田，"康熙甲寅寇变，焚毁祠宇，倾墟已垦为田"④，祠堂已经变成了土田，可见破坏之严重。蔡家城（营前城）陷，民间传说，流民首领何兴放一只鸡，一只鼓于城门，拦问过路人，如答曰鸡、石鼓（土著口音）则杀；答曰街、石头（"客家"口音）则放，足以反映当时屠戮之酷。通过几次屠杀，土著的势力大大衰落，而流民的力量大大成长。在这种背景下，流民通过各种方式在营前居住下来。现存族谱资料显示，广东流民基本上都是康熙年间，甲寅之乱前

①（清）道光《上犹县志》卷31，《杂记文案》。
②（清）光绪《南安府志补正》卷10，《武事》。
③ 营前民间一般的说法是清以前营前土著三大姓朱、陈、蔡，按说朱姓至少应该在明代就有相关的记录，但是，就笔者掌握史料而言，并无朱姓的历史资料记载。其原因可能有二：第一，根据笔者的实地考察，朱氏所居住的象牙湾离营前圩有一定的距离，所以，朱姓可能并无需要参加陈、蔡的联合修建文峰塔之类的活动；第二，根据上引光绪《南安府志补正》卷10，《武事》之记载，朱姓"竟至合族俱歼，无一存者"，则朱姓被灭族，自然不会留下任何记载。
④《营前陈氏重修支谱（世德堂）·连祖小宗祠记》，乾隆四十七（1784）年本。

后而来到营前的。例如黄姓，原籍粤东兴宁，开基祖世荣公"乃于油石水村牛形卜其居（在营前），岁在康熙甲辰腊月之溯三日也"①；何姓，"洪武年间自闽迁粤之兴宁县，及后嗣孙繁盛，散居江西各县，而其迁居上犹者，大皆于清康熙年间事也"②；张姓，原居粤东惠州府嘉应州，"康熙十六年戊午岁又来营前石溪隘桥头灞居住"。③ 其他诸姓如钟、胡、刘、蓝等也大多在清初年间由广东迁入。然而，族谱资料并不能全面地追溯流民定居情况，实际上，许多流民是以流寇的方式进入营前的，在流民与土著互相仇杀的背景下，流民想顺利地在营前定居下来并非易事。

在上犹营前胡氏的族谱中，保留了一份记载其家族迁移历史的《子田公迁犹起籍始末》，记述了胡氏族人由流寇到流民再接受招抚，最后定居于营前的过程。其文曰：

> 村头牛田二里之地昔名太傅营前乡，……以明末寇乱，鞠为茂草，丁缺田荒，岁庚子奉虔院林，以犹地缺亏课飞示粤东招垦。内云：移来者为版籍之民，承垦者永为一己之业等语。公闻之，遂商族戚，遥赴兹地而审择焉。其时洞头为土人黄氏故址，外并田塘计租七十担，欲觅主受。公会本支昆季叔侄均八分而集价购之，佥议其名曰子田子业，立卷受产，盖寓田业远垂子孙之意也。越辛丑冬，聚族挈眷而定居焉。及后产业岁增，粮米散寄，艰于输纳，因与房弟明台、秀台、国俊等谋倡开籍。又思粮少用侈，始会商于何、戴、陈、张等廿三姓，汇聚丁粮，公乃易以卷，载子田之名，佥为呈首赴控。抚藩颁批开籍，檄县查编，土著绅士，聚计阻挠，构讼五载。至康熙十一年，幸遇新任县主杨讳荣白，力排群议，将新民二十三姓粮米六十四石，官丁五十一丁，收入牛田里七甲，户名胡子田，编载犹籍，造册申报，抚藩咨（?）部刊入。康熙十二年，藩道由单发县征输时，计本族粮米一十余石，官丁六口，则胡子田、胡贤姓、胡之始、胡碧昌、胡碧云、胡祥是也。④

---

① 《黄氏世荣公系下第六次重修族谱》卷首，《去粤来犹记》，1996 年修本。
② 《（营前）何氏族谱·四修族谱序》，1997 年修本。
③ 《（营前）张氏族谱》卷3，《汝珍公自述》，1995 年修本。
④ 《胡氏五修族谱》卷首，《子田公迁犹起籍始末》。

这段记载中可能有美化和隐讳的成分，如胡氏祖先初来营前，可能不是因为开垦，而是在作乱后定居下来，乾隆《上犹县志》卷10，《杂记》记曰：

> （顺治）二年三月粤贼阎王总、叶枝春、胡子田等从北乡突至，邑令汪暆率民从南门出犹口桥御之，杀贼数百，……时明之虔院万元吉、阁部杨廷麟利其众，招之以戍赣。及明年，王师平虔，贼仍奔上犹。

可见胡子田起初是以流寇的身份来上犹的，所谓"岁庚子奉虔院林，以犹地缺亏课飞示粤东招垦"的说法，带有明显的掩饰成分。胡氏族谱的记载中，最值得注意的是胡氏有自己的户籍，而且是和"廿三姓"共同拥有的。这"廿三姓"全部是"东粤流寓"。① 当然，这一户籍是经过与土著近五载的斗争才获得的。

要指出的是，上文中的胡子田可能并非一个真实的姓名。笔者翻遍《胡氏五修族谱》中的世系，都未发现有胡子田此人。《胡氏族谱》的"旧序"中对其祖先来营前的经过另有一段记述：

> 至我考端介公已历一十二世，族人丁口日繁，而土地莫辟。因有思为徙迁者，且闻上犹丁田继乱，荒缺任垦为业。其时堂兄仁台、明台偕我仲叔碧云房伯元，始遥驰而觇之，归而商我先君。于顺治辛丑冬，挈眷西徙定居斯地，□荒置产，倡众开籍。继而礼信公二公之嗣以及黄塘广公之胤，后先接踵而聚居焉，盖皆我裕公流裔也。……今余族之聚处于斯也，虽有疏戚之异，皆出裕公之裔。……际甲寅之变，先君与仲兄相继沦丧。②

笔者怀疑，被称为与户名相同的"胡子田"者，可能是比"端介公"

---

① 《康熙上犹县志》卷10，《艺文志·文》中有《康熙三十五年编审均粮记》一文，记载了康熙三十五年上犹均粮时对户籍的整顿，"盖以牛田里又七甲二十三姓之粮，补充龙下五甲郭时兴绝户，……，遂如议衷益而改郭时兴户为龙长兴，龙者，里名，长兴云者，谓东粤流寓二十三姓之人，自拨入龙下五里当差，而长久兴旺从俗便也"。牛田里七甲正是胡子田户籍所在甲。

② 《胡氏五修族谱》卷首，《胡氏族谱旧序》。

低一辈分的人。《子田公迁犹起籍始末》中载有"因与房弟明台、秀台、国俊等谋倡开籍",下文中又有"有若朋台、国俊、秀台、日台,又皆公之弟"的说法;而上引《胡氏族谱旧序》中又有"其时堂兄仁台、明台偕我仲叔碧云房伯元,始遥驰而觇之",两相对照,《子田公迁犹起籍始末》中叙述的所谓"子田公"事迹,很可能就是"仁台"之所为。端介公在甲寅之变中"沦丧",而"子田公"依然活着。《子田公迁犹起籍始末》记曰:

> 会未逾年,旋罹甲寅之变,弃产避乱,流离倾荡。戊午渐平,公仍倡谋复土,挈众归里。总镇哲嘉其首先归诚,旌给冠带衣履。时土著籍曰粤人倡乱,指为逆党,欲谋削籍。众心危疑,有欲弃之回梓者,公与弟明台、国俊、月台力挽众志,居耕如故。每以公务出入县廷,恶言盈耳,他皆疑畏逡巡却避,而公莫之惧也。十九年庚申夏,奉抚蕃(藩)牌行府县,凡被难新民,著复原业,造册申报,而同籍各姓人户,避乱散居,多未回里。时公年已七十,仍与诸弟遍查各姓田产,造册缴报,永复原业,征输如故,是皆公之经营筹度,而同籍均被者也。康熙二十八年,本户童生金呈考校,蒙部院宋批准,十年开考。是年冬,朝廷颁行异典,优礼高年,绢帛肉食,县主陈召公给焉。越明年庚午季秋,公既享年八十以寿考终,天之庇其永年也。

上引两位知县的文章都在要求营前流民回籍开垦,但胡氏并没有回籍,"众心危疑,有欲弃之回梓者,公与弟明台、国俊、月台力挽众志,居耕如故"。直到康熙十九年(1680),"奉抚蕃牌行府县,著复原业,造册申报",在"子田公"的努力下,胡氏和"东粤流寓廿三姓"共有的"牛田里七甲胡子田户"的户籍再次获得了合法的地位。"康熙二十八年,本户童生金呈考校,蒙部院宋批准,十年开考",终于有了参加科举考试的资格。

获得参加科举考试的权利,是经过了一番和土著的斗争。以下是当时知县的公文:

> 县主陈康熙二十四年七月十二日详看,看得入籍应试,普天有之,必核其虚冒,严其诡秘,名器不致侥倖,而匪类无从觊觎也。卑

县蕞尔小荒陬，叠遭寇变。土著百姓徙亡过半。田土悉多荒芜，招佃垦辟。胡子田等移居犹境，陆续营产置业，于康熙十二年起户牛田里又七甲当差。康熙十三年即乘逆叛而粤佃附和肆毒，然其中亦有贤愚之不一也。兹当奉文岁试，粤民何永龄等二十余人，连名呈请投考，虽人才随地可兴，而考试以籍为定。胡子田一户称已入籍，呈请与考，庶亦近理。然亦必须与土著结婚连姻，怡情释怨，里甲得以认识，突如其来，或借以同宗之名目，或借寄升斗之田粮，依葛附腾，呼朋引类，以犹邑有限之生童，何当全粤无穷之冒滥。况朝廷设科举士，首严冒籍。安容若辈率众恃顽紊乱国法为也。至胡子田一户，应否作何年限，出自宪裁，非卑职所敢出耳。①

从以上记载可看出，围绕考试问题，流民与土著展开了斗争，县令站在土著一边，力主不能冒籍应考。尽管知县也承认"胡子田一户"因已入籍，"呈请与考，庶亦近理"，但他认为仍"必须与土著结婚连姻，怡情释怨，里甲得以认识"，才有资格参加考试。笔者在营前实地考察中，访得一故事，颇可以说明土著在文化上对流民的支配地位：

> 过去营前参加科举考试必须有秀才以上的人担保。流民没有秀才，土著也不担保流民，流民就无法考试。有一胡姓男童，他外公是土著秀才，胡生整天待在外公家帮外公干活，外公很喜欢他，教他读书，他却显得极笨。有一年他外公作科考廪保，他突然缠着外公要求去考试，他外公以为他很笨，只是去玩玩。谁知，胡生一到考场就换了个人，一举考中秀才。后来，他做廪保，就专门保客籍流民。②

上述故事的真实性当然值得怀疑，但这个故事反映了两个事实：一是流民和土著已开始联姻，说明两者已有逐渐融合的趋势；一是流民和土著虽开始融合，但是土著却一直把持着对文化资源的控制，流民与土著之间关于科举考试资源的争夺也并未因两者联姻而消融。值得注意的是这个故事反映出来的一个事实，即参加科举考试必须有秀才以上有功名者的

---

① （清）乾隆《上犹县志》卷10，《杂记》。

② 此据营前黄营堂老人讲述，特此致谢。

担保。

　　面对土著控制科举考试的局面，流民必然想方设法冲破阻扰。上述故事不仅显现了流民的智慧，而且表示流民经过努力也可争取到参加科举考试的权利。不过，这样做的前提仍必须是拥有合法的户籍。我们注意到，康熙二十四年（1685）陈知县并没有否认"胡子田"一户参加考试的权利。胡氏大概是营前流民中最早取得功名的宗族，所以上述故事的主人公也姓胡。而胡氏之所以能有此成就，主要是因为拥有户籍，"东粤流寓二十三姓"都共用这个户籍。在某种程度上，"胡子田户"成了一种身份的象征，拥有这个户籍，就表明获得了"国家"认可的身份，相应地拥有一系列的权利。因此，不难理解这个户籍对他们的重要性。前已指出，"胡子田"并不是一个人的真实姓名，只是户籍中的名字。但是，这个户籍是如此重要，以致"胡子田"成了胡氏宗族甚至广东流寓的代名词。康熙初年，营前土著为防止流民附籍应考，向地方官陈述曰：

　　　　赣、南二府，自明季粤寇流残焚杀已甚，……复檄三省合兵搜剿，寇乃就抚，遂踞上犹垦荒。延祸及康熙十三年复乘衅叛逆，屠城围县，……越十九年，大逆各败死，粤贼复投招，仍踞上犹垦荒。……近又借胡子田流寓新籍，鼓集贼党及奴仆、囚犯、娼优、隶卒等类，面不相识，目不经见，张冠李戴，赢吕莫辩。又自以为读书能文，应得与考。蒙道府县主俱批严禁冒籍。……敬将各上宪已前咨移勘详等语，逐一刊录以诉叠害，以杜后患，为此叙列于左。①

　　这段文字，表现的完全是土著激愤的口吻和对流民的轻蔑看法，不过从中可以发现，"胡子田流寓新籍"成了流民要求应考的重要资源。这篇由土著写成的呈文，题为"残民叙陈叠受叛害原由"，十分冗长，其"叙列于左"的内容分为两部分：第一，为以前各任地方官要求营前广东流民"回原籍"的公文；第二，流民如胡子田、何永龄等人所屠杀土著绅士的名单和所犯下的种种罪行。其对流民所犯罪行的叙述力求清楚，府、县志中仅写"粤寇""广寇"等处，在这篇呈文均有名有姓。诸如：

---

　　①　（清）乾隆《上犹县志》卷10，《杂记》。

（国朝顺治）二年三月，粤贼阎王总、叶枝春、胡子田等从北乡突至，邑令汪晔率民从南门出犹口桥御之，杀贼数百。

康熙十三年八月，逆藩吴三桂反，粤贼余何等纠合先年已降寇贼廖道岸、曾道胜、何柏龄、何槐龄、何永龄、胡子田、张标、黎国真、田复九、田景和、黄炽昌、陈王佐、罗敬思等，领伪札，拥众数万与吴谣相声援。①

土著的这种仇恨当然是可以理解的，但流民的合法身份还是逐渐被官府认可，户籍逐渐不再成为限制流民参加考试的困难。《子田公迁犹起籍始末》记曰：

迨三十五年丙子，县主章以新民姓众，混与土著，合约均为二户。次冬岁考，蒙署县事库厅朱，开试新户生童，己卯科考，堂侄宏璋取入邑庠。至四十年辛巳，县主张又将两户粮丁，均朋七里五甲、七甲两排，三姓朋名分为一十五户，然后同籍众姓悉皆分明他籍，而本籍胡子田户仍其旧，始无他姓混入，庶几永久。……公固首为众倡，而其持筹度务审虑辅行，则有若朋台、国俊、秀台、日台，又皆公之弟，而伯仲其功者也。②

康熙三十六年（1697），胡氏族人有人考中县学生，胡氏开始转变为绅士家族。胡氏能由流寇家族一变而为绅士家族，拥有合法的户籍是其先决条件。

以上记载出自族谱，但可证之县志。康熙三十五年（1696），上犹县编审均粮，有文记曰：

康熙三十五年期届编审，……金曰粮少各排以就近均补为便，今应将十甲补八甲，九甲补六甲，其七甲应补五甲而本甲之粮仅足，盖以牛田里又七甲二十三姓之粮，补充龙下五甲郭时兴绝户，则一转移而民困苏矣，……遂如议衰益。而改郭时兴户为龙长兴，龙者，里

① （清）乾隆《上犹县志》卷10，《杂记》。
② 《胡氏五修族谱》卷首，《子田公迁犹起籍起末》。

名，长兴云者，谓东粤流寓二十三姓之人，自拔入龙下五里当差，而长久兴旺，从俗便也。①

可见，至少到康熙三十五年（1696），牛田里七甲二十三姓已必须纳粮当差，也就意味着"胡子田"户籍的合法性。《上犹县志》的记载和《子田公迁犹起籍始末》的记述仍有不尽相同之处，按《上犹县志》的记载，"东粤流寓二十三姓"的户籍已改为"龙长兴"，而《子田公迁犹起籍始末》则记为"县主章以新民姓众，混与土著，合约均为二户"，其中"均为二户"不明何指，可能是把"胡子田户"分为两个户头，康熙四十年（1701）又分为十五户，胡氏族人拥有了自己单独的宗族户头。新民不断地分拆户籍，结束了二十三姓共用一个户名的历史，也从一个侧面反映了其编户齐民身份逐渐被国家认可。

另一方面，土著陈、蔡在经历了兵燹之后，也逐渐恢复了宗族组织，上引陈、蔡两姓的族谱资料表明，至少在康熙后期，陈、蔡两姓的文会依然在发挥作用，族谱和祠堂也逐渐恢复。但是，可以肯定，陈、蔡两姓的规模不如以往，也不太可能获得明代那样在地方社会处于支配的地位了。由于营前地理位置险要，清政府一直在营前设兵防守，光绪《上犹县志》卷七《兵防志》记载："营前汛，在营前城北门，内有营房十间，原额设把总一员，雍正九年添设外委一员，带领马步战兵五十名。"乾隆十七年（1752），距营前三十里左右上信地发生何亚四叛乱，驻防在营前的巡检司张仕剿灭有功，"事平，改巡检司为县丞"②，表明营前城在乾隆十七年后又成了上犹县丞署所在地。清代晚期的蔡家城已不可能是蔡氏一族之人所管之地了，而是变成了正式的官府行政机构，这从一个侧面反映了蔡家力量的衰落。

进入清中期以后，营前本地基本上没有大规模的动乱了，流民和土著都成了地方社会的"土著"居民，他们之间虽然没有了大规模的冲突和斗争，根据笔者调查和研究，清中期以后的营前独特民间舞蹈——"九狮拜象"之所以形成，一个很重要的原因就是营前各宗族之间的争斗。③

---

① 《康熙三十五年编审均粮记》，《康熙上犹县志》卷10，《艺文志·文》。

② （清）光绪《上犹县志》卷8，《官师志·丞佐》。

③ 黄志繁：《营前的历史、宗族与文化》，《华南研究资料中心通讯》第24期，2001年7月15日。

当各宗族都竞相集中全力打造规模庞大的舞狮队伍时，谁是土著，谁是"客家"，已经不重要了，而是变成哪个宗族最强大，最有势力。但这种转变并没有改变双方在长期历史过程中形成的心理认同机制，事实上，双方心理认同上依然有比较清晰的区分。在语言上，由于客籍人士较多，营前通行的是以兴宁方言为基础的"客家"话，但是，土著陈、蔡二姓家族内部还保留着"上犹话"；风俗上也略有不同，例如，土著一般七月十五过"鬼节"，而流民却提前到七月十四；最重要的是心理认同上，什么人是"客"，什么人是"土"，至今营前人还是分得很清楚。

五 结 语

通过以上论述，我们可以比较清晰地看到一个南方山区盆地如何转变为一个"客家"聚落的演变过程。营前宋代是峒寇出没之地，通过官方的教化和地方势力自身努力，明代地方社会开始出现与官府关系密切的以士绅为主导的宗族组织，随着清初动乱和流民的进入，营前土著宗族受到沉重打击，逐渐丧失了优势地位，不得不和日益壮大并被官方承认的流民共处一地，清代中期以后，营前社会逐渐安定下来，不再有大规模的土客冲突，而呈现复杂的社会结构和矛盾，并形成其独特的地域文化。

因此，至今人们看到的营前的地域文化，也就是一般所称的"客家文化"，乃是自宋至清经过一系列峒寇、山贼、流民与官府、土著的冲突与融合而形成的。虽然，清初大量广东流民的进入，使营前地区才真正出现族群之间的互相认同与冲突，才会有"土"与"客"的明显区分，但是，没有营前的土著，就没有流民与土著之间的自我认同与冲突，我们又有什么理由把土著陈、蔡来之前的"峒寇"排除在"客家"之外呢？在没有其他资料相互印证的情况下，我们又有什么理由只依据族谱资料，把陈、蔡认为是中原迁徙来的世家大族，而不是由山居的"峒寇"就地转化而来呢？事实上，学术界关于罗香林之所谓"客家"源自中原正统血统的说法已经提出了极具说服力的挑战，[①] 毫无疑问，我们必须抛开关于

---

① 参见房学嘉《客家源流探奥》，广东高等教育出版社 1994 年版；陈支平《客家源流新论》，南宁，广西教育出版社 1997 年版；李辉、潘悟云等《客家人起源的遗传学分析》，《遗传学报》30 卷第 9 期（2003 年），第 873—880 页。

"族源"问题的争论,而是在比较长的历史时期中考察营前地域文化之形成机制。

如果我们认真审视营前"地方文化"之形成过程,则我们不得不承认,"国家"的力量在营前地域文化的塑造中起了重大的作用。无论是宋代的峒寇,还是清代的流民,他们都是在动乱中和"国家"进行对话,并逐渐认同于"国家"且被"国家"接纳为正式的"编户齐民"的。正是上述"峒寇"、"流民"与"官府"、"土著"之间相互斗争和融合,并"地著"成为本地的编户齐民,才形成了营前独特的,至今一般称之为"客家"文化的地域文化。笔者曾经在一篇讨论明清赣南族群关系演变的文章中认为,流民与土著产生冲突并形成各自心理认同的前提是,流民接受"国家"统治,开始具有与土著同样的国家认同意识。① 通过营前的研究,我们可以更进一步说,在营前宋至清的长达六百年的历史演变过程中,所谓的"峒寇"、"畲贼"、"土著"、"流民"等人群分类的标签,也是在国家认同意识下所产生的结果。因此,可以说,营前至今可见的地域文化,也就是一般意义上所称"客家文化",乃是宋以来国家认同意识推广和山区开发的产物,而动乱则是地域社会力量重组的表现。

长期以来,客家学界关于"客家"文化的考察,往往从族源、民俗、方言、土客冲突等等角度进行,但是,由于缺少长时期具体个案的历史分析,学界在取得了很多丰硕成果的同时,也陷入了许多不必要的争论。营前的个案表明,我们应该首先把"客家"文化看成一种"地域文化",一个地方社会在长期历史发展过程中形成的与国家认同意识相为表里的"地方文化"。因此,或许不能单纯地从族源、民俗、方言、土客冲突等因素来探讨"客家"文化,而应从地域社会的国家认同角度来理解所谓"客家"文化之形成。

---

① 黄志繁:《国家认同与土客冲突:明清赣南族群关系》,《中山大学学报》2002 年第 4 期。

通过征用帝国象征体系获取地方权力[*]
——明代广西土司的宗教实践

张江华

（上海大学人类学与民俗学研究所）

在中华帝国向其边陲的扩张过程中，国家的统一与文化的多样性如何实现，华琛提供了一个经典性的诠释。华琛用神的标准化来表述这一过程，强调国家的标准化如何与地方社会的区域性差异之间形成沟通与互动，从而使得国家的统一与文化的整合成为可能。不过，华琛的论文是以中国东南沿海地区作为其研究区域而提出的，在该区域里，独立的地方性政权并不存在，因此，其牵扯的社会力量仅限于国家、绅士与地方民众。而当我们的视野转向像广西这样的社会时，国家与这里的地方性政权以及民众之间究竟发生了什么样的互动。华琛的解释显然有力有未逮的地方。因此，本文希望依据史料来探讨明代广西的土司如何从宗教与文化上来应对国家对该地区扩张，让我们了解这一地区国家化过程的一个侧面。

一　广西壮族固有的宗教——"麼"

首先，我们需要了解广西早期的宗族是什么，或者说其固有宗教是什么样子。近年来，一批广西壮族的本土学者开启了对壮族"麼"的研究，这一研究为我们了解上述问题提供了线索。

有关"麼"的研究首先来自于学者们发现一种叫"麼"的仪式在目前壮族社会底层的广泛存在。根据目前的调查，在壮族四大聚居地的右江河谷、左江流域、红水河两岸以及云南文山州民间，都流传有称作"麼"

* 本文刊载于《民族学刊》2010 年第 2 期，收录论文集时略有修改。

的仪式，同时还传承有不少做"麽"的经书手抄本，这些抄本内容虽有区域性差异，但形式与基本的观念大体相同，从而显示出有内部的一致性。而且从区域的分布来看，以广西东部开始向西，越往纵深走，"麽"仪式支配社会生活的程度越强。在左江流域，"麽"一类的仪式大都只局限在一些小的农事与生命仪礼之中；在右江流域，则有祭布洛陀和超度亡灵等较为大型的"麽"的仪式；在红水河流域，不但"麽"能超度亡灵，还有二三年举行一次全村落性的"杀牛祭祖宗"；而在文山，每年村落都要由麽公举行全村落的布洛陀祭祀。①

　　"麽"的这种存在于底层以及距离中国中心越远越浓厚的性质很容易让学者们推断这是一种属于壮族人自己的原生与固有的宗教。经过学者们的研究探讨，目前大致认为这一"宗教"的内容与形式构成如下：

　　神灵体系：按照与"麽"相关的创世神话的说法，天地分成三界，上界由雷王管理，下界由龙王管理，中界分为两部分，一部分是人的世界由布洛陀管理；另一部分是森林世界，由老虎管理。布洛陀创造了属于中界的人、万物以及文化。因此，做"麽"的主神是"布洛陀"以及他的陪神"麽渌甲"，"麽渌甲"又作"女米洛甲"，部分学者或部分地区认为她就是现代壮族人还很熟悉的"花王"。因此，属于"麽"体系的神祇有雷王、龙王（图额）、布洛陀、花王等。②

　　仪式专家："麽"的仪式专家被称为"布麽"，汉译为"麽公"。"麽公"由成年男子担任。一个男子要成为"麽公"，首先要师从一个"麽公"，而且师父不能是自己的父亲，师父也只能授徒一人；从师之后要受戒，受戒首先需要在深山老林中独居三天三夜，然后才能举行相应的度戒仪式，接受仪规与戒律；受戒三年之后，"麽公"才可以独立做"麽"，其资历也可以从玄、文、道、天、善依次累积，但一般大都只能到"道"一级。

　　经书："麽教"经书称作"司麽"，是由壮族土俗字所书写的"麽教"经典。近年来，广西与云南两地搜集了大量的"麽教"经书手抄本。③"麽公"做法事主要是通过喃诵"麽经"经文方式请神禳灾解难。

---

　　①　黄桂秋：《壮族麽文化研究》，民族出版社2006年版。
　　②　根据一则"四兄弟分家"的神话，中界可分为由人所居住的世界与森林世界，人界由布洛陀管理；森林则由老虎管理。
　　③　这些手抄本已形成了三套已出版的丛书。

喃诵经文时，不能翻看经书，只能背诵。

法事："麽"的法事称为"古麽"，依据仪式的不同类型，仪式各有类别。如广西东兰县做"麽"仪式分为麽兵、麽呷、麽叭三种：麽兵是针对一些不正常现象出现而举行的仪式；麽呷是为驱除灾难而举行的仪式；麽叭则是隔离仪式。在其他地方，"麽"的仪式还有更详尽的分类。

总之，壮族的做"麽"形成了一整套完整的系统，因此，目前的壮族学者将这一传统称之为"麽教"，并认为其已脱离"原始"的形式成为了一种较为成熟的宗教，但是这一体系是代表了一种原初的形式还是一种适应汉人宗教后的发展还不是十分清楚。①

无论如何，"麽"的发现还是告诉了我们壮族固有宗教传统所可能具有的样式。我们看到一是在壮族的宗教里，还未形成一种统一和支配整个宇宙的力量。壮族的宇宙观是由雷王、龙王、布洛陀与老虎所分领的世界，布洛陀虽然创造了人的世界，但对社会与人间秩序却没有作出什么规定。他对人间祸福的支配是透过一个孤儿成为"麽公"来实现的。② 因此，布洛陀更像是巫师的首领或者教祖，仅仅具有巫术的力量。二是壮族的宗族没有庙宇，庙宇是借助汉人的宗教建立起来的③。这也与汉文献中有关越人"信鬼尚巫"的具体记载扣连起来，康熙年间成书的《西隆州志书》里所谈到的"土人不立庙，不崇神，惟知祭鬼信巫而已"④ 也相当程度地反映了广西土著社会原初的状况。

因此，我们相信，这一点也成为了广西土司在面对帝国扩张时的文化基础。从唐宋开始，广西的地方强人纵横捭阖、却始终难以形成集中稳定的政权，壮族固有的宗教对其权力的巩固所提供的支持似乎并不多。因此即便是侬智高也只能依赖两个所谓的广东进士来建立他的国家。而当历史进入到明代，当帝国的面目以前所未有的清晰呈现在这些土著领袖面前时，他们之间的权力竞争越来越多依赖帝国的支持与

---

① 黄桂秋：《壮族麽文化研究》，民族出版社 2006 年版。

② 有关的神话可参看黄桂秋《壮族麽文化研究》，民族出版社 2006 年版。

③ 原来似乎认为布洛陀生活在岩峒中，最近，因为特殊的原因，人们给布洛陀在广西田阳县修了一座庙。

④ 引自黄家信《壮族的英雄、家族与民族神：以桂西岑大将军庙为例》，《广西民族学院学报》2004 年第 3 期。

裁定。

二　岑瑛及思恩军民府的宗教实践

我们可以一个明代广西著名的土司岑瑛的活动来了解广西的土司如何通过宗教的实践来巩固和扩展其权力的过程。

（一）岑瑛与思恩军民府

岑瑛出身于桂西著名的岑氏家族。唐宋时期，广西左右江地区主要是黄姓与侬姓的天下。岑氏的势力只是局限在广西西部与贵州接壤的地方（今田林、凌云、乐业一带）。但从南宋末年开始，岑氏的势力逐步在右江地区得到扩展。首先是岑氏之中的岑从毅夺取归化州，通过向元朝投诚成为了镇安路总管；到了元代大德年间，岑雄成为来安路总管。岑氏子孙开始占据泗城、镇安等地，但势力犹未到达右江河谷。到了明洪武元年，岑雄的重孙岑伯颜（岑坚）抢先跑到潭州（湖南长沙）向明朝投诚，从而得到了田州府知府的位置。自此之后，右江流域大都成了岑氏的天下。

岑瑛是岑伯颜的孙子，由于其父岑永昌并非岑伯颜长子，岑永昌没有能承继田州府知府的位置，只是成为了一个小土州——思恩州的知州。永乐十八年（1420）岑瑛袭其兄岑王献职成为思恩州知州。从这里开始，岑瑛经过20多年的努力，不仅使思恩土州扩张成为广西首屈一指的思恩军民府，其个人也由一个土知州，成为正二品的广西都指挥使，死后还被朝廷追封为骠骑将军。有关岑瑛的事迹，官方史书这样表述：

> 岑瑛，思恩土知府。永昌子。守法勤职。常率兵随征，所向克服。正统间，改州为府，升瑛知府。广东黄萧养乱，总兵董兴督瑛讨之，俘馘功多。及都御史韩雍委瑛专守柳庆，大扬威武，贼遂潜迹。八年，忻城县峒贼韦公点出寇宾州，雍调瑛画策进剿，擒斩贼级，夺回男妇甚多。十二年，请以甲军五千报效，改府为军民府。瑛累立战功，擢广西右参政，改武阶，擢都指挥同知，进都指挥使。卒追进骠骑将军。在任筑城池，创廨宇，立学校，建祠庙，政绩大著。前后受

褒嘉制敕九道，附祀王公祠。①

　　因此，我们看到，岑瑛地位的提升，主要来自于他为中央王朝所立下的军功。明代边疆土司的武装开始成为帝国军事力量的一个重要组成部分。广西从明初开始，也开启了土司随调听征的传统，甚至到了后来，成为土司的一项责任与义务。有关历代土司随调听征与立功受赏的记录也成为土司宗支图谱中的重要内容。在这一过程中，一部分土司及其亲属的军事才能得以展现，如与岑瑛相前后的思明府黄竑（土司之兄）甚至做到了从一品的前军都督同知。

　　但岑瑛依然是他们之中最成功的一员。岑瑛的成功一是在于他本人身兼文武，不仅是军民府的知府——尽管"上马管兵，下马管民"，但还是文官系列，而且也是武官系列的都指挥使。从文官改武官，岑瑛这一不寻常的升职过程，因为有违常制，甚至让荐升其升职的广西的主要官员自己丢了官职②，但岑瑛最终还是取得了成功。岑瑛所取得的第二项成功是将思恩府从一个狭小的土州扩展成了雄居两广的思恩军民府，而且这一过程也极具意味。

　　从思恩州成为思恩军民府，岑瑛不仅仅是名义上提升了其辖区的等级，更重要的是其领土与所辖人口的扩张。在岑瑛手中，原有的思恩州从领域上兼并了其邻近的几个流官州县的区域，其管辖的编户人口则从800户增加到了2600户。事实上，终其一生，岑瑛几乎利用了任何可能利用的机会，非常策略地进行领土的扩张。

　　岑瑛的第一次机会来自于永乐与洪熙年间。永乐二十年（1422），镇远候顾兴祖作为广西总兵③，佩征蛮将军印来镇讨广西所出现的各种叛乱。顾兴祖带来了贵州、湖南等处的官兵2万5千多名。顾兴祖的大兵压境，相反引起了广西各地的不安与骚动。距离南宁不远的武缘县（今南宁武鸣县）反应尤其剧烈，顾兴祖遣贵州安南卫万户宋献到这一地区大开杀戒，"斩寇三百余级"。大概是觉得杀戮过重，抑或其他原因，顾意识到"势有不得而息者"，因此"不忍再加以兵"。他开始将叛乱的责任

---

① 汪森：《粤西文载校点》（五），黄盛陆等校点，广西人民出版社1990年版，第20页。
② 《英宗实录》卷289。
③ 顾兴祖是对明代贵州有重要影响的将军顾成之孙。

归结于当地地方政府的"抚字失宜",因而要求地方政府采取安抚的方式安定地方。

按照这一时期的记载,当时的武缘县令林昺开始召集其境内的"耆民",共同商议推举一位"善抚御者"来管理这一地方。刚刚充任思恩知州的岑瑛很好地利用了这一机会,我们不知他用什么方式,让仅仅"州治邻属武缘"的他得到了大家的推举。顾兴祖于是派出了一个包括当时的巡按御史朱惠、都指挥裴玉、参政张礼、宪副张翼、宪金林坦在内的庞大的考察团"躬位武缘,按考其事,详询耆众"。考察的结果当然是"金以所举瑛为宜",也就是说岑瑛得到了国家与地方社会双方的认可。

因此,到了洪熙元年(1424),原属流官地区武缘县的述昆、白山、风化、古参、武五里的地方归属思恩州管理,这几处的编户达到了 700户,因此岑瑛的这一次扩张使得其规模成长了差不多一倍。岑瑛为控制这几处新近加入的地区,在桥利、那马等地方设置了十三堡进行守御。"威行俗易,颇底有成",岑瑛对这一地区的有效控制不但证明了顾兴祖策略的成功,也为其下一步的进一步扩张提供了很好的基础。

岑瑛的第二次扩张来自于顾兴祖的下一任广西总兵山云。明宣德四年(1429),因为上林、渌溪峒的叛乱,当时的总兵官山云又将这两处划归思恩州管辖,又使岑瑛所管辖的编户人口增加了 180 多户。[1]

真正使岑瑛确立在桂西土司中的领袖地位,并使思恩州的扩张达到其顶峰的是在山云之后的广西总兵柳溥任内。

思恩州升州为府在正统四年(1439)。其过程也颇具戏剧性。首先是岑瑛因为杀贼有功,被提升为田州府知府。显然对于朝廷而言,这只是对其军功的奖赏,一个荣誉性的职位,岑瑛作为土官仍然只能管辖思恩州所属地方。但岑瑛却想将这一虚职作实,实际掌管田州府事,这样就和已有的田州府土知府、按道理也是他的堂侄的岑绍产生了冲突。双方将官司打到朝廷,朝廷又按例发回广西,由广西总兵官及三司官会审解决。计议的结果是将思恩州升州为府,这样岑瑛、岑绍各得其所,从而"各守地方以杜侵杀之患"。[2]

在这一过程中,作为征蛮将军、安远侯的广西总兵柳溥起了决定性的

---

① 汪森:《粤西文载校点》(三),第 280 页。
② 《英宗实录》卷 60,第 15 页。

作用。大概是针对三司中其他官员的质疑，柳溥为支持岑瑛作了辩解：

> 安民莫先崇守牧，守牧之位既崇，则足以尽其才，而民无不安矣。①

显然，柳溥的意见是需要给岑瑛这样的人才以足够的尊重才能尽其才，为此他亲自上疏朝廷，详尽陈述了岑瑛的不俗政绩与思恩州土地人民之广的事实，从而推动完成了思恩州的升州为府过程。

正统六年（1441），岑瑛在取得柳溥支持后，又将府治从寨城迁往桥利堡，在得到朝廷的批准和同意后，自1442—1445年间，岑瑛"乃鸠工辇石，规砌垣墉，崇垒深沟，临制要害，筹边有楼，却敌有台，郡治之内，前敞政堂，后宏寝室，幕署有庇，吏曹雁行，而又戈戟列门，鼓角警夜。下及仓库口宇，百度毕完。"② 也就是说，岑瑛用了四年时间，为思恩府打造了一个设置健全、气势恢宏的城池与衙门。

在此其间，岑瑛还曾图谋将宜山县的一部分纳入其思恩府的管辖范围。不过这一次岑瑛的扩张不但没有成功，反而还导致了另外两个土司的建立。其过程为：

> 正统六年，因蛮民弗靖，有司莫能控御，耆民黄祖记与思恩土官岑瑛交结，欲割地归之思恩，因谋于知县朱斌备。时瑛方雄两江，大将多右之，斌备亦欲藉以自固，遂为具奏，以地改属思恩。土民不服，韦万秀以复地为名，因而倡乱。成化二十二年，覃召管等复乱，屡征不靖。弘治元年委官抚之，众愿取前地，别立长官司。都御史邓廷瓒为奏，置永顺、永安二司，各设长官一，副长官一，以邓文茂等四人为之，皆宜山洛口、洛东诸里人也。自是宜山东南弃一百八十四村地，宜山西南弃一百二十四村地。③

但在正统九年（1444），岑瑛还是将当时属于宜山县的一部分纳入到

①　汪森：《粤西文载校点》（三），第146页。

②　同上书，第280页。

③　《明史》二百二十列传·卷三百十七——广西土司。

了其思恩府的管辖范围。（正统九年夏四月丁亥）广西庆远府宜山县奏：
"本县大安定地方，因瑶壮作耗，拨与思恩府土官岑瑛管治，至今不敢为
恶。今小安定等处复作耗弗靖，亦宜拨付瑛管带。其税粮仍属本县为
便。"① 这一过程的成功又与柳溥的支持有关，柳溥在短暂地离开广西后
此一时期又回到广西继任，从而将属于宜山的"八仙诸峒瑶壮六百六十
户"，"悉拨思恩府管束"。这一部分似乎即构成了后来属于安定土司（今
都安县）的部分。

至正统十一年（1446），岑瑛的思恩府达到了其鼎盛的顶峰：由府改
为军民府，所谓"文事武备，通责在侯"，岑瑛成为广西土司中"上马管
兵，下马管民"之第一人。

从上述过程中我们也很容易看出岑瑛的扩张策略与模式。首先是岑瑛
所并吞的地区都是当时流官知县所管辖的地区，即已改土归流的地区；这
一点也是岑瑛与广西其他有野心的土司不同的地方，岑瑛虽一度觊觎过田
州知府的实权，但并没有把其他土司的领地作为自己扩张的目标，而是不
断蚕食其邻近流官地区的村落。岑瑛的这一策略与这一时期流官难以驾驭
土著社会有关，当时广西的官员都很清楚：广西社会的不稳定主要来自于
流官地区瑶壮的"叛服无常"，而土官地区除了土官之间的争斗外，其内
部反而相对稳定，土官对其土民的这种有效控制甚至成了国家讨伐其他叛
乱最可资利用的力量，因而当时就有相当多的官员不断主张将一些难以管
理的流官地区重新裁流归土。岑瑛显然很好地利用了这一股社会力量，而
且，岑瑛对这些领土的要求，往往还是透过当地的"耆民"一类的地方
领袖提出的，其手段我们也可通过他与宜山耆民黄祖记之间的"交结"
略知一二，显然对于国家来说，地方的要求使岑瑛成为这些土地的新主人
有了更为顺理成章的理由。

岑瑛的事业一直延续到成化年间，这一时期，精力过人的岑瑛"年
且八十，尚在军中"，直到成化十四年（1478）方才老死。但让他想不到
的是他所创下的家业不但没有像他所期望的永远传承下去，而是仅仅传了
两代就丧失在其孙岑浚手上。岑浚据说也极具才能，"涉书史，知吟咏"，
懂领兵②，和乃祖一样也极具扩张野心。但岑浚却走了一条与岑瑛完全不

① 《英宗实录》卷115。
② 谷口房男、白耀天编著：《壮族土官族谱集成》，广西民族出版社1998年版，第297页。

一样的扩张道路，岑浚自恃兵力雄壮，开始四处攻击和吞并其邻近的土司，"弘治间屡寇思城、果化、上林、都阳等寨。攻陷田州，逐知府岑猛"①，按照现代人的说法岑浚似乎有统一桂西的野心②。而且更重要的是，岑浚筑石城于丹良庄，屯兵千人，"截江道以括商利"，开始直接和中央王朝政府争夺利益。在朝廷下达要求其拆毁石城的命令后，岑浚不但不听，反而与毁城的官兵直接发生冲突，"杀官军二十余人"。③ 岑浚的行为终于惹来了明朝十万大军的讨伐，岑浚自己也战败被杀。岑浚之乱也导致了这一地区长达三十年之久（1505—1534 年）的思、田之乱，先是思恩府被改土归流，既而田州岑猛之乱平定后也被改土归流。但改土归流后所带来的是更多和持续的动乱，直到嘉靖六年（1527）王阳明的到来，采取以安抚为主的政策，重新恢复田州土官，但降府为州，又将原思恩府所属区切割为九个土巡检司，由各自的土目承袭。至此，桂西岑氏中盛极一时的岑瑛一脉成了最后的输家，不但家业尽失，其子孙也被消灭殆尽④。

　　事实上，岑瑛的成功与岑浚的失败恰相对照，让我们了解明代广西土司权力转移与更替的逻辑。岑瑛的祖父岑伯颜以及其高祖岑雄等都是通过投靠中央王朝来获取地方权力的路径，而黄氏退出右江流域的重要原因也是因为明初岑氏的捷足先登。这也就是说，从元明开始，土司实际的权力基础已来自于中央政府。同时也表明，土司和其所属的土民之间并没有什么十分牢固的关系。而元明开始的土司制度的建立，更是使得广西土司的权力变更不再是自相授受，至少形式上由中央王朝政府控制和给予。这样一来，土司拥有该地方社会权力的逻辑演化为以下几点：其一是土司所属的土地与土民属于帝国疆域，土司只是帝国代行管理地方的代理人；其二是其代理权的获得来自于土司对朝廷的忠诚、拱卫边疆以及对其内部社会的有效控制。因此，从明代开始，广西的土司除了纳贡之外，还象征性地交纳国家赋税。土司随调听征也从最初的向帝国表达忠诚的行为逐步变成是一种责任和义务。这样一来，不但土司对任何国家政治、军事以及文化上的抵抗可能招致权力的丧失，而且即便是彼此之间的土地侵占、相互

① 汪森：《粤西文载校点》（三），第 290 页。
② 同上书。
③ 《明史》卷三百一十八。
④ 谷口房男、白耀天编著：《壮族土官族谱集成》，广西民族出版社 1998 年版。

征伐或代行权力的变更也被视为是对帝国权威的挑战。

　　岑瑛显然更为深刻地理解了这一权力变易的过程。岑瑛很少寻求对邻近土司土地的兼并，他明白很难让这些土司自动让渡他们已取得的权力，而他又不能凭武力来夺取——尽管他完全有这样的实力，但他完全可以做到让流官地区的壮族人自愿归附，这样只要得到中央王朝的允许，岑瑛就可代理帝国管理更多的地方。岑瑛深刻地理解到了这一点，他知道他的军功是获取帝国权力奖赏最重要的资本，因此，他不断地把他的军事才能与可能动用的军事力量贡献给帝国边疆，从而立下一个又一个的战功，也换来了朝廷一次又一次的奖赏与肯定。而其孙子岑浚，虽然承继了其祖父留下来的雄厚兵力，却似乎还没有从唐宋时期这里的地方强人的行为模式中走出来，因而最终遭到了彻底的失败。

（二）岑瑛在思恩府的宗教建设

　　不过，岑瑛所取得的成功似乎又带来了另外一个原则性的问题。在朝廷对岑瑛的奖赏中，有一点是特殊的，一般来说，朝廷的奖赏，包括土司在内，从来都只是各种荣誉或职位的提升，似乎很少或者没有给予土地与人民的奖赏。而岑瑛得到了这些，而且是让一个已经改土归流的区域重新回复到土官地区，这是一件完全有悖于帝国意识形态的行为，因为这意味着颠倒了"用夏变夷"，是"用夷变夏"，是一个让"文"又重新回到了"野"的过程。

　　我们相信这一过程不可能不会使岑瑛受到来自朝廷一部分官员的疑忌。岑瑛也需要做到以下两点，其一是如何获取这些土地与人民；其二是获取这些土地与人民之后，如何使这些土地与人民更合理化地为自己所拥有。

　　显然对于岑瑛来说，要达到第一个目标，首先是他必须取得帝国官员或部分官员对他的强有力支持；因为在这一时期，尽管有相当多有见识的帝国官员从实际出发认为用土司来管理土著社会更有效率，但敢于采取实际行为"用夷变夏"官员还是要冒相当大的政治风险①。如果没有敢当责

---

　　① 广西几处的裁流复土在当时与后世都引起了争论，一些地区的改流归土也用了特殊的手段，如忻城的裁流复土，据说就是贿赂了一位在宫中当差的本地宦官。而王阳明在后来田州与思恩府的裁流归土，也引起了激烈的政治纷争，因为王阳明的祖母为岑姓，也导致了人们对王阳明是否不徇私情的怀疑。

任或能当责任的官员予以支持，岑瑛的欲望也难以实现。岑瑛的能力让他做到了这一点，史书上也记载岑瑛的个性"善治兵，尤当上官意。前后镇守大帅，皆优异之。"① 也说明他不仅是个武夫，还更具政治才能，很能够逢迎上司。他得到了当时三任征蛮将军、广西总兵顾兴祖、山云、柳溥的鼎力支持。这样，即便广西政坛风云变幻，岑瑛与其思恩府却也总能平步青云、节节高升。

我们知道，虽有帝国主要官员的支持，疑虑不可能就此消失，因此，岑瑛的第二件事是必须消除帝国上下对他扩张所可能招致的非议与疑惧，包括对上述官员支持他的动机的怀疑。因此，岑瑛在完成他的基本的扩张后，即开始了他的地方政府建设。

> 乃用夏变夷，请置府学，选民间俊秀教之，朝廷给之印章，授以师范。教化既行，风俗随美。学者谭诗书，习俎豆；中乡闱者有人，染夷俗者知耻；周旋唯喏，动修伦理。既又建社稷山川，郡厉二坛。开在城、陵、苏韦、慕化四驿为藩臬二分司，暨诸庙宇，而思恩一郡，雄深壮丽，屹为两广重镇矣。②

事实上，岑瑛是中国历史上第一个在土官府开设官学的土司，而且不久之后该府学又产生了第一个举人。显然，岑瑛是在用这一系列的行为向中央王朝表示他对天朝的"向化"与"用夏变夷"，从而消除帝国官员对他的疑虑与口实。

其实，岑瑛所做的工作不过是把一个内地城市的地景移植到广西西部。因此，明代史书上对岑瑛经营思恩府的评价也是"比诸内郡焉"。③显然这也是岑瑛建设思恩府最重要的目标，换句话说，岑瑛是要建设一个比"内郡"还"内郡"的思恩府，从而告诉中央王朝，他不但没有改变思恩府原有流官地区的性质，还使思恩府从整体上提升成为了"王化"之地。

也正因如此，岑瑛选择建设的庙宇与神祇就有了特别的意义。因此，

---

① 汪森：《粤西文载校点》（一），第 289 页。
② 汪森：《粤西文载校点》（三），第 280 页。
③ 汪森：《粤西文载校点》（一），第 290 页。

岑瑛除了首先建设了所有内地城市一般都有的社稷坛、山川风雨坛、厉坛
（相信还有城隍庙）之外，他所新建或重建的祠庙，都有特别的意义，他
也为此大肆渲染。

以我们目前所见的为例，这样的祠庙就有四处。

一是崇真观的重建。为更好地了解这一过程及其意义，我们可看其碑文：

　　　（登仕佐郎思恩军民府儒学教授香山卢瑞撰文，中训大夫田州府
知府兼来安守御事舞阴岑镛篆额，承值郎思恩军民府通判陵水李书
丹）

　　　州郡有观宇，岂徒侈轮奂、耸瞻仰而已哉？是必上敬乎君，下福
乎民，以祈境土之宁谧焉。若思恩旧州之地，在宋为南海县，元并为
南海庄，我朝洪武八年岁，移思恩占据其地。于时知州岑公永昌既建
玉皇阁，孚佑下民，尤慨观宇弗立，无以表诚达虔以祚鸿休。永乐丙
申岁，乃于地名塘利建创玉皇殿阁，囗妥灵囗。然岁久将圮，且偏于
一隅，其子今都指挥使岑公瑛既为守牧，欲大先志，正统已未囗囗囗
中坡心之地前建诸天大殿，后创玉皇阁，庄塑囗设，以严花事。天顺
改元之七年，公以边务暂还旧治，仍集砖石包砌台阶，规划大备。诚
为囗囗囗功，既完囗日崇真观。俾瑞记囗囗其始末，以垂悠久。

　　　窃为圣皇御极，统有万邦，虽遐荒僻壤，囗皆鼓舞振作于治教之
中者，由边将囗宣天休帝力而达，答天休也。谨案思恩图志，东接邕
州，北连庆远，山林险隘，夷僮杂居，时或啸聚，即肆攻劫。今幸削
平，乖谬悉归版图，囗销其兵器，尽为农具。使非宣布盛朝武定文
功，绝域威德何以致耶？是为都阃公竭诚殚虑，经营观宇以答天休，
上囗囗皇图由之巩固，下福万民于无穷焉。铭曰：世守华勋，其诚孔
殷。有阜迥如，名曰坡心。经营观宇，爰奂义轮。昊旻囗囗，罗列诸
天。尊祀文祀，厥祀伊何？翊我圣君；厥神伊何？福我生民。时和年
丰，嘉瑞骈臻。边尘不动，风俗还醇。成化岁次己丑孟春月良日。

　　　（中慎大夫思恩军民府知府舞阴岑鑁，奉议大夫同知南海彭馥，
承值郎通判陵水李，将仕郎经历同知事鹤峰彭澄立石）①

　　　———————————

　　　① 　该石碑现存于今广西平果县旧城圩前田垌砖厂，引自谷口房男、白耀天编著《壮族土官
族谱集成》，广西民族出版社 1998 年版。

　　该碑立于成化五年（1469），这一年岑瑛还健在，早于此前十年（1459）他已将思恩知府一职交与其儿子岑王遂继承。崇真观的前身是玉皇阁，由岑瑛父岑永昌创建，正统四年（1639）岑瑛改建于坡心，这一年正是思恩府升州为府的那一年。崇真观所祀最高神祇为玉皇大帝，在碑文中，我们顺理成章地看到了庙宇与朝廷间的对应关系。通过该庙宇，岑氏父子宣示了自己在思恩府的文治武功，并把这一切归功于皇上。于是该庙宇成了天朝在该处的象征，岑氏父子的祭祀表演也兼具多方面的意义：对于朝廷而言，它既代表着该地方已成为帝国的一部分，也代表了一个蛮酋的感恩与"向化"；而对于地方而言，无论对于邻近的土司还是其治下的土目土民，不但庙宇本身的恢宏就足以夸耀其权力，其内容也显示出其权力的基础、来源以及权力的不可挑战。

　　岑瑛另外一个重要的事件是替前后成就自己的三任广西总兵顾兴祖、山云、柳溥——建庙立祠。

　　岑瑛最早建立的是山公庙。祭祀对象是山云，山云是江苏徐州留城人，袭父职为金吾左卫指挥使，从明成祖北征，力战有功，累升为都督金事。宣德二年（1427），佩征蛮将军印镇守广西。山云于正统三年（1438）因病去世，镇守广西达十年之久。

　　站在帝国的角度，从多方面来看，岑瑛为山云建庙是最不具争议性的。其一是山云战功卓著。山云在广西间，正是广西各处瑶壮起义蜂起的时期，山云经过大小十余战，擒获了所谓"贼首"覃公丁、韦朝烈等，又增筑四城九堡、铺舍五百余区。维持了当时社会的相对安宁。其二是山云道德上的完整性。明史上说他"廉介自持，一毫非义弗取"，关于他的廉洁，当时人叶盛还记述了一个著名的"郑牢戒贪"的故事来说明山云的廉洁自持①。这一故事也讨论到了广西土官与流官之间关系的问题，说明山云"驭土官，一以威信"。而且山云还能够正己及人，体恤下士，身先士卒，公赏罚，严号令，与士卒同甘苦，因而不但在地方拥有极高威

---

　　① 该记载见于明叶盛《水东日记》中："广西总帅府一郑牢者，老隶也，性耿直敢言。都督韩观威严不可犯，亦知牢。观每醉后杀人，牢度有不可杀者，辄不杀，留俟其醒，白以不敢杀之故，以是观尤德之。观卒，山忠毅公云继任，公固廉正贤者，下车首延高年耆德，询边事。有以郑牢言者，云进之曰：'世谓为将者不讲贪，矧广西素尚货利，我亦可贪否？'牢曰：'人大初到，如一洁白新袍，有一沾污，如白袍点墨，终不可涤也。'公又曰：'人云土夷馈送，苟不纳之，彼必疑且忿，奈何？'牢言：'居官黩货，则朝廷有重法，乃不畏朝廷，反畏蛮子耶？'公亦笑纳之。公镇广西逾十年，廉操始终不渝，固不由牢，而牢亦可尚云。"

信，连皇帝也深知其人格，不但不断给予升赏，生病之后也亲加慰问。三是为山云立庙并不仅限于岑瑛思恩府一家，事实上，像柳州府也有山公庙，也就是说，以山云的事功，为之立庙也是朝廷鼓励的事件。四是在岑瑛所在的前后几任总兵中，山云反而是对思恩府扩张支持最小的，岑瑛为之立庙，因此在表面上来看更多地也是基于公义而不是私情。这样，于公于私，岑瑛在思恩府为山云立庙都在情理之中。似乎也正是基于这一点，在岑瑛委托陈演所写的"征蛮将军山公庙碑"一文中，岑瑛更多的是渲染山云的功德，也提到个人对山云的追随与思慕，反而对于山云给予思恩府的提携只字不提。

岑瑛为个人所建的祠庙是为柳溥所建的祠。柳溥是明开国功臣之后，世袭安远侯。正统三年（1438）接山云职以征蛮将军印接掌广西总兵。柳溥在广西的主要功绩在于征讨当时大藤峡的瑶民叛乱。柳溥除中途赴京城任职一段时间外，两次镇守广西，直到天顺元年（1457）去职。因此经营广西达 20 年。天顺四年（1461）柳溥去世，岑瑛为之立祠。

历史上柳溥经营广西并没有取得什么过于骄人的成绩，反而留下了一个贪墨官员的印象。一次是在正统五年（1440），巡按广西监察御史奏柳溥贪忍失机，并奏柳溥的部下参将田真、都指挥姚麟等罪，英宗的处置方式是让柳溥自己辩解，而将其有问题的家属及仆人交与御史审查。结果是柳溥的辩解与其家属的交代不一，这引起了都察院官员的连章劾奏。但英宗只是处置了他的家属宥免了他本人。① 正统六年（1441）又有人弹劾柳溥，这次是因为柳溥家人受贿与走私私盐的问题，柳溥在退出赃物后依然得到了英宗的宥免。② 此后，正统六年、七年、八年、十一年柳溥又多次受到弹劾，在正统七年都察院的奏章里更是说他"怀奸肆诈，稔恶不悛"，要求"别选智勇公廉者"以撤换柳溥③。柳溥似乎是依赖于英宗对其的宠幸才维持了他在广西的官位。

但对岑瑛而言，柳溥是思恩府最大的恩人。思恩由州升府，直至升军民府，都来自于柳溥的直接主张，柳溥还将原宜山县的一块区域划归思恩府，送了岑瑛一份"编户 660"的大礼。虽然有岑瑛的军功在先，以柳溥

---

① 《英宗实录》卷 71，第 270 页。
② 《英宗实录》卷 75。
③ 《英宗实录》卷 99。

的为人，我们相信柳溥对岑瑛的格外关照很容易引起当时人的猜疑。因此，我们所看到的岑瑛请人所作的"安远侯柳公祠碑"① 通篇是一篇与其说是为柳溥歌功颂德，不如说是为思恩府正名的文章。

文章的一开始就强调：一个将帅，无论采用什么手段——"德义、智谋、勇略"，达到保境安民的效果是最重要的。然后文章一一叙述了柳溥对岑瑛的支持所产生的后果，首先是在柳溥支持下思恩升州为府，"由是侯益尽职，民赖稍安"；既而思恩改军民府，"于是凶暴敛迹，境土顿宁矣"；而将宜山县之一部分划归思恩府则"自是诸峒瑶僮，皆卖刀买牛，相率向化焉"。在叙述完这一切后，文章最后总结陈词：

> 窃为兵不血刃，军不给饷而境土以宁，此边将之良者也。今观柳公区画思恩之地，虽不穷兵黩武，而盗自息，民自安者，得非由其仁以存心，义以制事，故边境不劳而治与？噫！思恩之治，昔而州，今则府；昔而偏居一隅，今则宣政要路，俾一郡黎庶皆恬然耕食凿饮，樵歌牧唱而无外备之忧者，实公之赐也。虽然，岂特思恩之福哉？彼邻封之民，昔靡宁居，今则藩篱既固，咸得肆力于田庐者，亦谁之功与？诸峒瑶僮，昔避征剿，今则版图是归，同保生全于无虞者，又谁之功与？是宜岑侯不没公之德义，而庙祀之无穷也。②

岑瑛显然是在说明：柳溥给予思恩的支持并非私情，而是公德。因此，思恩府地位的确立是柳溥的功德，也是朝廷经营边疆的典范。

岑瑛将这一意思表达得更为明确是在"镇远侯顾公祠碑"一文中。顾兴祖在山云、柳溥之前出任征蛮将军并接掌广西总兵，去世却在两人之后，因此，该碑文写于天顺七年（1464 年，顾于是年去世），反而较山云、柳溥为迟。

不用说山云，即便相较于柳溥，顾兴祖的官声也差了许多。顾 1422年来镇广西，1424 年就被一个女子告上了朝廷。告顾的是已故广西都指挥同知葛森之妾许氏，许氏告顾主要是"耽色贪财"，其缘由来自于顾不仅侵占葛森故居，还强占葛森次妾。这件事因为朝廷为存什么"大体"，

① 　汪森：《粤西文载校点》（三），第 146 页。
② 　同上。

不肯轻信一个女人而开罪边将，而不了了之。显然，以许氏这样一个弱女子，若非迫不得已，断不会控告顾兴祖。宣德二年（1427），顾兴祖又被巡按广西御史汪景明告上朝廷，这次是告"总兵官镇远侯顾兴祖及指挥张珩等贪虐十五事"，告的结果仍然是皇帝只是处理了顾的一些部下而置顾罪于不问。不过到了这年的下半年，顾兴祖终于获罪被逮。这次是因为朝廷与交趾的战争，顾兴祖拥兵南宁、太平而没有支援在丘温卫陷于交趾包围圈的明朝军队。这一次皇帝和他算总账，将其谎报军情、勒索土官、强夺民居、挟取女妇等一并开罪，逮下锦衣卫狱，大概皇帝念他是功臣之后，又多有战功，最后还是开释了他。此后，他多次获罪，又多次获释，晚年镇守南京①。

我们相信，以顾兴祖的个性与人品，岑瑛不太可能免费得到属于流官县府的土地与编户。因此岑瑛也难免与人口实。顾兴祖之死给了岑瑛一个替自己公开辩解的机会。在碑文中，我们看到岑瑛是如何由地方推举，既而又由广西三司官员亲自审理，才得到了原属于武缘的土地与编户。顾兴祖本是一个"嗜杀"的武夫，也被岑瑛吹捧成"仁至而义尽"的人物。最后，岑瑛更明白地将立碑动机淋漓尽致地表达出来：

> 虽然顾公之施德，非偏于瑛也，为国为民施也。瑛之报德，非施于顾公也，为国为民而报也。微顾公不能成瑛之善，微瑛不能著顾公之德。此之报，彼之施，一皆天理人心之至公欤？②

因此，我们看到，岑瑛在思恩府的宗教实践如何在进一步巩固其已取得的权力或为其权力正名。一方面是庙宇的设置以及科仪的展演，很恰当地呈现和表达了一个边陲政府如何被纳入成为帝国的一部分，从而拥有了"内郡"或相当的身份；另一方面，岑瑛很恰当地利用汉人宗族与传统，透过为死人立祠、建庙、树碑来为其权力的合法与正当性进行声辩，来说明他的权力的获取不是私相授受而完全来自于公正与"天理人心"。

---

① 顾兴祖的祖父顾成是明初经营中国西南的重要人物，对于贵州的影响尤其大。顾兴祖本人后来参与了正统、景泰、天顺之间的多次政治与军事事件，其获罪与开释也多与这些重大政治事件相关。

② 汪森：《粤西文载校点》（三），第148页。

（三）成为地方神明的岑瑛

岑瑛在为别人立碑的同时，也还需要完成为自己的正名，因而也为自己留下了一块石碑。在他将思恩府知府一职交与其子岑遂而专任广西都指挥使之后，他请当时的状元，湖南华容人黎淳为其撰写了"思恩府德政碑铭"。①

在这篇文章里，黎淳或者说岑瑛首先讨论了宋元以前，思恩都是国家难以控制的化外之地，而到了明代，"贡赋朝享一同中夏"，他总结这有两个原因，一是"皇明治化，与天道同遐迩"；一是"政得其人，国无难理"。也就是说，明皇朝的"天运"加上岑瑛的"人事"成就了思恩的"德政"。

在第二段，文章叙述了思恩府升州为府的过程以及岑瑛在思恩所作的文化与制度上的建设。作者没有忘记强调岑氏是"相传汉征南将军裔"，谈到岑瑛"智勇善将，素得夷心"，因而受知于广西三任总兵，在他们的支持下，思恩不断发展壮大。作者渲染了岑瑛在思恩府的各种建设，而这些制度建设的核心在于"用夏变夷"，思恩也因此从一个土州，一跃成为"两广重镇"。

第三段主要叙述岑瑛的个人品格与功德。文章说"（岑）侯律己俭，治家严，奉上恭顺而清谨，积书满家，手自誊写。公退，日坐讲堂，劝课诸生，身不离鞍马之劳，心不忘士卒之苦。"俨然一派儒将的风范。严格地讲这些话也不是空穴来风，景泰六年（1455），岑瑛之长子岑镠就因为岑瑛领兵在外其间，"所为多不法"，被岑瑛告发并亲自回府处置，岑镠因而畏罪自杀，岑瑛反而因"割爱效忠"受赏。② 一个"蛮夷"能作成这样，自是不同凡响。因此，黎淳在追溯岑瑛在个人官位与思恩府两方面所取得成就后，也说："可谓土臣之英杰者，宜爵诸侯赏延于世矣。"

我们料想黎淳所说的话多半也是岑瑛要说的话，因此文章也不仅仅是为岑瑛歌功颂德，我们相信接下来的文字表达的是岑瑛多年来的政治智慧与心得：③

---

① 汪森：《粤西文载校点》（三），第 279—281 页。
② 《英宗实录》卷 259。
③ 有意思的是，黎淳为岑瑛所写的该篇文章并不见于黎淳的文集之中。黎淳并没有在广西任职，因此，一定是托请而且所费不赀，黎淳或许羞于在文集中收入这篇文字。

君子法天以理民，恩为阳，威为阴，凡命官食禄于广，非不知
此，鲜克行之。不使民夷久安于无事，无宁侵渔以成俗，将其政而戾
之，尚知廉乎？盖廉以布恩，则勤者感；廉以宣威，则怠者惧。其心
不伪，其力自尽，是廉又恩威之要术，不可诬也。毋忽民犷，至愚有
神；毋轻地僻，一视同仁。惟侯得此要术，而力守之。既诞建功业，
丕流庥阴，使凡为子若孙者，率由旧章，世世如侯之身在，岂不享爵
土于无穷乎？至于屏翰边徼，而世其官者，亦皆心侯之心，守此要
术，于夷无扰，国岂有乱民哉？

如果我们没有理解错的话，这段文字谈到了两点：其一是岑瑛痛感朝
廷命官在广西的"不廉"给广西社会带来的伤害——这种"侵渔以成俗"
也是广西社会动乱的最重要原因，因此，认为只要做到"廉"即可有恩
威并施的效果；其二是文章说："毋忽民犷，至愚有神；毋轻地僻，一视
同仁。"也就是说，不要轻视这些远方没有"知识"的人民，只有给予边
民足够的尊重，"于夷无扰"，国家才不会有"乱民"。

后一点被岑瑛视为是自己成功的因素，并期望自己的子孙及广西其他
的土官能够继承下去；但前一点显然并不是说给土官们听的。文章还借思
恩府"郡文学，暨堡之耆民、学之俊选、戎阃之兵校"之口，说明岑瑛
是实践圣人之教的典范，"昔孔子教人忠信笃敬，蛮貊可行。当时门人，
维书诸绅，未至其地。今去圣人千八百年，乃在我侯之身，亲验圣人之
教。侯宜于民，民亦安于侯。弃去椎卉，习而衣冠，俾是荒服，移为华
夏，诚荷圣天子不鄙远人，封建世家，锡于洪福。"

因此，透过黎淳的文章，我们大致可以了解岑瑛的逻辑。"圣人之
教"并不仅是流官的专利，一个"蛮夷"领袖同样也可成就"德政"，带
领蛮夷完成"用夏变夷"。而土民对岑瑛的相"宜"与相"安"也说明
了岑瑛值得拥有这份权力。而对于朝廷而言，最重要的其实只是官员廉
洁，给予土著以足够尊重。岑瑛隐然在强调其个人作为朝廷在该地代理人
的优势地位，说明在帝国的体系里，他与他的家族可以持续地拥有权力。
他显然试图通过这一形式进一步寻求帝国对他所拥有的权力以及权力扩张
的更多的认同。

岑瑛数十年间将一个小土州打造成左右江地区势力最强的土府，这在
明代之后是绝无仅有的事件。明代政府所疑虑的也是某一土司的坐大与难

以控制，因此对土司的扩张与兼并格外警惕。但岑瑛却成功地做到了这一点。显然完全将这一切理解为是对岑瑛战功的赏赐是不确切的，虽然不无相关，而且就战功而论，岑瑛其实未必及得上思明府的黄王宏；也不能完全归结为岑瑛对朝廷命官的收买，这类事实很可能存在，但其他土司同样也可以去做，而且以岑瑛的行贿实力显然不及田州府、泗城府一开始就规模很大的土府。岑瑛之所以能够成功，最重要的策略显然是将其扩张过程进行了一层文化上的包装，使得他的权力的扩展，是在帝国的意义体系里进行的。

岑瑛的行为也因此能够得到多方面的认同。对于国家而言，他的随调应征固然显示了他对国家与朝廷的忠诚，而他的积极"向化"更使其成为土司中的表率，本来土司并没有承担文化建设的责任，但岑瑛却主动地做到了这一点，因此更为弥足珍贵。岑瑛的行为显然得到了朝廷的高度认同，不但他的一些错误朝廷不予追究，生前也不断得到帝国各种各样的奖励，最重要的是死后还附祀王公祠，即同王守仁一起接受地方官民的祭拜。而对于土官而言，他的成功与强势也使其拥有在广西土司中首屈一指的威信；对于土民而言，他更是一个值得依赖的保护人。

岑瑛似乎在死后不久很快就成为了对地方持有保护责任的灵验的地方神。我们虽然没有文献来确定岑瑛成为地方神明的过程是否来自土司的推动，或者是土司巩固其家族在地方上权力的一项策略，但在清代初期金金共所编《广西通志》中，原属于思恩府的九个土巡检司中，兴隆土司、定罗土司、旧城土司、下旺土司、都阳土司均建有岑瑛庙，即便清初没有记载的，如成于清晚期的《白山司志》中，也记载白山土司有多处岑瑛庙的存在。也就是说，有关岑瑛的祭祀应该在原属于思恩府范围内的区域里普遍存在。这说明事实上还是存在一个土司成为地方神明从而将其家族权力与地方社会联为一体的过程。

岑瑛所具备的特质也让我们理解岑瑛为什么会成为既被地方奉祀又得到帝国允准的地方神明。我们不知道岑瑛是如何进行国家祭祀体系的，但似乎应该是在岑瑛成为地方神明之后。因为王守仁晚于岑瑛三十年才经营广西，而且思恩此后即改土归流。因此岑瑛附祀王公祠的一个合理的解释是国家试图将地方社会已经存在的岑瑛崇拜进行合理地收编与改造，从而使得地方对岑瑛的祭祀在思恩府改土归流之后依然能够延续。因此有关岑瑛的庙宇与祭祀一直能够存在并延续到现代。中央王朝对祭祀岑瑛的鼓励还可见于位于武鸣县罗波镇的罗波庙中。这是该区域内一所非常著名的庙宇，庙里所供奉的主神即为岑瑛，关公与岳飞反而成为岑瑛的配神。而据最近的考察者称，该庙所实际供奉的神明是龙母，而龙母，则被认为是西江流域的早期本土神明①。也就是说，在对本土神明祭祀不被帝国所允许的情形下，岑瑛成为国家与地方共同可接受的神祇，虽然庙宇可能真正供奉的不是或不全是岑瑛。

不过有意思的是帝国所推崇的岑瑛也是一个经过帝国改造了的岑瑛。在清初有关岑瑛庙设置的说明是这样的：

> 岑公庙，在司治前，祀明思恩土知府岑瑛，正统中，瑛奉调征大藤贼有功绩，还至中途，无病而卒。所殁之地。草木不生，土人以为神，立庙岁时致祭。②

岑瑛实际卒于成化年间（1478），虽然参与了大藤峡战争，但显然他的死与此无关。从这一意义上我们相信，由土司或民间所推动的岑瑛神明化的过程，最终还是经过了国家的改造，成为神的岑瑛是作为国家的英雄的岑瑛，从而进入国家祭祀体系中的岑瑛也是经过神的标准化后的岑瑛。

三　明代土司地区神明的皈依

岑瑛在广西的行为并不是孤立的。或前或后，广西的其他土司都在其辖区内进行了岑瑛在思恩府所作的类似的宗教与文化建设。对广西其他土司而言，岑瑛的事功可能是他们无法企及的目标，但岑瑛的行为无疑提供了一个示范，事实上，有明一代，广西左右江地区的土司完成了一次宗教意识形态与宇宙观的重构。

（一）城隍与其他道教神明在土司地区的扩展

从明代开始，中国州县的地景一般都包括城隍庙、社稷坛、厉坛、山川坛、文庙的建置。在广西，每一处改土归流的地区，迅速完成上述建置

---

① 参看谢寿球文 http://www.rauz.net/bbs/dispbbs.asp? boardid=6&id=18994
② 金口《广西通志》卷四十二。

的建设也成为新晋官员的责任与义务。而在土司所控制的区域，帝国并没有给予强制和要求，因此建与不建完全操控在土司本人手上。但我们注意到，整个明代，除了部分地区之外，土司所在的州城均有了除文庙外的这几项基本建设。

我们可以从城隍庙的建设来看这一过程。

广西之有城隍，从唐代已经开始，但均局限在广西东部郡县。据目前所见到的文献记载，土司建城隍庙始于思恩府的黄忽都。

黄忽都生于元至正七年（1347），至正二十六年（1366）袭职思明路总管。洪武元年（1369），黄忽都归附明朝，第二年，明改思明路为思明府，黄忽都也相应改任知府。直到洪武二十二年（1389）去世。因此，黄忽都建城隍在1389年之前。

在同一时期，田州府的岑伯颜据说也在田州"又修德政，延师教诸子，建城隍、社稷、神农诸坛庙。劝课农桑。"① 岑伯颜是岑瑛祖父，也是桂西岑氏在明代崛起关键性的人物。思明府与田州府在同一时期相继建城隍，显然与朱元璋洪武二年（1370）要求各郡县建城隍有关。尽管明朝对土司并没有明确的要求，但这些土司为了表示对帝国的服膺，主动建设了象征帝国宇宙观的城隍庙及其相应建筑。

我们相信，到了明中期，城隍已全面接管广西土司的州城并承担起土司境内的安危。事实上，我们依据成于明万历三十年（1602）的《殿粤要纂》进行统计，明代广西境内的土司，除了处于红水河流域的土司，以及原属思恩府的九个土巡检司外，左右江地区的土司基本上都建有城隍庙、山川坛、社稷坛、厉坛等。即便这些地区，清初期的文献也表明了至迟在清初，无论土司大小，均已建有属于自己辖区的城隍及相应庙宇（见附表一）。

也就是说，明中期之后，各土司有关城隍的建设与城隍的祭祀成为了土司制度的一部分。如思明府的城隍庙就在隆庆六年（1572）经历了一次大的重修。其缘由是因为辛未年（1571）水灾，城隍庙同时被水淹，水退之后，思明府土知府黄承祖下令重修。修成之后，请了一个广东的庠生苏九鹏来作碑文。苏在碑文里写道："故国家必建神宇以为礼乐相先之地，必塑神像以为斯民敬畏之基，黄君此举，其深知幽明之理乎？自此而

---

① 谷口房男、白耀天编著：《壮族土官族谱集成》，广西民族出版社1998年版，第242页。

与天地相为悠远，自此而为斯民御灾捍患，功德长远矣。"① 因此，我们看到苏对于一个土知府修城隍庙丝毫没有惊奇，他认为这只是黄承祖知道"幽明之理"从而体现国家意志的表现。

　　这也说明对城隍一类神祇的信仰已经支配土司地区的社会生活。甚至说来，思明府的城隍还被赋予了有能力抗击交趾入侵的能力。明万历年间思明府的同知李某因为思明府一直受到交夷入侵的困扰，从而向城隍进行认真地祷告。结果"一败禄酋于安马，再刃督酋于明州，一朝雪数年之齿"。李某将这些胜利归功于他与城隍神互动的结果，因此勒碑记录了这件事，"不令明神助国之功泯灭无闻"。②

　　明代万承土州的一次城隍庙重修活动也很代表了土司区域内对该神祇的看法。万承州原来的城隍庙在一个离州城较远的地方，而且庙宇年久失修。万承许姓土知州因此重建在州署附近。落成之日，土司又亲自带着族、目、商、民一起瞻拜。许土司还对"万承州重建城隍庙碑记"的作者王健说："今兹庙貌焕然一新，庶几哉！神无怨恫，人民胥悦，境内辑宁，在斯举矣。"王健对土司这种将人神之间的交换关系简单化的说法表示了异议，他说：

　　　　未可恃也，神之所享，其惟明德乎？传有之，夫民，神之主也，务使上下皆有嘉德而无违心，然后民和年丰，而神降之福，继自今而世守斯土者，急于保障，缓厥苛丝，则凡朝考其职画，讲其政夕，序其事，必求夫嘉德咸备，违心悉泯，而后即安。则所以格神人而绥遐福者，岂外是欤？③

　　许姓土司据说从这番大道理中"深得箴规之义"，因此刻碑留给后人。从行文来看，王健大概是州同知一类的官员，土司的这种谦恭受教也让我们了解虽然建庙的主动权在土司手上，但诠释权却在流官手里。

　　除了城隍之外，汉人的其他神祇，主要是道教中的神祇也开始全面进驻广西西部的土司地区。广西的土司似乎也进入了一个建庙的时代，我们

① 苏九鹏：《重修思明府城隍庙记》，载甘汝来《太来府志》卷之四十。
② 李口：《思明府城隍庙像记》，载甘汝来《太来府志》卷之四十。
③ 王健：《万承州重建城隍庙碑记》，载甘汝来《太来府志》卷之四十。

仍以思明府为例，可以看到整个明代其间该府的庙宇建设情况。清初思明府的庙宇中，有两座（真武庙、关帝庙）建于明以前，由土官（思明路总管）黄克顺所建，其他则基本上均建于明代。

从庙宇名称来看，广西土司地区的神灵体系相当地开放，和内地似乎也没有明显的差别。除了一些道教著名的神祇外，国家所鼓励推广的神祇（关帝庙）、佛教寺庙（观音寺等）、以及一些区域性的神祇（天后），都出现在这一区域里，甚至像当时只在江南出现的五显神也出现在广西土司地区。显然，由于国家对土司地区的庙宇设置并没有给予明确的要求与限制，土司地区庙宇的建置要么来自于土官的推动，要么来自于土官的默许。这一多样性也显示出，一方面，多样性的社会力量已深入到广西土司地区；另一方面，土司也没有采取或无力采取有效的措施来控制各种神明的侵入。

表一 思明府所建庙宇

庙宇名称	建庙人	建庙时间
城隍庙	明知府黄忽都建，隆庆六年黄承祖重修。	黄忽都袭职其间（1369—1389）。重修于 1572 年
伏波庙		不确定
真武庙	土官黄克顺建	黄克顺为元时人，1329 年袭职。
关帝庙	土官黄克顺建，康熙二十八年总理郑之宸改建。	黄克顺为元时人，1329 年袭职。
龙母庙	知府黄泽重修	黄泽约 1508 年左右袭职。
雷王庙	知府黄道重修	黄道在职时间（1452—1493）。
北府庙	知府黄道修	黄道在职时间（1452—1493）。
口姑庙	知府黄道修	黄道在职时间（1452—1493）。
口口庙	在剥慢村，改建为关帝庙，知府黄维鼎塑像。	康熙年间（1662—1722）在职。
黄氏祠	知府黄纲建	
土地祠		
口口祠	土官黄朝建	1535 年在职。
文昌祠		

（资料来源：甘汝来，《太平府志》）

（二）　祖先与英雄神

与思恩府类似，在土司所管辖的区域，"英灵"成为神明的类型大致有两类：一类是对土司获取权力有关键性影响的朝廷官员；一类是死去的土司。

比较典型的是田州土府的五公祠。① 该祠所祭祀的人物为汉伏波将军马援，宋宣徽院使狄青，明新建伯王守仁，总督林富，副总兵张佑。祭祀马援自不必说，伏波庙也是中国南方重要的庙宇。为狄青建祠，显然来自于明代广西土司开始的祖先随狄青南征立功授土的说法，不过有意思的是，即便这一说法在后来成了左、右江土司的统一口径，祭祀狄青似乎也未成为一种普遍现象。而王守仁、林富是田州在改土归流后又裁流复土的关键，是田州再生的恩人。田州府为这四人立祠应该没什么疑义。

只是张佑能够晋升五公祠让人意外。无论是功德，还是身份，张佑似乎都不应该有与马援、王守仁等并列的资格，这一事实要放在流官地区恐怕也会引起相当大的异议。张佑对于田州而言，大概最重要的贡献是对岑芝的保护。田州在重新恢复土司制度后，田州未来的继承人是岑猛第四子岑邦相，但岑邦相之兄、已死的岑邦彦也留下了一个儿子岑芝。因此，岑芝成为岑邦相的心头之患。其时，张佑以副总兵身份镇守田州，因为他的保护，邦相才没有下手的机会。张佑在任满离开时向岑邦相索贿，结果是岑邦相的"二百金"让张佑大不满意，张佑与当时田州权重一时的土目卢苏合计，找了一个借口将邦相毒打了一顿。岑邦相虽然年纪轻轻，却也不是一个善与之辈，乘送行之际给张佑酒中下了毒，张佑在第二年毒发身亡，但当时张佑得以将岑芝带走并寄养在梧州两广总督内。后来在卢苏以及瓦氏夫人等的支持下，岑邦相被杀死，岑芝得以继位（田汝成）。

因此，我们相信是因为岑芝一脉的延续使得张佑得享庙食。也就是说，土司立祠更多的是回报祀主对其家族权力延续的恩德。关于这一点，清代白山土司对土司的这一逻辑表达得更为清晰，白山土巡检司建有狄武襄祠与王文成公祠，分别祭祀狄青与王守仁。白山土司表述他们祭祀狄青的缘由时说："王氏授有此白山疆圉也，……，固朝廷之深恩，亦由将军

---

① 虽然没有直接的证据说明该祠建于明代，但该祠在康熙五十一年得到迁建，因此，该祠至少在明末清初已存在。

之遗泽，则我王氏有一日之官守，将军则有一日之血食，所当率斯目民，尊崇供奉，相承弗替。"①

我个人相信，从明代开始，由于土司政策的建立，使得土司辖区相对稳定，土司通过神明建设的方式开始建立家族与地方之间的连接关系。的确能看见从明清以来，大量的已故土司开始成为社区神祇，从而接受祠庙的祭拜，这些土司或作为较大范畴内奉祀的神祇，或作为村落的社神，直到目前仍广泛存在于广西的西部。②

不过在官方史料中留下的记录并不多。除岑瑛外，明代史料中土司被地方祭祀还见史料中记载的有元太平路总管李维屏。明代《太平府志》记载有他的生平事迹：

> 李维屏，太平州土官知州，至元十四年升太平路总管。爱民如子，民有病若悉为去之。时丽江数为兵燹，民多掠，惟屏出资赎而归之。后升广西宣慰司宣慰使，亦多正绩云。③

明太平府因此设有李公祠，显然李维屏被祭祀之所以能够在官方史料上留存下来是来自于他的事迹得到了帝国的认同。而其他大量土司成为地方保护神的过程则由于史料的缺载而湮没无闻。不过依据现在的情形我们仍可以了解大致的情况，譬如与岑瑛相类似，在桂西影响很大的还有岑大将军庙。所祭祀的对象有两种说法，一种说法是元代来安路总管、曾被元朝授予怀远大将军的岑世兴；另一种说法则是岑世兴的弟弟岑世元，即桂西有名的岑三爷。岑氏自己的族谱对岑世元有如下的记载：

> 元修武郎岑世元，号云雾，武略将军岑雄之季子也，善骑射，通蒙古语。兄世兴，频遣其赴都入贡，奏对称旨，授忠武校尉。时云南乱兵犯田境，诏世兴讨之。朝廷知世元勇力，晋授修武郎，敕田州从征，所向克捷，后以兵寡不支，为滇兵所挫，被创甚。元曰：生未能报效国家，铭勋竹帛，死当为民驱厉，庇此一方。遂单骑策马入河，

---

① 《白山司志》卷之八。

② 黄家信：《壮族的英雄、家族与民族神：以桂西岑大将军庙为例》，载《广西民族学院学报》，2004 年第 3 期。

③ （明）甘东阳：《太平府志士》。

逆行数里而没。久之，百色有人结伴河干夜行者，风月恬然，忽江心浪起数尺，逆涌而上。众惊怪视听，若有人冠带乘马踏浪，比至，则一木神主，升出水面，大书修武郎岑公神主，不类人间笔画。众异之，结茅江浒，岁时祀祷灵应。仕宦商贾经过者，咸亲见形影，咸感梦中，因遍地建祠享祀。迄今其赫赫邕管以南，咸称岑三爷爷。①

尽管我们不知道这是岑三爷故事的第几个版本，但土官讲述其家族祖先成为神明的逻辑很清楚而且大概也是一脉相承的。显然这一类神祇的确定乃至神话为维持土司的地方权力起到了重要的作用。

（三）本土神祇的庙宇化

在明代广西土司地区所发生的宗教变迁过程中，另值得注意的现象是一些本土的神祇开始登堂入室，成为在祠庙中被祭拜的神祇中的一员。

在广西"麽教"中，与布洛陀并立的神明有雷王、龙王、还有老虎。其中的龙王与汉人的龙王很容易融为一体，因此，广西各处都有龙神庙、龙王庙或龙母庙。② 很难确定这些神祇是本土还是外来的。但广西多处的雷王庙来自于"麽教"体系中的雷王则大致确定无疑。这也说明本土"麽教"中的神祇并没有随宗教的变迁而消失，反而借新的庙宇形式找到自己的位置。

其实最典型的是花王庙。花王是壮族主管生育的神明，一种说法说她就是布洛陀的陪神女米渌甲。目前在广西壮族的各个家户中，其女主人居室的门口或室内还安置有花王的神龛。但在明代，花王就开始走出家户，成为公开祭祀的神祇。尽管其普遍性我们还不十分清楚。不过我们仍可以参考一个清代改土归流之后的地区建立花王庙的过程了解这一情形：

花王庙在小东门外，未建庙前，城内小东街一带常有火警，堪舆家谓城外大鱼塘空旷无蔽，街上不无风冲之虞，宜建祠奉神以庇佑。因是首事何其恭、蔡日盛等率阖州人捐建，嗣后居民均获神庇，人安

① 谷口房男引《田州岑氏源流谱》。
② 有关龙母庙也成为近年来广西土著文化研究的一个热点。有人将其解释为珠江流域的一个区域神祇，也有人试图说明她原属壮族人的专利。

物阜。知州李宪乔有文纪之，并亲书匾额。①

　　显然是地方社会乘国家允许建庙之机将一个地方神塞进国家的祭祀体系里，而且花王似乎也有了其神职之外的灵验。我们当然看到了地方社会在神明信仰方面所仍然存在的自主性。而且更有意思的是李宪乔还专门为此作了一篇精彩的"花王庙碑"的文章②，他很清楚花王不在国家的祀典内，因而用很大的篇幅讨论了设置这些神祇具有的意义。

　　广西土司地区甚至是流官地区的神灵设置与国家祀典之间的差异不但流官明白，土司也很明确。流官认为对这些没有进入国家祀典的神祇的态度应该是："而神果能福其民，则亦不得以不经废之，亦因俗从宜之义也。"③

　　白山土司对这一现象的说法更有意思。在回答土司在神明设置上是否可有特殊性这一问题上，白山土司谈道：

　　　　然观今郡县中，设主于祠，肖象于庙者，岂尽载于会典，颁自祠部耶？至二氏之所居，土社之所奉，亦祈禳报赛之资也，苟非淫祀，有举忽废，均宜附祠庙以见焉。④

　　白山土司认为即便在国家的郡县都没一定严格按照国家祀典设祠建庙，因此，土司建庙与国家的不一致不应理解为土司有什么特殊性，而是一种正常现象。这也就是说，在明代壮族地区引入汉人的祠庙体系之后，土司地方社会所形成的神灵体系是一个文化综合的结果。

结　　论

　　最后，大致可以把我们的结论归纳如下：

　　从唐宋或更早的时期开始，广西的历史是一个地方割据的历史，地方势力既依赖于婚姻等手段相互联盟，又相互竞争。其固有的文化一方面很

---

①　颜嗣徽：《归顺直隶州志》卷三。
②　高雅宁在其书中引用了李的全文。参见（高雅宁，2006）。
③　谢启晃：《广西通过》卷一百四十六。
④　《白山司志》卷之八。

难支持形成一个稳定集中的政权；另一方面也难以形成上层权力与下层社会之间的结合。广西地方强人之间的这种相互竞争而彼消此长的过程也为中央王朝的势力进入该地区提供了契机，元明土司制度的建立，事实上使得这些地方势力的权力基础开始由中央王朝掌控，广西左右江地区的土司只有依赖于帝国权力才能维持和参与地方权力的竞争。在这一情形下，中央王朝的宇宙观与象征体系被全面引入该地区，既成为土司维持现有权力的工具，也为土司可能的扩张铺平道路。在这一过程中，土司似乎也尝试利用新的宗教象征体系将其家族权力与地方社会扣连在一起，但这一结果也最多只能是杜绝其他土司对其领土的觊觎，反而更加强了帝国对广西土司地区的支配。到了帝国的后期，随着以道教为首的汉人象征体系在土司地区的全面铺开，新的仪式专家道公代理"麽公"开始支配这一地区人民的社会生活，广西土司制度实际上已名存实亡，最终也在波澜不惊中完成了最后的改土归流。

权 力 秩 序

——明清地方神的建构与崇拜

刘春燕

（上海大学社会学院）

一 前 言

中国近代社会的文化与信仰研究，存在一些根深蒂固的信念，它们被认为是不容置疑的事实，也因此成为很多研究的起源。这些根深蒂固的信念如：（1）中国存在几千年的专制传统，而儒家思想则是其文化和道德的根源；（2）儒家文化是国家支持的正统信仰，而民间则具有多元和非正统的信仰；（3）大一统的儒家文化，与多元的民间文化之间的不一致，是近代社会变革的文化根源。从这些假设出发，民间信仰和地方神与大一统国家正统文化之间的对立与融合，便成了明清以及晚期帝国社会信仰研究的起点。

国家与地方、正统与民间、统一与多元的信仰二元制，为明清信仰研究奠定了基本框架，但亦出现了两种认识分歧：（1）信仰二元制的对立说。他们认为，明清以来中国社会内部出现了商品经济大潮和资本主义萌芽，这一变革与民间信仰变迁之间互为表里。代表性的研究，如韩森（Valerie Hansen）①，并被支持中国近代资本主义萌芽的学者们所赞同。（2）信仰二元制的融合说。认为中国文化体现在信仰中具有"多元一体"的特点。儒家文化作为一体，民间信仰作为多元，二者很好地融合在一

---

① 韩森：《变迁之神——南宋时期的民间信仰》，包伟民译，浙江人民出版社1999年版。

起，支撑了中国几千年的专制社会。华琛（James L. Watson）① 对天后宫的历史人类学调查，在于揭示大一统的中国文化如何向地方渗透，并改造民间习俗。他认为国家扩张导致制度认同，代表国家扩张的文化表现，便是国家赐予封号的神明。华琛有关"大一统文化"与民间信仰之间关系的基本认识，也得到了滨岛敦俊的研究支持②。在滨岛的研究中，自南宋以来，官方通过敕封的方法收编了民间信仰，而民间信仰和"地方土神"这些原本不被官方认可的"淫祠"，为了获得官方的认可，则编造了一些迎合官方文化的虚假故事改造土神，很好地体现了中国信仰的"多元一体"格局。华琛和滨岛等人的信仰研究，对后来的研究产生了深远的影响。经过半个多世纪的漫长岁月，最新的成果依然在复述着同一个认识。③ 科大卫和刘志伟有篇文章④，很好地阐述了信仰制度中的"多元一体"格局思路的来源及其变迁，也使我们更清楚地认识到，这一研究思路从最初的问题——中国专制的大一统社会如何被民众长期接受——发展到今天，"大一统文化"认识的瓦解。儒家信仰的表面"统一"，与多元的"地方性解释"，这种研究新思路与滨岛的"阳奉阴违"解释，勉强维持了研究前提不被瓦解的危机。

然而，越来越多的证据表明，与"大一统文化"认识同样危机的，还有学者们对"民间土神"的美好想象。南宋以降，在民间社会出现的金钱崇拜，真的代表了进步的商业伦理？对金钱和性欲的放纵，难道就是商业伦理下个体的自由与解放？⑤ 如果是这样的话，为什么中国的资本主义萌芽至今难以长成参天大树？"割股孝亲"和以死殉夫的贞洁烈女，又

---

① James L. Watson, 1985, Standardizing the gods: the promotion of T'ien – hou（'Empress of Heaven'）along the South China coast, 960—1960. In *Popular Culture in Late Imperial China*, eds. David Johnson, Andrew Nathan, and Evelyn S. Rawski. Berkeley: University of California Press, pp. 292—324.

② ［日］滨岛敦俊：《明清江南农村社会与民间信仰》，朱海滨译，厦门大学出版社 2008 年版。（日文为《总管信仰——近世江南农村社会と民间信仰》，东京研文出版社 2001 年版）

③ 如朱海滨的最新研究成果，与他的老师滨岛敦俊的观点一致。参阅朱海滨：《祭祀政策与民间信仰的变迁——近世浙江民间信仰研究》，复旦大学出版社 2008 年版。

④ 科大卫、刘志伟：《"标准化"还是"正统化"？——从民间信仰与礼仪看中国文化的大一统》，《历史人类学学刊》2008 年第 6 卷，第一、二期合刊，第 1—21 页。

⑤ 李向平认为，官方信仰具有趋向统一和区分正邪的制度化，而民间信仰则代表了个人的自我表达，官方信仰往往将民间信仰视为"异端"而进行压制，是一种强制性的权力。这一观点在学者中有一定代表性。参见李向平《信仰、革命与权力秩序——中国宗教社会学研究》，上海人民出版社 2006 年版。

何以体现个体的自由与解放？而在华琛和滨岛敦俊等人的研究中，信仰体系"多元一体"的文化和谐，充满了对东方精神田园诗般的幻想，却对"地方土神"的贪婪、残酷与暴力视而不见，将儒家官员打击地方"淫祠"的行动，轻描淡写地解释为多元文化的互动。

事实上，明清时代的"地方"早已没有了田园牧歌般的传统土神，这种美好的想象连同儒佛道的文明一起进入了边缘。而历史上的文化冲突，更可能是以暴力的方式简单推进的替代，而不会给协商留下任何的可能性。这一场景，我想用《西游记》里的一段故事来说明：

> 这一天，唐僧师徒来到一个国家，发现这里的和尚全都是道士们的奴仆，而这个国家则被三个会呼风唤雨的道士所控制，便探究这一情况是如何发生的。道士们说："当年求雨之时，僧人在一边拜佛，道士在一边告斗，都请朝廷的粮饷；谁知那和尚不中用，空念空经，不能济事。后来我师父一到，唤雨呼风，拔济了万民涂炭。却才恼了朝廷，说那和尚无用，拆了他的山门，毁了他的佛像，追了他的度牒，不放他回乡，御赐与我们家做活，就当小厮一般。我家里烧火的也是他，扫地的也是他，顶门的也是他。"和尚们则说，因为那三个道士会呼风唤雨，又会"抟砂炼汞，打坐存神，点水为油，点石成金。如今兴盖三清观宇，对天地昼夜看经忏悔，祈君王万年不老，所以就把君心感动了。"

> 和尚们悲惨的奴仆生活，让孙悟空感到非常气愤，他责备这些和尚没有骨气，但和尚们苦笑着说："你老人家想是个外边来的，不知我这里利害。"悟空问道："果是外方来的，其实不知你这里有甚利害。"经过和尚们的一番解释，悟空理解了他们悲惨生活的来历。于是便给他们出了如下一些主意：

> 行者道："原来这般，你们都走了便罢。"

> 众僧道："老爷，走不脱！那仙长奏准君王，把我们画了影身图，四下里长川张挂。他这车迟国地界也宽，各府州县乡村店集之方，都有一张和尚图，上面是御笔亲题。若有官职的，拿得一个和尚，高升三级；无官职的，拿得一个和尚，就赏白银五十两，所以走不脱。且莫说是和尚，就是剪鬃、秃子、毛稀的，都也难逃。四下里快手又多，缉事的又广，凭你怎么也是难脱。我们没奈何，只得在此

苦捱。"

行者道："既然如此，你们死了便罢。"

众僧道："老爷，有死的。到处捉来与本处和尚，也共有二千余众，到此熬不得苦楚，受不得燫煎，忍不得寒冷，服不得水土，死了有六七百，自尽了有七八百，只有我这五百个不得死。"

行者道："怎么不得死？"

众僧道："悬梁绳断，刀刎不疼，投河的漂起不沉，服药的身安不损。"①

《西游记》的创作时代，正是明代地方淫祠，如五通神信仰大肆泛滥的时期。道教与佛教的斗争，并不具备真实的符号意义。但是，这个虚构的故事让我们看到，一个能够给君王带来功利的实用文化，如何以暴力的方式，完成了对多元文化共存局面的置换。而在这种情况下出现的"多元一体"，绝不是和平协商的共存共融，只有"暴力置换"下的奴性顺从。

本文从信仰价值体系的角度，试图理解明清时期地方信仰中所蕴含的价值观，通过民众真实的信仰心态，理解"地方神"秩序形成的真实逻辑。除了正史与地方志资料，本文的田野是大量的明清小说和戏曲。在明清小说细致入微的人生百态描述中，理解地方民众对"地方神"信仰的看法，探索普通民众参与地方神信仰活动的真实逻辑，描述明清时期地方神信仰与地方秩序形成的关系。

虚构的小说与戏剧，能否成为历史学家的资料和历史人类学家的田野？对于这一问题还存在一定的争论。但是，从小说与戏剧的写作与当时社会和生活百态的密切关联来看，小说戏剧中大量的生活细节描述，以及真实的社会场景和人情百态，却给我们提供了正史与地方志无法替代的鲜活的地方性。从小说创作与当时社会的紧密联系出发，揣摩当时民众的心态、信仰和价值，以及社会思想，观念形态，是很多学者认识当时社会的重要方法。如陈寅恪《读东城老父传》②、黄约瑟《读〈前定录〉劄记——唐代社会思想一瞥》、杜德桥（Glen Dubridge）《唐代的宗教体验

---

① 《西游记》第四十四回，《法身元运逢车力　心正妖邪度脊关》。

② 陈寅恪：《金明馆丛稿初编》，上海古籍出版社 1980 年版。

与世俗社会——对戴孚〈广异记〉的解读》① 都是利用小说戏剧资料理解历史社会的杰作。韩森也是通过唐宋笔记小说和传奇，令人信服地描述了南宋以来民间信仰的变迁。

二 邪恶的崇拜：明清地方神的典型特征

明清时期地方神的一个重大变化，一是神祇及其庙宇的数量及花样繁多；二是神格道德感的消失。比较儒家捍卫地方的有功之臣、佛教慈悲为怀的佛祖以及道教仙人的清心寡欲和与世无争，明清地方神则充满了邪恶的性质，凶残、贪婪、好色是他们的普遍特征。有关他们的神迹故事，也充满了可怕的杀戮和死亡的威胁、不道德的巨额财富以及淫荡和贪恋美色。

财神在中国的出现，是明清以来的发明。而几乎所有关于财神的传说，都伴随着暴力、凶残和卑劣的手段。最有名的几个财神传说，一是赵公明，在晋人干宝《搜神记》的笔下，他的原型是可怕的冥府将军。到隋唐时代，赵公明变成了瘟神，职责是向人间降灾，他的神迹只是"虐毒啸祸，暴杀万民，枉夭无数"。明代小说《列仙全传》中的赵公明，沿袭了之前的残暴形象，属于八部鬼帅，周行天下，暴杀万民，太上老君命张天师治之。宋代以来，在勾栏瓦肆中广为流传的《武王伐纣》，被明人改编成《封神演义》。在这部广为流传的明小说中，赵公明原本隐居眉山罗浮洞修炼，应闻太师邀请下山助纣为虐，攻打西岐。他骑黑虎、身带七十二环索，手执三十六节铁鞭，攻打姜子牙。姜子牙用收魂术除掉了赵公明，最后封他为"金龙如意正一龙虎玄坛真君之神"，率领四位部下迎祥纳福、追逃捕亡。他的四位部下分别是：萧升被封为招宝天尊，曹宝被封为纳珍天尊，陈九公被封为招财使者，姚少司被封为利市仙官。

明清时代普遍信仰五通神和五猖神，从目前的资料来看，这两个神其实具有不同的来源，明清时期则被混合为一，其神性具有"好色"、"不义之财"和"凶残"的三大特征。五通神的原型来自佛教故事，"五通"原本指的是佛教修持法者所达到的五种神力：

---

① Glen Dubridge, *Religious Experience and Lay Society in T'ang China: A reading of Tai Fu's Kuang - i chi*, Cambridge University Press, 1995.

一神境智通；二天大眼智通；三天耳智通；四他心智通；五宿住
随念智证通。此五皆以慧为自性，已说自性当说所以。

问：何故名通？

答：于自所缘无倒了达，妙用无碍，故名为通。①

具备五种神通即可称为五通神仙，也即佛寺中供奉过的五通仙人。在
佛教故事中，五通仙人的前身为一角仙人，因淫女扇陀的诱惑而失去神
通，"五通仙人大威德，退失神通因女人"。显然，五通神的最初传说，
是个宣扬佛教的道德故事。唐代还建有五通仙的寺庙，有这样一则故事：
"唐光启二年，婺源王瑜者，一夕园中红光烛天，见五神人自天而下，导
从威仪，如王侯状，曰：'吾当庙食此方，福佑斯民。'言讫升天去。爰
即宅为庙，祈祷立应，闻于朝，累有褒封。"②唐宋时代的五通神被朝廷
不断地敕封，宋代从封侯、公到王，五通神因被敕封为"显聪王、显明
王、显正王、显直王、显德王"而成为"五显王"，聪、明、正、直、德
属于儒家崇尚的圣人德行，所以五通、五显也就是"五圣"。

从唐宋传奇和明清小说中，我们可以窥探到"五通神"神格上由
"道德"到"邪恶"的变迁里路。唐宋时期的五通神，因佛教故事被附会
了许多特征，如独脚、火、好色、财富。柳宗元在《龙城录》提道："柳
州旧有鬼名五通，余始到，不之信。一日偶发箧易衣，尽为灰烬。余乃为
文醮诉于帝，帝恩我心，遂尔龙城绝妖邪之怪，而庶士亦得以宁也。"③
在南宋的故事中，五通神是个喜欢化成美男子、蛤蟆、猿猴的好色之徒。
洪迈在《夷坚志》中多处提到五通神："临川水东小民吴二，事五通神甚
灵，凡财货之出入亏赢，必先阴告。"长沙人孔思文，因家祀五通，"金银
钱帛，赠饷不知数"。新安人吴十郎，避灾荒流落舒州宿松县，也因家祀
五通而"家业顿起，殆且巨万。"④五通神运送给人的财货，往往来自盗
窃他人和官府。尽管南宋的"五通神"有幻化形态而"淫荡"和"致
财"的能力，但佛教故事教化民众的影子依然存在。然而到了明清时代，
五通神的道德性消失了，佛教故事的某些细节被特别突出，"好色"与

---

① 转引自贾二强《佛教与民间五通神信仰》，《佛学研究》2003 年。

② 《铸鼎余闻》卷 3，引《弘治徽州府志》。

③ （唐）柳宗元：《龙城录》，《龙城无妖邪之怪》。

④ （宋）洪迈：《夷坚志》。

"贪财"成为新的神格。明人冯梦龙所辑《情史·五郎君》记载了五通神的五个故事，大都关于五通神私通妇女，并赠送这些女性丈夫或父母钱财的事。（明）《云间杂志》和（清）《聊斋志异·五通》，记载的民间故事与此相类。

> 高邮李申之妇"为五郎神所据""妇欲得金步摇、金爵钗，向神索取"，五通神至苏州太守府行窃，被钟馗和门神所伤。李申之子毛保"遂买大匹纸三幅，从画工图写一钟馗、两金甲神，雄毅非常，到家揭之于门。"从此，五通神便不敢再到妇人家中。①
>
> 镊工张姓者，其妻为五通神迷惑。夫每出，必向床祈祷往何方得利，稽之于筶，不爽毫发。然每日所得银，不过五六分耳。
>
> 妻告神曰："胡不多与，以满其欲？"
>
> 神曰："此人福薄，多则祸至矣。"②
>
> "江南五通，民家有美妇，辄被淫沾，父母兄弟，皆莫敢息，为害尤烈。"③

明清五通神的特征中，除了"好色"与"贪财"外，又将"五猖神"的凶恶特征赋予其身。对于五猖神，明清时代已经完全与五通神混合为一。而实际上，这个神具有不同的来源，明代之前的五通神，从来没有"凶残暴虐"的特征，这一特征是明初才开始出现的五猖神的典型特征。根据《现代汉语词典》，猖在中国的词语中具有"凶猛"、"狂妄"的邪恶含义。直至今天，恐怖的凶猛依然是"五猖神"的外在形象。五猖神的来历与明代皇帝朱元璋有很大关联。据《清人笔记》，朱元璋征伐陈友谅，梦阵亡士卒请求抚恤，乃命江南百姓家造"尺五小庙"，命阵亡士卒"五人受伍"而受供。民间普遍出现的高不过三四尺的五猖小庙，应该与明代祭祀厉鬼的仪式有关。根据《明史》有关皇家祭祀的记载，有"阵前阵后神祇五猖"的描述。又据清《墨余录·邑厉坛》的记载，明太祖攻占苏州、松江一带，就发生了当地民众的反抗活动。大将军徐达

---

① （明）冯梦龙：《情史·五郎君》。

② （明）《云间杂志》，作者不详。

③ （清）蒲松龄：《聊斋志异·五通》。

抓了以钱鹤皋为首的一批反抗者，押到南京去处死，不料行刑时，这些人脖子里喷出的竟然都是白颜色的鲜血。明太祖唯恐这些人的鬼魂化为厉鬼作祟，就下令天下所有的州县都设"厉坛"，每年按时祭祀所有当地死去后没有后代亲人的孤魂野鬼，防止鬼魂作祟。明清时期州县的"邑厉坛"一般都建在州县城的北郊，每年的清明、七月十五、十月初一，由州县长官亲自主持举行"祭厉"仪式，希望那些遭兵刃而横伤、被人取财逼死、被人强夺妻妾而死、遭刑祸而负屈死、天灾流行而疫死、饥饿冻死、战斗而殒身、危急而自缢、墙屋倾坠压死，以及因水火盗贼、猛兽毒虫所害的冤魂厉鬼能够安宁。

唐宋时代尚且受到佛教与儒家文化推崇的五通神，到了明清时代，不但变得"好色"与"贪财"，更与五猖神的形象结合在一起，真正形成了兼具"好色"、"贪财"与"乖戾凶残"三大邪恶特征的凶神恶煞，对于这种神祇的崇拜也可以称得上是"邪恶的崇拜"。

> 五圣即五通也，或谓明太祖定天下，封功臣，梦阵亡兵卒千万请恤，太祖许以五人为伍，处处血食。命江南家立尺五小庙，俗称五圣堂。①
>
> 杭人最信五通神，亦曰五圣。姓氏原委，俱无可考。相传其神好矮屋，高广不逾三四尺，而五神共处之，或配以五妇。凡委巷，若空围大树下，多建祀之，而西泠桥尤盛。或云其神能奸淫妇女，运输财帛，力能祸福，见形人间。②
>
> 湖俗淫祀，最信五圣，姓氏原委，俱无可考。但传其神好矮屋，高广不逾三四尺，而五圣夫妇将佐间以僧道共处，或塑像，或绘像，凡委苍空园及屋檐之上、大树之下，多建祀之。③

凶恶、贪财与淫荡，几乎成为明清所有地方神，如"五猖"、"五通"、"总管"、"周神"、"李王"、"猛将"等等的典型特征。明清时代这些具有邪恶象征的神灵，却被社会普遍崇拜。"灵应财神五兄弟，绿林豪

---

① （明）田艺蘅：《留青日札》。
② （明）冯梦龙：《情史·五郎君》。
③ （清）光绪《归安县志》。

杰旧传名。焚香都是财迷客，六部先生心更诚。"① 这首诗说明，对邪恶神灵的崇拜，在强盗、财迷和官吏之中最为流行。

三 造神运动与地方神出场的逻辑

中国的神祇系统，自南宋以来发生了显著的变化，韩森对此作了出色的描述。根据他的研究，中国民间信仰中的一个重要的变化，是大量民间神祇的出现，以及儒释道神祇之间差异性的模糊。普通民众对宗教神祇的选择，以是否灵验为主，而并不在乎神祇来自哪种宗教。另外，神祇具有了商业性的敏锐性，带有商业经济的痕迹。

如果我们将明清时代与唐宋时代的信仰系统作对比，可以看到，传统的儒佛道的神祇系统和信仰方式，在明清时代都变得无足轻重起来。在中国儒家传统的祭祀中，社稷的祭祀活动具有崇高的地位，是国家的象征。据《白虎通义·社稷》，"王者所以有社稷何？为天下求福报功。人非土不立，非谷不食。土地广博，不可遍敬业。五谷众多，不可一一而祭也。故封土立社，示有土。尊稷五谷之长，故封稷而祭之也。"那些有功于这块土地，能够捍卫地方的历史人物，被封为地方神受到祭祀。根据《春秋公羊传》记载，祭祀社稷神时要击鼓集众，宰牲献祭，最后的牲肉由德高望重的人分给群众。每当社日祭祀，地方百姓参与祭祀并举行乡社畅饮。"鹅湖山下稻粱肥，豚栅鸡栖半掩扉。桑柘影斜春社散，家家扶得醉人归"②，"年年迎社雨，淡淡洗林花。树下赛田鼓，坛边伺肉鸦。春醪酒共饮，野老暮相哗。燕子何时至，长皋点翅斜。"③ 描绘了社日祭祀的场景。蒙古建立的元朝为了防止村民聚集闹事，"禁止迎神赛会"，取消了地方社稷的共同祭祀活动。到了明清时代，神格崇高的土地神庙，则变成了州县衙门里统一规格的城隍与土地。德高望重的乡村耆老主持、乡民共同参与的社日，简化成官员们的简单仪式。从《西游记》故事中，唐僧赞扬了社日祭祀的良善风俗，而这一风俗在中国显然已经消失：

---

① 《北平风俗类证·岁时》，《都门杂咏·五显财神庙》。
② （唐）王驾：《社日》，自《全唐诗》卷690，上海古籍出版社1986年版。
③ （宋）梅尧臣：《春社》。

　　三藏问老者道:"此庙何为里社?"

　　老者道:"敝处乃西番哈咇国界。这庙后有一庄人家,共发虔心,立此庙宇。里者,乃一乡里地;社者,乃一社土神。每遇春耕、夏耘、秋收、冬藏之日,各办三牲花果,来此祭社,以保四时清吉、五谷丰登、六畜茂盛故也。"

　　三藏闻言,点头夸赞:"正是离家三里远,别是一乡风。我那里人家,更无此善。"

　　老者却问:"师父仙乡是何处?"

　　三藏道:"贫僧是东土大唐国奉旨意上西天拜佛求经的。路过宝坊,天色将晚,特投圣祠,告宿一宵,天光即行。"①

　　《西游记》中的土地与山神总是穿着破破烂烂的衣服,永远是受到权势熏天的神祇甚至其奴仆的欺压,他们的地位甚至不如来路不明的妖魔鬼怪。小说中的描述,与遍布地方的土地庙矮小破败的场景相一致。伴随传统地方社日赛神活动消失的,是各种来历不明的地方神的塑造运动。明清地方神及庙宇的设立表现出的随意性和荒诞性令人瞠目,贾宝玉对此现象的厌恶之情,应该具有普遍性:

　　童仆茗烟问宝玉为什么一向不喜欢"水仙庵"?

　　宝玉道:"我素日因恨俗人不知原故,混供神混盖庙,这都是当日有钱的老公们和那些有钱的愚妇们听见有个神,就盖起庙来供着,也不知那神是何人,因听些野史小说,便信真了。比如这水仙庵里面因供的是洛神,故名水仙庵,殊不知古来并没有个洛神,那原是曹子建编的谎话,谁知这起愚人就塑了像供着。"②

　　刘姥姥编了一个神灵故事,说村里破败神庙里的泥塑,原是村里一个富人为了死去的女儿塑造,如今却有了灵异。这个荒诞的神灵及其寺庙让贾宝玉信以为真,还派茗烟前去寻找,结果发现的却是破败的瘟神庙。③

---

　　①　《西游记》第十五回,《蛇盘山诸神暗佑 鹰愁涧意马收缰》。

　　②　《红楼梦》第四十三回,《闲取乐偶攒金庆寿 不了情暂撮土为香》。

　　③　《红楼梦》第三十九回,《村姥姥是信口开河 情哥哥偏寻根究底》。

刘姥姥随口编造的神灵村庙，之所以能够让宝玉信以为真，是因为现实中的造神运动与刘姥姥的编造如出一辙。五花八门的祠堂、寺庙、道观、尼姑庵，以及随口编造的神迹，是明清时代的普遍现象。神祇和庙宇里供奉的神灵，有的勉强能够看出来源；有的则根本无从考察。流行民间的戏剧与小说，则是造神的最好素材。孙悟空、二郎神、关羽的出现，无不和明清戏剧与小说有关。二郎神庙宇里的泥塑，参照了小说戏剧中的形象。他英俊潇洒，手拿弹弓武器，成为男色和性欲的象征。另外，官员们及其祖先的"家庙"，也是明清地方神的重要组成部分，权势熏天的官员甚至活着的时候就被造了生祠。"先有后代再有神明"①，是明清地方神出场的一般过程。

神灵是历史人物、现实人物还是神话人物，他们属于儒家、佛教还是道教？这些问题都不重要，权势与金钱才是造神的基本逻辑。一旦家庭败落、权势消失，宏伟的寺庙便在顷刻间荒芜。地方上有权势的官僚和家族，将自己的祖先编造成神，在持久的权势和大力宣传的作用下，他们最终也能成为颇具影响力的地方神。

常熟文人管一德记载了其祖"管福七"成神的经过：

> 洪武七年管福七卒，后来在里人中出现"为祟"和"渐露灵异"的传闻，里人传说他已成神。他的神像被移入当地的一个三神庙，先是位于左偏，随着他灵验的传言，"缘此遂忘二圣双忠，而直名曰管七庙。"②

经过地方权势家族对祖先灵异的编造，管福七的灵异故事在地方传播，"管七庙"也最终替代了原始的"三神庙"，成为当地主要的地方神。明清地方信仰中经常看到的"总管"或"太太"庙，最终成为有影响的地方信仰，遵循了同样的权势建构逻辑。随着时间的流逝和权贵的更替，有些"家庙"消失了，有些虽保留下来但神祇的来历却模糊不明：

---

① ［日］滨岛敦俊：《明清江南农村社会与民间信仰》，朱海滨译，厦门大学出版社 2008 年版。

② 邵松年：《海虞文征》卷 13；管一德《管七庙记》，光绪三十一年鸿文书局石印本。

　　　舟山一个被称为"陶公庙"里的"陶太太"神灵，当地人已不知其来历，实际上是陶姓家族的家庙。① 所谓"王总管庙"，则是元代的总管贵三家人设立的祠堂，"子孙累世成神，有港，明初赐号神港。"②

　　明代江阴县所谓"张丧师庙"中的"张丧师"，原型是常熟县一个平庸猥琐的游民，死后却被巫师编造神迹，妄言张老附体欺骗乡民。虽然后被揭发，但巫师和乡间豪右"表里为奸，根株盘结"，在他们的极力揄扬之下，张丧师竟然也成为有影响力的地方神，"始者一乡信之，今则诸乡皆信之"。编造张丧师神迹的目的，无非是为了香火收入和庙产利益，"二乡之中，小民之利半入巫师，巫师之利半入豪右"。③ 王健对明清地方家族争夺庙产的研究表明，苏州地方乡绅对民间神灵的倡导，亦有着很强的功利目的，有些庙宇的存在已经成为了地方家族的生财之道。④ 如常熟虞山拂水晴岩玄武庙，为"封学士严讷所建"，每岁"远近祈福者襄衣跻族而来，岁所收香缗亦千百计，后豪姓争为利数，至构怨兴讼"。⑤ 经济利益，亦是地方淫祠屡禁不止的根源。周庄有三姑庙、杨爷庙，"同治壬申夏五月应方伯宝时命青浦令毁其像……然居名逐什一者因庙祀以为利，故未几即复振。"⑥ 为了扩大影响，吸引更多的信众参拜自己建造的庙宇，正德年间的"陈烈士神"被其子孙吹嘘得神乎其神。其家族子孙"自奉号称神子神孙，谓我神祖能病人，能愈人，能生人，能死人。反烈风扑炎火，遏奔涛扶桅樯，为盗警，为兽医，无不可者。"⑦

　　从明清小说中，我们看到了权势家族规模宏大的"家庙"，像是一个能够自我满足的小社会：香火、旅社、厨房、浴堂、厕所、菜园等等一应俱全，阴宅与阳宅类似高档的墓园和旅馆，"庙官"有点像地方官员，在寺庙的小社会里作威作福。在《红楼梦》中，能够管理贾府的家庙是一

---

　　① （民国）《香山小志》，《祠宇》。

　　② （民国）《相城小志》卷2，《庵观祠庙》。

　　③ （明）正德《江阴县志》卷11，《异端》。

　　④ 王健：《明清江南地方家族与民间信仰略论——以苏州、松江为例》，《上海师范大学学报》（哲社版）2009年第5期。

　　⑤ （明）万历《常熟私志》卷3，《叙俗》，民国瞿氏抄本。转引自王健（2009）。

　　⑥ 《周庄镇志》卷6《杂记》，光绪八年陶氏仪一堂刻本。转引自王健（2009）。

　　⑦ （明）正德《江阴县志》卷14，《陈烈士庙辩驳》。

件令人垂涎的美差，母周氏通过王熙凤的关系，为儿子贾芹谋得管理"铁槛寺"和"水月庵"的差事。贾芹管着几十个和尚尼姑，任意克扣他们的月钱，并奸淫水月庵漂亮的小尼姑。贾芹的这点权力、财富与美色，让族内其他兄弟嫉妒。由于这个肥差，贾珍便拒绝再给贾芹族内的福利，贾珍的理由是：

> 我这东西，原是给你那些闲着无事的无进益的小叔叔兄弟们的。那二年你闲着，我也给过你的。你如今在那府里管事，家庙里管和尚道士们，一月又有你的分例外，这些和尚的分例银子都从你手里过，你还来取这个，太也贪了！
>
> 你在家庙里干的事，打谅我不知道呢。你到了那里自然是爷了，没人敢违拗你。你手里又有了钱，离着我们又远，你就为王称霸起来，夜夜招聚匪类赌钱，养老婆小子。这会子花的这个形象，你还敢领东西来？领不成东西，领一顿驮水棍去才罢。等过了年，我必和你琏二叔说，换回你来。①

在明清时代诸多地方神信仰中，民众参与的方式是强制性的权力。地方神对民众权力控制的方式有两种：一种是刀枪棍棒和硬暴力；另一种则是对奴性顺从和"忠孝"教育的软权力。可怖的凶残与奴性的忠孝是明清地方神的两种基本特点，拥有广大祭祀圈的关羽和周雄，则是这两个特征的结合体。关羽这个在唐宋时期的"厉鬼"，通过明清王朝对"忠臣"、"孝子"的大力弘扬，以及明清小说的塑造，摇身变成了既凶恶又忠孝的矛盾神格。他既是暴力与战争的象征，又是财神，还是"忠孝"的典型。明清百姓在"暴力"与"忠孝"文化的长期浸淫中，早已变得麻木与习惯，他们怀着"恐惧"与"顺从"的复杂心态，习惯了残暴与顺从的文化。鲁迅笔下的祥林嫂，是一个暴力与忠孝文化的典型例子。祥林嫂在丈夫死后，誓死捍卫贞节的名声，却最终无法抵抗暴力，被强迫卖给他人而再嫁，却又对再嫁的耻辱耿耿于怀。她最终将自己的辛苦劳动所得捐给寺庙买了门槛，还高高兴兴地以为，这样就能免受地狱之罚。弘治《常熟县志》认为：在东岳行祠、东平忠靖王、孚应昭烈王、中山永定公、翊

<hr />

① 《红楼梦》第五十三回，《宁国府除夕祭宗祠 荣国府元宵开夜宴》。

圣温将军，张义士、李烈士、金总管等神庙错列的地方社会，普通百姓对地方神的敬奉，实是出于"崇信之久，习尚之同"，以至于"有不知其为非者。"①

四　迎神赛会与权力竞争的场域

明清各地举办的迎神赛会，不仅数量繁多、花样百出且豪华奢侈。如昆山山神会："邑中自城隍总管，土地诸神皆舁神像朝于山神庙，自半夜始，至晓乃罢"，"他若东岳、城隍、金总管、张仙、五路、通达司、三元帝君、龚贞老官人、周孝子等会不可枚举。"② 又如徽州等地的汪国公、越国公赛会："二月二十八日，歙、休之民舆汪越国公之象而游，云以诞日为上寿，设俳优、狄鞮、胡舞、假面之戏，飞纤垂髾，偏诸革鞢，仪卫前导，旗旄成行，震于乡井，以为奇隽。"③ 又"登源十二社挨年轮祀越国公，张灯演剧，陈设毕备，罗四方珍馐，聚集祭筵，谓之'赛花朝'。"④ 类似的赛神活动在某些地方层出不穷，康熙朝汤斌打击"五通淫祠"的禁令，不仅难以根除，且很快又死灰复燃。

"淫祠"和豪奢的迎神赛会偶尔会遭到儒家官员的打击。清康熙年间的徽州，流传着一首充满讽刺意味的竹枝词："油茶花残麦穗长，家家浸种办栽秧。社公会后汪公会，又备龙舟宋大王。"⑤ 徽州知府刘汝骥对当地的频繁的神会亦表现不满："醵钱迎社，无村无之。其所演戏出，又多鄙俚不根之事。一届秋令，其赴九华山、齐云山烧香还愿者络绎不绝。尤可怪者，七月十五日相沿于府署宜门招僧道多人，作盂兰道场。"⑥ 康熙年间，苏州知府汤斌对方山五通神的打击最为著名。据《清史稿》记载，

① 弘治《常熟县志》卷3，《神祀》。
② （清）康熙《昆山县志稿》卷6，《风俗》。
③ （明）嘉靖《徽州府志·风俗志》卷1，何东序、汪尚宁纂修，书目文献出版社1988年版，第6页。
④ （清）嘉庆《绩溪县志·舆帝志·风俗》卷1，清恺修、席存泰纂，华夏出版社1999年版，第13页。
⑤ （清）方士度：《新安竹枝词》，张海鹏、王廷元选编《明清徽商资料选编》，黄山书社1985年版，第21页。
⑥ （清）刘汝骥：《陶甓公牍·禀详·徽州府禀地方情形文》卷10，《官箴书集成》，黄山书社1997年版，第542页。

"苏州城西上方山有五通神祠，几数百年，远近奔走如鹜。谚谓其山曰
'肉山'，其下石湖曰'酒海'。少妇病，巫辄言五通将娶为妇，往往瘵
死。"汤斌在《奏毁淫祠疏》中说：

> 苏松淫祠，有五通、五显、五方贤圣诸名号，皆荒诞不经，而民
> 间家祀户祝，饮食必祭。妖邪巫觋创作怪诞之说。愚夫愚妇为其所
> 惑，牢不可破。苏州府城西四十里，有楞伽山，俗名上方山，为五通
> 所踞几数百年，远近之人，奔走如鹜，牲醴酒牢之馈，歌舞笙簧之
> 声，昼夜喧阗，男女杂遝，经年无间歇，岁费金钱何止数十百万。商
> 贾市肆之人，谓称贷于神可以致富，重直还债，神报必丰。①

然而，现代的学者却积极肯定了明清的赛神，对汤斌等人打击"淫
祠"的行为有负面的评价。学者们从"明清资本主义萌芽"的视角出发，
认为明清层出不穷的豪华赛会，是商品经济发达的表现和产物，而汤斌等
人对淫祠的打击，是腐朽的儒家官员对新兴商品经济的排斥，以及大一统
的儒家文化对地方民间文化的压制。② 在这篇文章中，我希望通过明清小
说的"田野"，理解地方百姓的真实感受，真正认识迎神赛会对他们的生
活意义，从而客观地评价儒家官员打击地方"淫祠"的努力。

让我们从明清小说的描述中，穿越时空，听听那个时代的民众对打击
"淫祠"的基本认识。以下两则民间传说，可以反映"五通神"在当时民
众心目中的形象，以及对汤斌打击"淫祠"的支持态度。

> 五通神在明代就属于淫祠，有很多无赖伪装成五通神作威作福。
> 清康熙年间，汤斌巡抚江南，严令拆毁五通神庙，除了一大淫寺。但
> 是，汤斌可能并没有想到，他死后也会被百姓崇奉为驱鬼的利器。汤
> 斌死后被朝廷褒奖，配享文庙。但放在地方文庙中的汤斌牌位却经常
> 会神秘失踪，过一阵子又忽然出现。原来，每当民间百姓认为家里有

---

① （清）汤斌：《禁毁淫祠疏》，乾隆《长洲县志》卷31《艺文志》。
② 持这种观点的学者很多，在此就不一一列举。参见 ［日］滨岛敦俊《明清江南城隍
考》，《中国社会经济史研究》1991 年第 1 期；唐力行，王健《多元与差异：苏州与徽州民间信
仰比较》，《社会科学》2005 年第 3 期；蒋竹山《汤斌禁毁五通神：清初政治精英打击通俗文化
的个案》，《新史学》卷 6 第 2 期，1995 年。

鬼作祟，便会到文庙中将汤斌的牌位偷出来，拿到家里供奉几天，据说鬼祟便会逃之夭夭。①

江宁陈瑶芬的儿子平时是个不良少年，有一次到普济寺游玩，看到五通神的位置列在关帝之上，非常愤怒，命令僧人将五通神移到关帝之下。众多的游人和观众都拍手称快，陈瑶芬之子感到很自豪。回到家后，却见五通神坐在他家的门口，并借助他的嘴巴说话。大意是说，"我五通大王长期接受供奉，目前运气不好，撞到苏州巡抚老汤和两江总督小尹，将我诛灭。他们不但是贵人，而且一身正气，所以我没有办法，只能接受厄运。但你不过是个市井小人，也敢对我要威风，我饶不了你！"②

无论"五通神"过去的来历如何，从大量的明清小说来看，五通神的民间声誉并不好。明清时期的五通神与五猖神混为一谈，集合了"奸淫妇女"、"不义之财"和"凶恶"的三大象征。这些邪恶的特征，奠定了民众对"五通神"的批判性评价。在现实生活中，五通神又是地痞无赖欺凌百姓的工具，加深了百姓对五通神的不良印象。打击"淫祠"的汤斌，也因此成为高贵与正义的象征，是民众"邪不压正"信念的道义来源。

很多民间信仰研究，仅仅通过对迎神赛会热闹场景的描绘，便想当然以为这是民众自发而主动参与的结果，并进一步推断出繁荣的商品经济背景。例如，康熙年间昆山为城隍总管和土地诸神举办的热闹而宏大的山神会，在民间则因被征收赛会所资的钱粮，而有"解钱粮"之说：顺治年间"小民创为上纳钱粮之说，自四五月间便异各乡土地神置会，首家号征钱粮，境内诸家每纳阡张若干束，佐以钱若干文。至六七月赛会异神像，各至城隍庙，以阡张汇纳，号为解钱粮。"③ 对于为山神会"纳钱粮"的现象，滨岛敦俊的解释是说："江南农村在明代后期经历了商业化、城市化的社会经济变动，商品经济渗透到农村各个阶层，而城隍庙的产生，可以理解为江南农村在宗教上对这种变动所作的反应。"④然而，这种解释

---

① （清）陈康祺：《郎潜纪闻》，《汤文正力主镇压五通神》。
② （清）袁枚：《子不语》卷8，《五通神因人而施》。
③ （清）康熙《昆山县志稿》卷6，《风俗》，江苏科技出版社1994年点校本。
④ ［日］滨岛敦俊：《明清江南城隍考》，《中国社会经济史研究》1991年第1期。

却没有任何来自民间调查的证据，是仅仅通过豪华的场景和四方杂凑的表象，便想当然地以为是民间自发的信仰活动。

如果我们将明清地方神信仰的视野再扩大一点，就会发现，在明清经济与社会史的研究中，已经有相当多的证据可以证明，花样繁多的迎神赛会绝不是民众自发的信仰。大型的赛会需要巨额的财力、物力和人力投入，花灯、灯油、戏剧表演、扮神游行等等，越是豪华的赛会，则越需要强大的财力和人力投入。因此，赛神活动的组织者与发起人的权势与社会地位，决定了赛神活动的规格与奢侈水平，也决定了地方神信仰所覆盖的范围与影响力。从赛会活动的组织方式来看，除了乡村小民为了禳灾解难和祈福自发的小型赛神外，豪奢的赛神活动都是为了功利而由权贵组织的活动，是官府或地方豪强聚敛财富的由头。根据王振忠对徽州的精彩资料，庆源村中有"祈雨会"的组织，置有田产会租。① 而从《目录十六条》收录的文书来看，当地人还组织了上帝会。据《上帝会序》，地方社会出现的供奉元（玄）天上帝的赛会，先是以股份形式，"捐资生殖，逐年拔利"，后又以会本购置田产，轮流管理，并订立会规。又根据《五猖会序》，当地的五猖和胡元帅赛会，亦具有"爱集众友，捐赀生殖"的目的。②

通过明清小说有关地方神信仰和赛神活动的描绘，更能够让我们看清赛神活动对于普通百姓生活的意义。以下是出现在《西游记》和《喻世名言》中的三段赛神画面，让我们看看在当时百姓的眼中，赛神活动究竟意味着欢乐和虔诚的信仰，还是因恐惧而被迫的参与？

唐僧师徒在天竺国东界金平府旻天县观赏元宵灯会，起因是，"我这里人家好事，本府太守老爷爱民，各地方俱高张灯火，彻夜笙箫。还有个金灯桥，乃上古传留，至今丰盛。"元宵灯会也的确热闹非凡，但在一派歌舞升平的热闹场景下，却是对百姓骇人的聚敛："每年审造差徭，共有二百四十家灯油大户。府县的各项差徭犹可，惟有此大户甚是吃累，每家当一年，要使二百多两银子。……还有杂

---

① 《清史资料》第 4 辑，第 222 页。
② 王振忠：《清代前期徽州民间的日常生活——以婺源民间日用类书〈目录十六条〉为例》，载《明清以来长江流域社会发展史论》第十七章。

项缴缠使用，将有五万余两，只点得三夜。""满城里人家，自古及今，皆是这等传说。但油干了，人俱说是佛祖收了灯，自然五谷丰登；若有一年不干，却就年成荒旱，风雨不调。所以人家都要这供献。"就连唐僧都没有发现，这三个吸油的佛祖，实是假扮佛祖的三个妖怪。①

唐僧师徒来到通天河边，无法过河，只得到附近的陈家庄休息。撞见一户人家正在做"预修亡斋"，师徒觉得奇怪，追问原由。原来是当地有一座"灵感大王"的庙宇，"那大王：感应一方兴庙宇，威灵千里祐黎民。年年庄上施甘露，岁岁村中落庆云。"然而这个保佑风调雨顺的灵验神灵，却有一个吃人的怪癖："这大王一年一次祭赛，要一个童男，一个童女，猪羊牲醴供献他。他一顿吃了，保我们风调雨顺；若不祭赛，就来降祸生灾。"于是，在这部小说中，"灵感大王"实则是一个吃人的魔王。"虽则恩多还有怨，纵然慈惠却伤人。只因要吃童男女，不是昭彰正直神。"表面的慈善，实际上却是一种暴虐。②

西城地区有一个好饮人血的白虎神，每年都会出来作恶，"土人立庙，许以岁时祭享，方得安息。"张真人看到一个被五花大绑的人，正在被乡民"用鼓乐导引，送于白虎神庙"，等待"夜半，凭神吮血享用。"张真人不忍心看到活人祭祀的场景，便主动要求替代那个因"葬父嫁妹"而被迫卖身的人做祭祀的牺牲，并表示"不信有神道吃人之事，若果有此事，我自愿承当，死而无怨"。张真人替代了原来的人祭到了白虎庙，并最终制服了白虎神。③

从以上的画面中，我们读到的是为避免灾难而被迫祭神，以及无奈的贡献。越是规模宏大的赛神活动，需要百姓提供的财力、物力与人力就越多。从这个意义来看，昆山百姓将参与"山神会"的活动称为"解钱粮"或"纳钱粮"，其意义绝不是像滨岛敦俊所说的那样，是当地商品经济发达的表现。《西游记》中绚烂的花灯，就需要二百四十家大户承担灯油的

①　《西游记》第九十一回，《金平府元夜观灯 玄英洞唐僧供状》。
②　《西游记》第四十七回，《圣僧夜阻通天水 金木垂慈救小童》。
③　《喻世明言》第十三卷，《张道陵七试赵升》。

开销，各项杂役共需五万两白银，才仅够三夜点灯的开销。其他如扎鳌山、请道士与和尚、戏剧表演、相扑比赛，甚至需要重金购买童男童女、活人祭祀，等等，都意味着地方百姓更艰难的生活。血淋淋的活人献祭场景，不仅仅是小说的杜撰。根据万历《歙志·风土》的记载，徽州众多的"淫祀蔓延，各乡赛神"，"旌幢蔽野，箫鼓连天，彼此争妍，后先相望"的热闹，亦夹杂着"降神之人，披发袒膺，持斧自砍，破脑裂胸，溅血数步，名曰降童"的恐怖场景。

　　明清地方社会豪华而热闹的赛会背后，绝不是充满活力的商品经济。与山珍海味和奢侈到只吃鸭舌的豪门生活相互对照的，是数量惊人的游民大军和无数仆役、贫民、乞丐、妓女、戏子的卑微与贫困。明清小说对于赛会细节的描述，除了让我们看到热闹和兴奋的人群、五彩缤纷的花灯、巨大的鳌山、和尚与道士举行的仪式、装扮罪人的群众表演，以及连续数日的戏剧表演之外，还能看到一个被高利贷、赌徒、恶棍、妓女、乞丐充塞的另一个赛会场景。大大小小的赛神活动，则是豪强之间展开财富竞争，以及官兵与强盗进行暴力对抗的场域。

清宫萨满祭祀与"夷夏东西说"[*]

张亚辉

（中央民族大学民族学与社会学学院）

作为中国最后一个帝制朝代，满人建立的清王朝究竟在多大程度上可以从民族学的角度上予以理解，是一个迄今为止没有得到充分思考的问题。美国的新清史研究一反从前史学界的汉化思路，提出了满族中心观的研究路径，而清宫萨满祭祀仪式就被新清史学者看作是最重要的论据之一[①]。关于这一从清初就存在的复杂的仪式传统，历来史学界和萨满教研究领域也多有论述，但从人类学的角度出发的专门的仪式研究尚未出现。本文希望在对这一仪式进行人类学分析的基础上，对清王朝与满族民族性之间的关系提出自己的看法。

一　资料来源与前人研究

关于清宫萨满祭祀，学者的研究大多都是基于乾隆十二年间颁布的《钦定满洲祭神祭天典礼》[②]（以下简称《典礼》），这个《典礼》有一部半汉文译稿，一个是阿桂和于敏中在乾隆四十二年翻译的译稿，乾隆四十五年收入了《四库全书》；还有一个是道光八年觉罗普年重新编译的《满洲跳神还愿典例》，这个版本中去掉了清宫堂子祭祀的内容，而只保留了

＊　本文的部分内容曾以"清宫萨满祭祀的仪式与神话研究"为题发表于《清史研究》2011年第4期，收入本书时作者对论题和分析都作了较大的调整。

①　参见［美］罗友枝《清代宫廷社会史》，周卫平译，中国人民大学出版社2009年版，第283—299页。

②　见刘厚生编著《清代宫廷萨满祭祀研究》，吉林文史出版社1992年版，第41—214页。后文所引《钦定满洲祭神祭天典礼》均来自本书，不再另外注明。

坤宁宫的祭祀仪式①。关于清宫萨满祭祀，除了《典礼》之外，《国朝宫
史》、《大清通礼》、《礼部则例》、《大清会典》和《大清会典事例》② 当
中都保存了大量的材料。但这些材料有一个共同的特点，关于具体的仪式
细节的描述，乾隆之前的材料当中几乎没有，而乾隆之后的材料则全部都
是依赖《典礼》书写的。我们几乎没有直接的证据和材料来分析乾隆之
前的仪式细节。甚至清代地方志和笔记，如《奉天通志》、《吉林通
志》③，以及《啸亭杂录》、《天咫尺偶闻》④ 中对仪式的描述也都是宫廷
礼仪影响之下的结果。至于秋浦整理的大量早期笔记中的仪式描述则大多
过于简略。民族学的调查材料也面临同样的问题，不论是民国以来的民族
学家、人类学家，包括日本的一些学者的研究，都只能参照《典礼》来
研究满族的仪式过程。我并不因此认为存在一个所谓"纯粹"的满族萨
满教仪式的模式或仪式程序，而是说，《典礼》将清初民间的萨满教进行
了相对比较彻底的宫廷化改造，在《典礼》刊行于世之后，研究者几乎
无法再看到"民间"的仪式了。所以，为了理解清宫萨满祭祀，莫不如直
接去研究《典礼》和《典礼》之前后的文本记录。自然，我并不会放弃
对经过辨析的民族志材料的参照。

现在能够看到的最早的一篇关于清宫萨满祭祀的研究是孟森 1935 年
写的《清代堂子所祀邓将军考》⑤，他核心的观点是，堂子就是一个坟墓，
其主神纽欢台吉和武督本贝子俱是人鬼而非天神，而上神殿所祭祀的尚锡
之神则是痘神，明代边将邓佐。这一说法已经被后来很多的满学研究和史
学研究所否定了。另一个关注过此事的史学家是著名清史学者郑天挺，他
在其著名的论文《满洲入关前后几种礼俗之变迁》中介绍和分析了清皇
室堂子祭祀的历史与仪式⑥。杜家骥也曾写了一篇《从清代的宫中祭祀和
堂子祭祀看萨满教》，这篇文章比较全面地介绍了清宫萨满祭祀的组织和

---

①　见刘厚生编著《清代宫廷萨满祭祀研究》，吉林文史出版社 1992 年版，第 371—397
页。
②　同上书，第 242—280 页。
③　见富育光《萨满教与神话》，辽宁大学出版社，第 137—139 页。
④　见中国社会科学院民族研究所《萨满教研究》编写组编《中国古代原始宗教资料摘编》
（内部资料），1978。
⑤　孟森：《清代堂子所祀邓将军考》，载北京大学《国学季刊》，第 5 卷 1 号。
⑥　郑天挺：《清史探微》，北京大学出版社 1999 年版，第 39—42 页。

实行的历史，并认为清宫萨满祭祀的神谱和意识都表明其已经汉化了①。近年来，随着对中国北部的萨满教研究的复兴，很多满学学者都曾经论述过清宫萨满祭祀。这方面的研究比较多，这里只举出三位我认为比较重要的学者，一位是白洪希，他从民族学对近代满族萨满仪式以及满学的角度出发，结合满族的宗教史，追溯了民间仪式被逐渐宫廷化的过程，认为宫廷萨满祭祀是团结满人的手段②；一位是富育光，他是近二十年以来满族萨满教研究的权威，他的整体研究都是为了不断阐明萨满教作为中国北方民族的精神世界的独特价值，对宫廷祭祀则注重对源流的考证③；最后一位是刘厚生，他精通满语，对汉文的《典礼》进行了仔细的考证，并与《典例》相对勘，他还编写了《清代宫廷萨满祭祀》一书，收录了包括《典礼》和《典例》在内的几个非常关键的文本。唯一一本关于清宫萨满祭祀的学术专著是姜相顺写的《神秘的清宫萨满祭祀》④，是个非常详细的史料汇编集，不过观点上可观之处就很少了。

在民族学研究方面，我要提到的是史禄国先生的研究，他在《通古斯人的心智情结》一书中对满族以及满洲地区的通古斯人的仪式与信仰和心理情结进行了周到细致的田野调查和比较研究⑤，他并没有直接研究清皇室的仪式，但经常将皇室的《典礼》与他的研究对象进行比较，所提出的种种观点对于理解清皇室的萨满教仪式是特别有启发意义的。另外，还有就是少数民族社会历史调查当中提到的北方不同区域的满族人的宗教信仰仪式，也是非常有益的补充。

二　坤宁宫和堂子祭祀仪式的历史变迁

清宫萨满祭祀一共有三个场所：坤宁宫、堂子和祭马神室。坤宁宫原本是明代皇后的寝宫，清代入关之后，在顺治十三年将其改造成了一个萨满祭神的场所。坤宁宫面阔九间，其中东面三间是历代皇帝大婚时的婚

① 杜家骥：《从清代的宫中祭祀和堂子祭祀看萨满教》，载《满族研究》1990 年第 1 期。
② 白洪希：《清宫堂子祭探赜》，载《满族研究》1995 年第 3 期。
③ 富育光：《清宫堂子祭祀辨考》，载《社会科学战线》1988 年第 4 期。
④ 姜相顺：《神秘的清宫萨满祭祀》，沈阳，辽宁人民出版社 1995 年版。
⑤ Shirokogoroff, S. M. *Psychomental Complex of the Tungus.* London：Kegan Paul, Trench, Trubner & CO., LTD, 1935.

房，西暖阁就是萨满祭祀的场所，屋内南、西、北三面建炕，西墙上有神板，屋里面有放猪的俎案和煮肉大锅。堂子兴建于顺治元年，当年顺治迁都北京，走到丰润的时候，就下令在紫禁城外东南长安左门外玉河桥东建一个祭神的堂子，堂子是一个长方形的院子，院子北面面南建有飨殿，飨殿前甬道通向一个八角形的拜天圆殿，也叫亭式殿。院子的东南角上有一个南向的小院子，小院里面有一个和亭式殿几乎一样但要稍小一点的上神殿，也叫做尚锡神亭。祭马神室在紫禁城神武门内，这里也是清宫萨满诸人联系吟唱和舞蹈的地方。祭马神原来并没有专门的地方，而是在堂子里面举行的，后来才在紫禁城神武门内选了一个地方作为马祭神的场所。

　　关于堂子的祭祀的清代文献保留比较多，从《满文老档》中就已经开始出现皇太极祭祀堂子，并对相关礼仪进行规范的记录了[①]。到了乾隆年间，堂子中的绝大多数仪式都已经发生了变迁，但祭祀种类却都是崇德元年的时候皇太极规定的。具体包括元旦祭、圜殿与上神殿月祭、春秋立杆大祭、四月初八浴佛祭、马神祭、出征与凯旋祭等等。而坤宁宫的仪式包括：元旦行礼、春秋大祭及翌日祭天、月祭及翌日祭天、背灯祭、报祭、常祭、四季献鲜、四季敬神、求福祭等。坤宁宫的仪式确立多是在顺治初年，其中月祭和元旦行礼，大祭及翌日祭天不知道具体确立的年代了；再次日求福则是满族相当普遍的模式。为马祭神材料相当少，这个仪式的具体意义看似清晰，其实也很含混。

　　对如此繁杂的祭祀仪式进行全面的人类学研究并非不可能，但要理解清宫萨满祭祀的基本模式，却并不需要这么做。一方面这些仪式并非全部都是相关联的，也不是都很重要，比如，浴佛祭就明显与其他仪式之间关系不大，而四季献鲜和四季敬神都是比较独立的仪式，坤宁宫和堂子的元旦祭祀、坤宁宫的常祭都只不过是春秋大祭的一部分而已。这样清理下来，为了能够分析这一系列的仪式，我们只要集中关注坤宁宫与堂子在每年季春、季秋两次举行的大祭，以及元旦时的祭祀就够了。事实上，即使在清代乾隆之后不久的笔记中也能够看到，在觉罗家大多也只是举行春秋祭祀，而在满族民间，材料几乎都是关于春秋祭祀和治疗的。比如震钧的《天咫偶闻》、吴振棫的《养吉斋丛录》、姚元之的《竹叶亭杂录》以及

---

　　① 《满文老档》，中国第一历史档案馆 中国社会科学院历史研究所 译注，北京，中华书局1990 年版。

麟庆的《鸿雪因缘图记》①、大山彦一的《萨满教与满族家族制度》②，以
及《满族社会历史调查》中的案例，都表明了在春秋大祭的时候的一个
基本程序模式：祭神——祭天——求福。关于这些宫廷仪式的细节，只有
在《典礼》和《嘉庆会典》当中能够找到，后者还是转引前者的，因此，
关于大部分仪式细节实际上已经没有《典礼》之外的来源了。

　　清宫萨满祭祀所供奉的神，包括有像有位（Placing）的和只有名的，
非常之多。在祝词中提到的包括堂子拜天圆殿祝词中的纽欢台吉、武督本
贝子、上神殿的尚锡之神、坤宁宫的朝祭神佛、观音菩萨、关帝，夕祭神
为穆哩罕神，画像神和蒙古神，而祝词中则包括了阿珲年锡之神、年锡之
神、安春阿雅喇、穆哩穆哩哈、纳丹岱珲、纳尔珲轩初、恩都哩僧固、拜
满章京、纳丹威瑚哩、恩都蒙鄂乐、喀屯诺延等等。根据史禄国的意见，
满族各穆坤甚至各家的神谱都是不同的，比如朝祭神中，就有不含佛而包
括了土地的，有的家中朝祭神除了上述三位之外，还包括很多满族民间的
神，但从没有见到只有满族民间神而没有关帝等汉人神位的朝祭神谱。夕
祭神的变化就更多了。因此，对这些神谱进行分析要十分地小心。

　　为了说明我选中的这几个仪式，我首先从那些已经确切知道含义的仪
式说起，也就是春秋大祭。包括堂子立杆大祭在内的季春或季秋的全部正
式仪式共四天，第一天堂子立杆大祭，并坤宁宫大祭；第二天坤宁宫捻杆
子；第三天树柳树求福。为了行文，下面首先介绍和分析的是坤宁宫大
祭。

三　坤宁宫大祭

　　每年三月初一和九月初一，堂子立杆大祭之后，朝祭神位从飨殿请回
坤宁宫之后，坤宁宫的春秋大祭也便开始了。在这之前的 40 天时间里面，
坤宁宫要准备一系列的祭祀用品，包括清酒、敬神索绳、纸钱/饽饽等。
神位回到坤宁宫后，按照每日朝祭的次序，将佛亭安置在西墙神幔前的最
南端，向北依次悬挂菩萨像和关帝像。由司俎官进猪两口，置于坤宁宫门

---

　　①　见中国社会科学院民族研究所《萨满教研究》编写组编《中国古代原始宗教资料摘
编》。

　　②　［日］大山彦一：《萨满教与满族家族制度》，载辻雄二、色音编译《北方民族与萨满文
化》，北京，中央民族大学出版社 1995 年版，第 103—130 页。

外右侧，头向北。神位前供桌上供奉一应酒食，司祝萨满献酒并歌鄂罗罗九次，复擎神刀叩拜，并歌鄂罗罗九次。如果皇帝皇后亲自参加祭祀，则在上述环节之后，随司祝萨满向神位行礼。之后，佛亭与菩萨像被收起，将关帝像移到神幔正中，由司俎官将坤宁宫门口的两口猪之一抬进坤宁宫，头向西顺置于神像前。司祝萨满先向西南方跪献酒一次，然后将两盏酒合于一盏内，司俎官执猪耳，司祝萨满将酒注于猪耳内。如果猪抖动并大声嚎叫，即为好兆头，是为领牲。之后，司俎人员将猪顺放在灶前的包锡大案上，头向西。再将另外一口猪抬进来，操作俱如前。坤宁宫祭祀用猪是买来的，要求是全身无杂毛色的纯黑公猪，民间称其为“正儿”，或者“黑爷”。

两猪被省牲（即宰杀）时，有司俎妇人用银里木槽盆接猪血，并横放在神像前专门用于供奉猪血的红桌上。猪气息之后，去皮按节解开煮于大锅内，惟有头、蹄、尾不去皮，只燎毛后煮于大锅内。内脏在外间收拾干净之后，将神位前猪血灌于肠内，连同其他内脏一并煮于锅内。将猪皮置于锡里皮槽内，蹄甲与胆不煮，直接盛于红漆碟内，置于神前供桌的北首上。猪肉煮熟之后，细切胙肉一碗，连同筷子一双，置于供桌正中。另将两猪重新拼凑至两个银里木槽盆内，拼凑时，“前后腿分设四角，胸膛向前，尾桩向后，肋列两旁，和凑毕，执猪首于上，……供于神位前长高桌”①，此后，司祝近前献酒六次，如果皇帝皇后亲至，亦随司祝行礼。之后即撤下祭肉，帝后受胙，然后请王公大臣进坤宁宫吃肉。如果皇帝皇后不亲至，则令值班大臣和内侍吃肉。朝祭肉例不出门，唯皮、油送膳房，胆、骨、蹄甲则寻洁净处烧掉，余灰投之于河。

朝祭时的祝词除神灵称谓之外，与堂子立杆祭祀时完全相同。

夕祭时，先悬神幔于北墙前的黑漆架上，将系有七个铃的桦木杆悬于黑漆架西侧。请穆哩罕神自西依次奉架上，画像神居中，蒙古神居左，俱南向。一应供品摆好之后，进猪两口，放于常放之处，司祝萨满系闪缎群束腰铃执手鼓，在神位前踉跄起舞，舞毕，去闪缎群、腰铃与手鼓。随后，如皇帝皇后亲至，则随司祝萨满于神位前正中行礼，如皇帝皇后不来，则司祝行礼。然后，进猪一口于神位前，头向北。司祝跪于炕沿下，斜向东北献酒一次，然后领牲如朝祭仪式，之后，省牲、供血、解牲、煮

① 《典礼·坤宁宫大祭仪注》。

肉都与朝祭仪式相同。不同之处惟胆和蹄甲都在灶内烧掉。肉熟之后，切细胙肉五碗供于神位前供桌上。重新在银里木槽中拼凑熟猪肉亦如朝祭。夕祭结束之后，接着是背灯祭，将香碟内撤出，掩蔽灶门，以背灯青绸遮蔽窗户，众人退出，只留击鼓太监和司祝萨满。萨满摇铃而歌四次。背灯祭结束后，将祭肉全部送交膳房。

夕祭与背灯祭四次祝词也只是在神灵称谓上有变化，其余均与堂子祭天一致。

以上为坤宁宫春秋大祭第一天的仪式过程的大致情况，坤宁宫每日常祭之仪式即是由朝祭、夕祭和背灯祭三个部分组成的。

第二天，坤宁宫要举行祭天还愿。坤宁宫门前有一常设的楠木高杆，祭天仪式开始之前，先将楠木高杆请下，杆尾向西挂于地上，杆尖向西斜靠。杆东北方向西设包锡大案一张，西向，杆北侧设红漆高案一张，其西北侧方设红铜锅一口，灶门向东。司俎太监进猪一口，首向南置于红漆高案的东北侧。皇帝进入坤宁宫院门，向神杆跪，皇后跪于皇帝西侧。皇帝、皇后行礼时，司俎满洲要撒米三次。然后，所有司俎人员都要回避。如果皇帝不来行礼，要捧皇帝御衣叩头代祭。此后，司俎人员将猪首向西至于包锡大案上，省牲——这里是没有领牲的环节的。猪血仍旧盛以银里木槽盆，供奉在红漆高案上。猪气息之后，去皮，先将颈骨连精肉取下，连同其他一部分肉煮于铜锅内，其余部分则解开后拼凑于银里木槽盆中，猪首向前，将猪皮蒙在拼凑好的猪身上，顺放在包锡大案上，南向置于神杆东北侧。猪内脏修整之后也放在木槽盆里，并将盛血木槽横放在猪的前方。铜锅里面的肉熟之后，细切精肉丝两碗，稗米饭两碗，供于高案上。同时将猪颈骨供于高案西侧。皇帝再次行礼；然后，司俎满洲将猪颈骨穿于神杆之端，精肉、所撒之米和胆都放在神杆上端的斗里，立起神杆，这斗里面的碎肉是奉献给乌鸦的。皇帝、皇后受胙；将生肉移入坤宁宫室内，灌血肠，俱于大锅内煮熟；次肉同样不许出门，通常会令大臣侍卫等入内食肉。

祭天还愿时的祝词为：

"安哲，上天监临我觉罗，某年生小子，蠲精诚以荐芗兮，执豕孔硕，献于昊苍兮。一以尝兮；二以将兮。俾我某年生小子，年其增而岁其长兮，根其固而身其康兮，绥以安吉兮，惠以嘉祥兮"①。根据这个祝词，似乎这个还愿仪式是敬天的，但根据史禄国的民族学调查资料来看，这个仪式很明确是祭祀男性天神阿布卡恩都力的②。

第三天是求福仪式，此前数天，事先到无事故的九个满洲人家中索取棉线和布片，捻成两条索绳，同时，司俎满洲还要准备好一棵高九尺，径围三寸的完整柳树。祭祀之时，将柳树立于坤宁宫外廊正中的石座上，在坤宁宫室内，朝祭神位陈放一如大祭第一日的朝祭时之情况。室内陈设不同处在于，在西炕南首设红漆求福高桌一张，桌上供醴酒九盏，煮鲤鱼两大碗，及其他一应谷米类饭食。求福祭的关键物品是一枝神箭，神箭置于西炕下所设酒樽之北，其上系有一缕练麻，还要将从九家索取来的棉线捻成的索绳暂时悬挂于神箭之上。另将黄绿色棉线捻成的长索绳（即子孙绳）系以各色绸片，一端固定在西山墙上的铁环上；另一端穿窗而出，系在廊下的柳树上。这些都预备好之后，皇帝和皇后便来到了坤宁宫。接下来，按照朝祭仪式，萨满进行祝祷。随后，司香妇人将求福高桌抬到门外，放在柳树前，萨满左手擎神刀，右手执神箭，来至桌前。皇帝和皇后在坤宁宫门槛内跪，皇帝免冠，跪于中间，皇后跪于皇帝东侧。萨满在桌子右侧，向柳树摇神箭，将箭上的练麻捽在柳树上，祝祷之后，将箭上的练麻交给皇帝，皇帝三捋而怀之；太监给神箭换上新的练麻，重复一次，再换麻；第三次的练麻交给皇后。然后，帝后叩头一次，起身坐于坤宁宫西炕上，并将桌上供的酒向柳枝泼洒，将桌上供的饽饽夹在柳树上各处。之后，司香妇人将求福高桌抬进屋内，放在原处。萨满在朝祭神位前摇动神箭，仍照廊下仪式，两次将练麻交与皇帝；第三次交与皇后。此后，萨满取下神箭上的两条索绳，将神箭放回原处。两条索绳分别挂在皇帝和皇后的脖子上。皇帝皇后受胙，鱼肉和夹在柳树上的饽饽由众人分食，不得出门。在晚上仍旧要举行夕祭和背灯祭，都如常仪。背灯祭之后，收子孙绳于西墙上口袋中，柳树送于堂子，待除夕时烧化。三天之后，皇帝和皇后摘下脖子上的索绳，由皇后送到坤宁宫，与子孙绳收在一起。

---

① 《典礼·大祭翌日祭天赞辞》。

② Shirokogoroff, S. M. *Psychomental Complex of the Tungus.* pp. 226—227.

四 对坤宁宫祭祀的神话学分析

上文只是非常简略地介绍了清宫萨满祭祀的几个核心环节，其他如元旦祭祀、献鲜祭、祭马神等仪式都没有涉及，即使是已经提到的仪式，很多细节也已经被略去了。这些在宫廷文本中记载下来的仪式，早在记录之初就已经很难理解了①，后来的满学学者虽然补充了一些语言学上的细节，但究竟该如何理解这一系列复杂的萨满教仪式，如今仍旧有很多不甚了了之处。

在上述几个仪式环节中，除求福祭之外，黑猪的献祭无疑是其中最关键的仪式元素。黑猪在满族民间被看作是"煞神"，每到除夕之前，黑猪都会被关在猪舍里面，避免其出来乱跑给整个社区带来厄运。这是一个关键的提示，但尚不足以构成解释的基础，其特别的献祭方式又是从何而来呢？著名的满族萨满傅曾经讲过一个与清宫宰牲方式有关的创世故事，恶神耶鲁里在与阿布凯恩都力的前身阿布凯巴图比武的第二个回合当中提出：

> "咱们用刀把自己大卸八块，你敢比吗？"阿布凯巴图说："行，别说八块，八十块也行，不过还有一样，还要自己卸，自己往石罐子里装，不用别人。"耶鲁里说："那怎么能装呢？没有脑袋也看不见。"阿布凯巴图说："你最后剩下一只胳膊时，这只胳膊拿着最后一件，然后自己装进去。另外，你愿意摆就摆上，不摆上乱扔也行。"耶鲁里说："那不行，怎么卸的就得怎么摆好。"阿布凯巴图说："行，就按你说的办，咱原来是什么样就摆什么样，完整地摆好，不许少一件。"耶鲁里说："那当然。"
>
> 两人商量完后，耶鲁里说："你先卸，我看着，你卸多少件我就卸多少件。"阿布凯巴图说："行。"这时，耶鲁里把四魔王叫到跟前说："来，咱俩看着。"阿布凯巴图把佛托妈妈叫来："你也在旁边监视着，看我们俩是不是都真的卸下来了。"
>
> 石罐子摆好后，开始动手了。先是阿布凯巴图从上到下一件一件

---

① 《典礼·上谕》。

地卸了 16 件摆上了，盖上罐子后，佛托妈妈对耶鲁里说："该你的了。"

耶鲁里一看阿布凯巴图卸了 16 件，他也不能少啊。他就磨磨蹭蹭地在那里从脑袋开始往下卸，卸来卸去，卸到第 9 件时，他就受不了了，疼痛难忍。他咬牙把左手卸下来，想要右手把左手放到石罐子里，右手也回不去了。耶鲁里的脑袋说话了，他对四魔王说："你把我右手摆好。"佛托妈妈说："那不行，你得自己摆。"耶鲁里说："原谅我一次，我的右手真的回不去了。""回不去用嘴叼。""我用嘴叼也不行呀。""那也不要紧，我可以帮你。"说着，佛托妈妈把耶鲁里的脑袋拿出来，对着他的右胳膊说："你咬着。"没办法，耶鲁里用嘴咬着右胳膊叼到石罐子里盖上了。

一个时辰后，两个人自我组装完毕从石罐子里出来了。耶路里由于右手是用嘴叼进去的，小拇指被咬掉一个①。

这段神话比较完整地表明，宰牲之后的重新拼装有着神话学的依据，就像伊利亚德在分析献祭时指出的，"所有的牺牲礼都是重行原初的牺牲礼，而且与之合一"②。在清宫的仪式当中，并没有出现神话中关于右手的细节，但在黑龙江省宁安市伊兰岗村满族关姓家的祭祀仪式当中，调查者确实发现，在夕祭仪式当中，重新摆好的猪是将一只猪蹄放在猪嘴中含着的③。也就是说，宰杀黑猪献祭是对原初创始时的"宇宙大战"的重复。

根据富育光先生口述的满族"天宫大战神话"，最早从天地之水中形成的是天神阿布凯赫赫，阿布凯赫赫下身裂生出地神巴那姆赫赫；上身裂生出布星女神卧勒多赫赫。阿布凯赫赫用自己身上的肉做了一个生有九个头的敖钦女神，又用卧勒多赫赫的肉给敖钦女神做了八个手臂。由于敖钦女神总是打扰嗜睡的巴那姆赫赫休息，巴那姆赫赫用两座大山打她，结果，一座山变成了敖钦女神的力大无穷的利角；而另一座山则成了她的男性生殖器。这样，敖钦女神就变成了一个雌雄同体的恶神耶鲁里。也就是

---

① 傅英仁：《神魔大战》，载富育光讲述，荆文礼整理《天宫大战 西林安班玛发》，吉林人民出版社 2009 年版，第 123 页。

② ［美］伊利亚德：《宇宙与历史》，杨儒宾译，台北，联经出版事业公司 2000 年版，第 28 页。

③ 蒋蕾、荆宏：《宁安市满族关姓家族萨满祭祀调查》，载《满族研究》2006 年第 1 期。

说，耶鲁里原本就是原初三女神的一部分，所不同之处在于，原初三女神的生殖方式是无性的裂生，而耶鲁里已经变成了两性生殖了，虽然两性都集中在她（他）一个人身上①。从此，原初三女神与耶鲁里之间的"宇宙大战"就开始了，这个战阵不只是对宇宙秩序的建立，同时也是对天地万物存在论的表达。在几次交锋当中，耶鲁里都占了上风，伤痕累累的阿布凯赫赫都是凭借吃掉石中之火恢复元气的。比如在六腓凌中，阿布凯赫赫被耶鲁里骗到了北天雪海里，"阿布卡赫赫饿得没有办法，又无法脱身，在雪山底下只好啃着巨石充饥。阿布卡赫赫把山岩里的巨石都吞进了腹里，阿布卡赫赫顿觉周身发热"②，在八腓凌里，"突姆神告诉赫赫要多据石火，吃石补身，便天天派侍女，白腹鸦、白脖厚嘴鸦，飞往东海采衔九纹石"③。而乌鸦原本就是阿布凯赫赫的侍女古尔苔，奉命去取太阳火的时候，误食耶鲁里吐出的乌穗草，被毒死之后，化成了黑色的乌鸦④。在一次战斗中，耶鲁里被打败，"神火燔烧耶鲁里的魔骨"，魔骨从天上掉到地上，变成了玛呼山，"在萨满诸姓的神物中，神群、神帽、神鞭、神碗，都有用玛呼山的玛呼石磨制神奇的器物。萨满并用此石板、石盅、石柱、石针，占卜医病，成为萨满重要的灵验的神物"⑤。也就是说，萨满的法力也要依赖耶鲁里的力量。

在最后的决战之前，阿布凯赫赫身受重伤，她那由九座石山、九座柳林、九座溪桥九座兽骨编成的战裙被扯了下来，阿布凯赫赫昏倒在太阳河边，是九彩神鸟用自己的羽毛重新为她编织了战裙，并让每一个兽禽献出一招神技，巴那姆赫赫又从自己身上献出一块魂骨，阿布凯赫赫才真正成为无敌战神。她打败了耶鲁里之后，又派神鹰哺育了一个女婴，使她成为世上第一个大萨满。神鹰用耶鲁里的自生自育的神功中教会萨满传播男女之道，世界才真正进入到了两性生育的阶段。而阿布凯赫赫也演变成了男

---

①　在傅英仁讲述的神话当中，耶鲁里虽不是阿布凯赫赫裂生的产物，但也是备受阿布凯赫赫疼爱的师弟。

②　富育光讲述，荆文礼整理：《天宫大战 西林安班玛发》，吉林人民出版社 2009 年版，第 45 页。

③　同上书，第 57 页。

④　满族神话《乌布西奔妈妈》，转引自王宏刚、于晓飞《大漠神韵——神秘的北方萨满神话》，四川文艺出版社 2003 年版，第 169 页。

⑤　富育光讲述，荆文礼整理：《天宫大战 西林安班玛发》，第 37—38 页。

神阿布凯恩都力①。

　　整个天宫大战神话所讲述的神圣历史可以区分成三个部分：一是裂生方式的天神的诞生，产生了原初三女神和恶神耶鲁里，傅英仁说："这种裂生的神，它是从老三星本身的智慧加上灵气混合而产生的神。它生来就带有神性，不用刻意去修炼。这种裂生的神永远不死，除非是老三星使用一种神术把它分解了才能死，而且即使分解后，到一定的时间它还会重新合成，是一种很奇怪的神仙繁殖方式。重新合成的神叫再生神"②，这里提到的老三星是神话中阿布凯赫赫的师父，是大水星、大火星和大光星的三位一体，神话中的创世之神③。傅英仁的说法自然在一定程度上受到了道教思想的影响，但关于裂生的看法无疑是来自满族自身的神话的；二是宇宙大战，是由裂生的原初三女神对雌雄同体的耶鲁里之间的战争，这也是万物诞生的过程；三是宇宙大战之后的宇宙新秩序的确定，最高天神从女神阿布卡赫赫转变成了男性神阿布凯恩都力，世界进入了两性生殖的阶段。正是在这个阶段里，神话第一次正面描述了爱情与嫉妒，产生了第一次神婚：女神其其旦嫁给了雷神西思林，但风神西斯林盗走了其其旦，并欲与之生子，撒播大地，以使人类得以延续，而其其旦为了使大地适于子孙生存，便盗走了阿布凯恩都力心头之火，降临凡间，自己也被这火烧成了一只狰狞的怪兽，并变成了盗火女神拖亚拉哈。

　　堂子的所有祭祀都不包含献祭，而坤宁宫大祭第一日所祭者均与天神无关，求福祭是祭祀佛历佛托妈妈（即上述神话中提到的佛托妈妈，主生育的柳树神），上述神话最主要的就是与坤宁宫大祭第二天的祭天还愿有关。震钧在《天咫偶闻》中曾经提到，还愿之时，在宰牲之后，要用猪血衅神杆的杆尖④，这表明，立在院子里的神杆并非萨满借以登天的通天柱，而是一个神灵的身体的象征，这个神灵就是阿布凯恩都力。杀死煞神黑猪，即是对天宫大战的重演，而重新拼凑的黑猪和用猪血衅杆尖则又使得阿布凯恩都力和耶鲁里获得重生，耶鲁里的生殖力和阿布凯恩都力所

---

　　①　在傅英仁讲述的神话里，阿布凯赫赫逊位，阿布凯巴图变成了下一代的男性天神阿布凯恩都力。

　　②　富育光讲述，荆文礼整理：《天宫大战　西林安班玛发》，第90页。

　　③　同上书，第92页。

　　④　转引自中国社会科学院民族研究所《萨满教研究》编写组编《中国古代原始宗教资料摘编》，第51页。

代表的秩序同时获得了更新。黑猪的重新拼合也符合神话中对于裂生之神可以"重新合成",并成为再生神的描述。仪式当中似乎并没有体现出从阿布凯赫赫到阿布凯恩都力的转变,实际上,如果从神话叙事和仪式展演之间的对应关系来看,神杆更有可能代表的是阿布卡赫赫,在史禄国的调查中曾经提到,在祭天还愿时,用于煮最初的猪颈骨和精肉的锅必须要由五块十公斤到十五公斤重的石头来支撑①,用来敬献给天神的肉就是在石中之火上煮熟的,而这正是阿布凯赫赫得以战胜耶鲁里的关键所在。考虑到具备两性生殖能力的人类所生存的宇宙的秩序实际上是由阿布凯恩都力掌管的,献祭仪式所展示的杀死神灵的神圣历史其实也包含了阿布凯赫赫最终逊位给(或转变成)阿布凯恩都力的转变,也就是说,在还愿仪式之后,神杆就转变成了阿布凯恩都力的象征,宇宙秩序也因此而确定。

确定了还愿仪式当中的献祭的意义之后,可以看到,祭天还愿的仪式对应的是神话结构的第二阶段天宫大战,而第三天的求福仪式便不难理解了,这个仪式对应的是神话的第三个阶段——两性生殖。在天宫大战神话中,柳树的角色并不重要,但在傅英仁讲述的神话中,柳树就变得很重要了。在这个神话当中,老三星的大徒弟阿布凯赫赫奉师命在大洪水之后巡视大地,她先后找到了刺猬神僧格恩都力、柳树神佛历佛托妈妈、榆树神海兰妈妈等多个经历洪水而幸存的生物,并收他们为徒。佛托妈妈的树叶上保存了很多经过洪水幸存下来的灵魂,并用自己的两个乳房给这些灵魂喂食。后来,阿布凯赫赫要造人的时候,就"从动物群中选出能够站立行走的聪明的那一种,请佛托妈妈装上人的灵魂,便形成了现在的人类"②。因此,柳树神佛托妈妈便是人类灵魂的唯一来源,求福祭的仪式便是要从佛托妈妈身上取得婴儿的灵魂,并将其放入皇帝和皇后的身上。有趣的是,在仪式当中,除了直接用练麻将灵魂送给帝后之外,佛托妈妈还会通过子孙绳与朝祭神相连,帝后还要再经过朝祭神取得灵魂。这又是为什么呢?

五 神灵的来路

根据史禄国的研究,满族家中的神灵可以分成祖先神灵(ancestrors–

---

① Shirokogoroff, S. M. *Psychomental Complex of the Tungus*. p. 227.
② 富育光讲述,荆文礼整理:《天宫大战 西林安班玛发》,第 102 页。

spirits)、保护神灵（spirits – protectors）和天神三类。祖先神灵并不一定真的是氏族或家族的祖先，也包括妻子和母亲的氏族的祖先，比如在清宫的夕祭神中就出现了蒙古神，而且祖先神灵也可能转变成保护神灵。保护神灵的来源很复杂，其中，佛教在其中的角色很关键①。坤宁宫的朝祭神位佛、菩萨和关帝都是保护神灵，而不是祖先神灵。另外，史禄国认为，对满族人来说，"每个神灵都有他自己的来路，这条路连接着神灵和他要到达的人……这些路可以根据他们的方向和方位来分类，比如说，上路、中路、下路，这一分类对应着世界的三重体系；也可以按照一天中的不同时间来分类：白天的路和晚上的路；晚上的路也被叫作黑路。还可以按照朝向来分类，比如南方的、西方的、北方的和东方的路，以及西北的、东北的、东南的和西南的路。……三条路——上路、中路和下路——与世界的三分法相对应，但并不意味着格外的好或者坏——它们只是不同而已。"②这些路有时还可以通过一些长条形的东西来象征，比如丝带、绳索、皮鞭等。神灵被认为是沿着这些通路行走的，通古斯人就往往会把神灵降临的路线在仪式当中用神杆和绳索表现出来。当然，人的身体也是一种路。

　　各种神灵的路还可以区分成血路和非血路，要走血路的神灵降临，就必须得进行献祭，以便神灵沿着牺牲之血来到他自己的神位。尤其是一些危险的、可能带来疾病和灾难的神，不但喜欢血，而且要在黑暗中降临③。而与佛教有关的神灵有专门的"佛路"，是不需要血的。在仪式当中，当要请出走夜路的神灵的时候，白天的路的神灵的神位就要被收起来；而要请那些需要血祭的神灵的时候，不喜欢血的神灵的神像也要被收起来④。

　　根据史禄国的看法，坤宁宫大祭第一天的朝祭、夕祭时的献祭虽然也包含了贡献礼物和食物的含义，但核心的意涵实际上是神灵的路。佛和菩萨是走佛路的，佛路似乎并没有固定的方向性，而且不需要血。在向关帝献祭之前，佛和菩萨的神位都被收起来了，而且司祝萨满要向西南方献酒，也就是说，关帝是从西南方来的，要走血路的神灵。或许是因为关帝是外来神灵的缘故，在朝祭时，并没有出现司祝萨满请神的舞蹈。在夕祭

①　Shirokogoroff, S. M. *Psychomental Complex of the Tungus.* pp. 157—158 。

②　Ibid. p. 149 。

③　Ibid. p. 144 。

④　Ibid. p. 220 。

的时候，宰牲之前，司祝萨满要跳萨满舞蹈请神，并在宰牲前向东北方献酒，也就意味着夕祭神灵都是从东北方来的走血路的神灵。而省牲的含义原本就是要看所祭祀的神灵是否已经被请到了牺牲之学当中，当牺牲被宰杀之后，首先要做的就是将盛血的银里木槽盆供在神像下方，温热的血的蒸汽就将神灵送上了各自的神位。背灯祭是一个很独特的仪式，这个仪式的祝词当中提到的很多神灵并没有神位，大山彦一对吉林省吉林市的调查资料显示，背灯祭中神灵之路就是司祝萨满的身体，"在这黑暗中'降神'，据说能够看见神的是只有贵萨满一人。在黑暗中神灵附体、接受神谕"①。在神灵已经到达之后，还要将大卸八块的猪煮熟之后重新拼合起来，尤其与祭天还愿时不同的是，朝祭和夕祭最后拼合的时候，血肠是要放在槽盆里面的，而在还愿时，当生猪肉被拼合起来的时候，血还在银里木槽盆当中，根本就没有灌成血肠。个中差异的原因在于，通过血路降神的神灵只能通过血路送走，重新拼合的熟猪肉一定要配上相应生熟程度的血，才能够构成神灵离开的道路。而在祭天还愿的时候，黑猪献祭与史禄国关于路的理论没有关系，而是对宇宙大战的重演，所以，甚至连领牲的过程都是不存在的。由于不存在请神的问题，整个祭天还愿的仪式亦没有司祝萨满参加，除非皇帝不来，要由一个司祝萨满举御衣行礼。因此，虽然坤宁宫大祭一共三次宰牲五口猪，但前两次四口猪与最后一次的意义是不同的，需要用不同的逻辑来分析和解释。

六　堂子之谜

由于在崇德元年的时候，皇太极就规定，除了皇室之外，其他人都不可再设堂子祭祀，因此，后来的民族志调查当中就已经没有这部分的内容了，之前的宫廷文献亦没有交代这一仪式的民间形式，而少数几篇关于清代早期的笔记资料中也没有涉及。《满文老档》载："前以国小，未谙典礼，祭堂子神位，并不斋戒，不限次数，率行往祭，实属不宜，今蒙天眷，帝业克成，故仿古大典，始行祭天。……嗣后，每月固山贝子以上各家，各出一人，斋戒一日，于次早初一日，遣彼谒堂子神位前，供献饼

---

① ［日］大山彦一：《萨满教与满族家族制度》，载辻雄二、色音编译《北方民族与萨满文化》，第114页。

酒，悬挂纸钱。春秋举杆致祭时，固山贝子，固山福晋以上者往祭，祭前亦需斋戒。除此外其妄率行祭祀之举，永行禁止"①，从这段文字可以看出，整个清朝所有的满族人当中就只剩下北京和盛京的清宫两个堂子了。关于堂子祭祀的来源和意涵就变得难以索解。在崇德元年之前，虽然努尔哈赤和皇太极在元旦时都会到堂子祭祀，但其他的礼仪规定并不严格，祭祀堂子也没有固定的时间节律，亦没有斋戒的要求、而且民间也多有祭祀者。但崇德称帝之后，皇太极希望能够严肃堂子祭祀，将其塑造成带有国家色彩的贵族祭祀仪式。当然，这并不是说堂子祭天就是满人最高的祭天典礼，在天聪五年的时候，皇太极就已经在沈阳大南门外修建了一个天坛，那里才是真正的皇帝祭天的地方②。

那么，堂子祭祀在满人民间和宫廷究竟处于何种地位呢？后来的学者对堂子的来源做了各种研究和设想，比如，富育光认为，"堂子"是从满语"Dangse"（档涩）演变而来，"档涩"汉译应为档子、档案，"往昔凡满族各姓家族支持者总穆昆处专设有'恩都力包'（神堂）或'档涩包'（档子堂），做为恭放阖族谱牒及本氏族众神祇神位、神谕、神器、祖神影像之所"③，这一看法借助了民族志和语言学的支持，但无法解释为何当皇太极要称帝的时候就要禁止民间保留堂子，而且他所提到的堂子的功能很明显与清宫堂子并不相符。白洪希也接受了"恩都力包"的说法，但他认为，"清代宫廷的萨满祭祀又有坤宁宫祭与堂子祭之分，坤宁宫祭为皇帝、皇后在宫内举行的家祭，而堂子祭乃是较隆重和神圣的国家盛典和全族的祀神典礼"④。罗友枝认为，"堂子祭礼是征服者经营集团的国家级祭礼"，"在堂子里的祭天仪式也可视为爱新觉罗氏的祭祀仪式。皇帝、皇子和皇族王公贵族的神杆就体现了这方面的意义。"⑤ 而 "坤宁宫每日所行祭礼以及在坤宁宫庭院里举行的计划中的祭礼都是与普通旗人的家庭祭礼相关联的皇室家庭祭礼"⑥。刘厚生认为，堂子祭祀对应的是"觉罗"，也就是努尔哈赤的祖父六兄弟的后代，而大内祭祀则对应的是爱新

① 《满文老档》，中国第一历史档案馆 中国社会科学院历史研究所译注，第1514页。
② 同上书，天聪五年档。
③ 富育光：《清宫堂子祭祀辨考》，载《社会科学战线》1988年第4期。
④ 白洪希：《清宫堂子祭探赜》，载《满族研究》1995年第3期。
⑤ 参见［美］罗友枝《清代宫廷社会史》，周卫平译，中国人民大学出版社2009年版，第293—294页。
⑥ 同上书，第295页。

觉罗家族，也就是努尔哈赤的父亲的后代。白洪希、刘厚生与罗友枝的解释固然有道理，但究竟是不完整的，因为这样的看法无法解释堂子和坤宁宫祭祀仪式上的差别，尤其是在献祭上的差别①。

关于参加这个祭祀仪式的人，不同时期有很明确的转变，从皇太极开始，直到顺治年间，似乎是汉人、蒙古亲王贝勒都是可以参加的，但到了康熙十二年规定，汉人不再可以参加堂子祭祀了。而且这个规定并没有说是针对年度周期的，也就是说，出征凯旋的堂子祭祀，汉人也不参加了。到了乾隆年间，则进一步规定，蒙古人也不可以参加堂子祭祀了，成书于乾隆五十二年的《皇朝文献通考》中就规定，外藩蒙古王公台吉不随行了②。至于官员，一直有规定是一品大员是可以随行的，但所限为满人，并不包括汉人。这样看起来，堂子祭祀的变迁史说明，堂子并非是专属于由蒙满构成的征服者集团的祭祀空间，反而是一个满族皇室在不断将其纯粹化，甚至"民族化"的宗教场所。

在春秋两季月的朔日之前，要先准备松木神杆。"堂子立杆大祭所用之松木神杆，前期一月派副管领一员，带领领催三人、披甲二十人前往直隶延庆州，会同地方官于洁净山内砍取松树一株，长二丈围径五寸，树梢留枝叶九节，余俱削去，制为神杆，用黄布袱包裹赍至堂子内，暂于近南墙所设之红漆木架中间，斜倚安置，立杆大祭前期一日立杆于亭式殿前中间石上"③。堂子里面共有神杆座 73 个，全部位于拜天圆殿之南，皇帝的神杆位于中央，最靠近拜天圆殿之处，身后是两个 6×6 的神杆群，分别属于各王子和王公贝勒等人。

正式祭祀之前，还要准备黄棉线长绳三条，以及飨殿内的一应供献之物若干④。祭祀之日一早，执事太监将坤宁宫内朝祭神位由坤宁宫请至堂

---

① 　罗友枝对堂子祭祀仪式的描述本身有错误，他误以为在堂子祭天是要宰牲的，根本没有看到堂子和坤宁宫祭祀在仪式上的重大差别。

② 　嵇璜撰，商务印书馆四库全书工作委员会编：《皇朝文献通考》卷九十九，北京，商务印书馆 2005 年版。

③ 　《典礼·堂子立杆大祭仪注》。

④ 　"祭期预于飨殿中间，将镶红片金黄缎神幔用黄棉线绳穿系其上，悬挂东西山墙所钉之铁环，北炕中间西首设供佛亭之座，炕上设黄漆大低桌，二桌上供香碟三，炕沿下楠木低桌二桌上列蓝花大磁碗二，桌之两旁地上设红花小磁缸二，桌前铺黄花红毡一方。亭式殿内楠木高桌上供铜香炉，高桌前楠木低桌上列蓝花大磁碗二，桌之两旁地上设暗龙碧磁小缸二，飨殿内设黄纱蓋灯二对。亭式殿内设黄纱蓋灯二，对中道甬路皆设凉席，并设红纸蓋灯三十有二"（《典礼·堂子立杆大祭仪注》）。

子飨殿内，"供佛亭于西首之座次于神幔上，悬菩萨像，又次悬关帝神像"①，然后将准备好的三条索绳 "一端合而为一系于北山墙中间所钉环上，一端由飨殿隔扇顶横窗中孔内穿出，牵至甬路所立系索绳红漆二木架中间，分穿于神杆顶之三孔内，将黄、绿、白三色高丽纸所镂钱二十七张合为九张，挂于神杆顶三孔所系三条索绳之上，又合而为一由亭式殿之南北隔扇顶之横窗孔中穿出，系于神杆。将黄高丽布神幡悬于神杆之上，其亭式殿内高案下所立杉木柱上挂黄绿白三色高丽纸所镂钱二十七张。"②

祭祀礼仪的核心环节包括了两个部分，第一阶段，司祝萨满分别在飨殿和拜天圆殿献酒九次，之后进入第二个阶段："一司祝预备于亭式殿内，一司祝进飨殿正中立，司香举授神刀，司祝接授神刀前进，司俎官赞鸣拍板，即奏三弦、琵琶、鸣拍板、拊掌，司祝一叩头兴，司俎官赞歌鄂罗罗，侍卫等歌鄂罗罗，司祝擎神刀祷祝三次，诵神歌一次，擎神刀祷祝时，侍卫等歌鄂罗罗如是，诵神歌三次，祷祝九次毕，仍奏三弦、琵琶、鸣拍板、拊掌。司祝进亭式殿内，一叩头兴，诵神歌，擎神刀祷祝，以及侍卫等歌鄂罗罗俱如祭飨殿仪，祷祝毕复进飨殿内，一叩头兴，又祷祝三次，司俎官赞歌鄂罗罗，侍卫等歌鄂罗罗一次，祷祝毕授神刀于司香。司俎官赞，停拍板，其三弦、琵琶、拍板皆止，兴，退，司祝复跪祝，叩头，兴，合掌致敬退。其亭式殿内预备之司祝亦跪祝叩头，兴，合掌致敬，退。司香阖佛亭门，撤菩萨像、关帝神像恭贮于木筒内，仍用衣黄缎衣司俎满洲等恭请安奉舆内，镫仗排列前导，请入宫中"③。皇帝在整个仪式当中无疑据有祭主之位，但其仪式职责其实相当少，只在司祝萨满行礼的时候随着到飨殿和拜天圆殿内行礼，然后受胙，还宫。

仪式中提到的佛像，菩萨和关公是坤宁宫朝祭之神，每年春秋立杆大祭和四月初八浴佛祭的时候都要请到堂子飨神殿中来。上述仪式过程与每年四月初八的浴佛祭非常相像，尤其是献酒和捧神刀的两个步骤几乎是完全一致的④。两个仪式都强调，在最后时刻，站在飨殿和亭式殿（即拜天圆殿）中的两个司祝萨满要同时叩头，以使得整个仪式结束。这表明，在此一时刻之前，飨殿中的朝祭神位与拜天圆殿中的神位是相互联接的，

① 《典礼·堂子立杆大祭仪注》。
② 同上。
③ 同上。
④ 《典礼·浴佛仪注》。

而这个链接就是靠司祝萨满捧神刀祷祝的环节实现的。

　　在堂子立杆大祭的时候，有一个神灵是不参加的，那就是位于堂子东南角上的尚锡神亭中的尚锡神，阿桂和于敏中在奏折中说，这个尚锡神是田苗之神，有学者因此认为尚锡神就是满族经常在春耕之时于田间祭祀的农神乌忻恩都力①，虽然这乌忻恩都力亦是阿布凯恩都力的一个化身，但从祭祀仪式所举行的空间和仪式细节来看，这种说法并不可靠。乾隆曾经描述过祭祀田苗神的过程：田苗正长生蟊，或遇旱，前往田间悬挂纸条如旒，以细木夹之，蒸糕与饭，捧至田间以祭，这与史禄国对乌忻恩都力祭祀仪式的描述是相辅的②。实际上，"尚锡"也就是"上帝"，是满人受汉人影响之后，对最高天神阿布凯恩都力的另外一种表达，不过是由于语言学的原因，满语将"上帝"的读音更容易发成"尚锡"③。尚锡神亭虽也处于堂子之内，但对尚锡神的祭祀却相对独立。每月初一对尚锡神的祭祀是由满洲管领完成的，不需萨满。而且，所有如元旦祭祀、浴佛、立杆大祭和马神祭等祭祀仪式，尚锡神都不参与其中。

　　在祭祀亭式殿的祝词当中提道："上天之子，纽欢台吉、武笃本贝子：某年生小子，今敬祝者，贯九以盈，具八以呈，九期届满，立杆礼行，爰系索绳，爰备粢盛，以祭於神灵，丰於首而仔於肩，衞於后而护於前，畀以嘉祥兮齿其儿，而发其黄兮年其增，而岁其长兮根其固，而身其康兮，神兮贶我，神兮佑我，永我年而寿我兮"也就是说，亭式殿中其实供奉的是纽欢台吉和武督本贝子，富育光认为，纽欢台吉认为是天或苍天神④，武督本贝子则是最远的始祖之意。在立杆大祭中，飨殿中有三位神灵，供有饽饽九盘，酒三盏，而在亭式殿中则供有饽饽一盘，酒一盏；在每月初一日的祭祀中，亭式殿中供奉时食一盘，酒一盏，而尚锡神亭中亦是时食一盘，酒一盏；在马神祭当中，亭式殿内供打糕一盘，酒一盏。从供献食物和酒的数量来看，亭式殿中似乎并不是供奉着两个神灵，而是只有一个神灵。而且这个神灵是没有任何具体的神位的。尚锡神亭的建筑规格比亭式殿略小，内部陈设则基本一致，尤其是神位的安排几乎一模一样，而其中供奉的已经是上帝了，亭式殿的主神地位至少不会比尚锡神

①　罗友枝：《清代宫廷社会史》，第 293 页。

②　Shirokogoroff, S. M. *Psychomental Complex of the Tungus.* p. 132 .

③　Ibid. p. 123 .

④　富育光：《萨满教与神话》，第 135 页。

低，因此，这个神灵只有一种可能，就是阿布凯恩都力，或者是这一天神的某一化身。

满族立杆祭祀的时候，都是面南而祭的，而在堂子立杆大祭时，在神杆之下并没有任何供献之物，从方位上来看，唯一可能的贡献神杆的场所就是亭式殿。在崇德年间，尚锡神亭称作"神位"，而亭式殿称作"堂子"①，而在顺治时，尚锡神亭称作"祭神八角亭"，而亭式殿则称作"八角亭"。因此，我们有理由相信，尚锡神亭是在汉人的影响之下产生的阿布凯恩都力的神位，而亭式殿则是祭祀南面的神杆的场所。

每年的元旦之前腊月二十六到正月初二，坤宁宫的朝祭神位和夕祭神位都要被请到堂子的飨殿；每年的四月初八，要将坤宁宫朝祭神位请到堂子飨殿，举行浴佛祭；还有就是每年春秋举杆大祭时也要将朝祭神位请到飨殿。凡是坤宁宫的神位被请到堂子的时候，所有需要血牲的神灵都不再得到黑猪献祭。根据史禄国的研究，坤宁宫的这些神位其实都是神的"座位"，那么，这些神灵又是如何来到自己的神位的呢？

在满族民间，元旦祭祀并不重要，宫廷的元旦行礼是汉人时间观念影响下的产物。不论满人是否借鉴了汉人的观念，在这段时间里面，他们也会将火神 DJUN FUCHIXI 的画像烧掉，并在除夕的时候换上新的②，也就是说，在这段时间里面，人间的一些神灵是要被送回天上去的。元旦时，送到堂子的朝夕祭神位分别放在飨殿的西侧和东侧，并不占据神位，也不会从神舆中请出来，除了朝夕各换一次香之外，也没有任何供品。而在浴佛祭和春秋大祭的时候，只有朝祭神位会被请到堂子的飨殿。朝祭神位被认为是来自天上的，他们生活在天上一个永远是绿色的美好世界③。而堂子周围就种满了常绿的松树。在三位朝祭神灵当中，关帝是最特殊的一位，他在坤宁宫是需要血牲才能请到的神灵，但在堂子里面，血牲根本就不需要了。浴佛祭原本是一个与关帝并没有什么关系的仪式，但由于在浴佛的时候，自大以下到民间，"不报祭、不还愿、不宰牲、不理刑名"④，关帝留在坤宁宫也无法请下来，也就不能享用供献，因此也一并被请到了

---

　　① 《清实录·世祖实录》，中华书局 1985 年版，第 1251 页。

　　② Shirokogoroff, S. M. *Psychomental Complex of the Tungus.* p. 158 .

　　③ Ibid. p. 130 .

　　④ 《礼部则例·卷一百七祠祭清吏司》（乾隆二十四年刊本），转引自刘厚生编《清代宫廷萨满祭祀》，第 246 页。

飨殿。这样比较下来，笔者以为，可以确信堂子其实就是天上的神灵所生活的那个常绿的世界，是天上世界的象征。

但这个天上世界并非没有结构的，从空间的开放程度来看，拜天圆殿南面的神杆座是完全开放的空间，同时，在春秋大祭立杆的时候，这个空间的纵向延伸也是最明显的。亭式殿和尚锡神亭都是八角亭式建筑，整体上亦是向上延伸的，亭子各面开窗，属于半开放式。至于飨殿，则完全是殿式建筑，空间封闭性最高，而且整个空间是横向展开的。沿着堂子的南北中轴线，越向南端至皇帝立杆之处，神圣性越高，却离地上国越远，越向北端，神圣性会随之下降，而与地上国的关系就越亲密，直至堂子围墙的入口，就回到了地上国。事实上，堂子的空间中存在一个十分微妙的张力，即只有神杆才是神圣性的唯一源头，但堂子作为一个神圣空间却是由亭式殿来定义的，因为，亭式殿是一个固定的建筑，而不同的祭主却要各自带自己的神杆来。亭式殿本身获得某种程度的独立仪式地位，即是对这一空间张力的解决方式。

尽管立杆处是一个完全开放的空间，但这个空间并非中心对称的，而是面向北方的，亭式殿亦是一个中心对称的建筑，但南北轴线无疑更重要，其中的神位在南侧面对神杆，而门开在背侧，正对着面向南侧的飨殿，在亭式殿和飨殿中间的空间即是祭祀人员活动的空间。由于在立杆祭祀时，要面南而祭，在这个空间秩序中可以看出，安放在飨殿中的朝祭神位与祭主行礼时的方位是相同的。春秋两季月的立杆与满族的季节观念有关，在满族神话《天宫大战》中，一年被分成有雪的和没有雪的两个部分①，春秋之立杆大祭正对应着这样的季节转换。实际上，春秋两个季节亦不是完全对等的，满人民间更加重视秋季祭祀。这样，就可以确定堂子立杆大祭仪式的意义了：在这新旧年份交替的时刻，原本居住于天上常绿之处的坤宁宫中的朝祭神灵的神位要回到天上，阿布凯恩都力将赋予这些神位以新的灵验性。而且在仪式当中，这些朝祭神灵也将与阿布凯恩都力相联接，实现神圣性的更新。在傅英仁所讲述的宇宙大战神话的最后，"那些在人间养伤的神，有愿意回天的回到了天上，不愿意回天的成了地

①《天宫大战·五腓凌》中说，阿布卡赫赫与耶鲁里大战之时，将雪星踏裂，天上地下各一半，雪神每年中有半年居住在天上，地上就为无雪季节，雪神住在地上的半年，则是寒冬季节。

上国的神，像河神、海神、湖神、山神、土地神、治病神等等。阿布凯恩
都力把在地上养好伤的神都做了安排"①，而那些回到天上的神，都是天
神类的神灵，也就是各种恩都力。朝祭神位就是其中三个能够被请下来到
地上国的恩都力。而那些夕祭神灵则是不需要再次回到天上的神灵了。

　　坤宁宫大祭的第二天和第三天分别对应着《天宫大战》神话的第二
个阶段和第三个阶段。而堂子与坤宁宫的区别却不再是依据于神圣历史的
结构，而是对应着神话里面的空间格局，即天上国与地上国的空间区分。

结论：乾隆皇帝与傅斯年的共识

　　皇太极在称帝之初就禁止满洲民间祭祀堂子，使得觉罗家族垄断了与
天上国沟通的权力，尽管不同阶段中，汉人、蒙古贵族以及觉罗家族之外
的满人都曾经被允许在仪式其间进入堂子，但这些人从来都没有成为祭
主，也从来都没有获得任何形式的祭祀权，他们无非是陪着皇帝去祭祀而
已。在陪同祭祀堂子的时候，这些人既没有资格进入飨殿和亭式殿，也不
参与行礼，而且如果皇帝不去，而是遣官代为祭祀的时候，这些王公大臣
也是不会去的。清宫堂子一直是只属于觉罗家族的天上国，坤宁宫则更加
严格地是爱新觉罗家族的祭祀场所。罗友枝非常强调蒙古贵族与满洲文武
大臣陪同皇帝祭祀一事的重要性，认为这表明堂子祭祀是一个征服者精英
集团国家级的祭祀，但应该看到，首先，蒙古贵族，以及汉人武官能够参
加的只有堂子的元旦祭祀，至于最为重要的春秋立杆祭祀，觉罗家族之外
的人都不能参与；其次，汉人官员也是直到康熙十二年才退出这个陪同队
伍的，而据郑天挺考证，同一年，蒙古人也不再参加这个仪式了②。满人
与蒙古人的亲密关系是自不待言的，但这并不能说明清宫萨满祭祀在制度
上是一个征服者精英集团的国家级祭祀。至于出征凯旋时要诣堂子，郑天
挺认为，这是与皇帝亲征有关的礼仪③，事实上，虽然未必每次出征诣堂
子都与亲征有关，但史见每次诣堂子之后的出征都是由觉罗家族的贵族统
帅的，出征诣堂子并非针对清王朝所有的军事行动。

---

①　富育光讲述，荆文礼整理：《天宫大战 西林安班玛发》，第 128 页。
②　郑天挺：《清史探微》，第 41 页。
③　同上书，第 40—41 页。

  杜家骥则强调，清宫的萨满祭祀已经呈现出明显的汉化迹象，比如佛、菩萨和关帝被列在坤宁宫朝祭神谱上，并且遵从了佛和菩萨不茹荤的禁忌，在朝祭献牲时将佛和菩萨的神位收起。萨满跳神这样的带有迷狂色彩的仪式因素的使用也受到了相当程度的限制。但是，前文已经指出，关于佛和菩萨的来源，未必一定与汉人有关，道光年间的桐城人姚元之曾经在《竹叶亭杂记》中记载："相传太祖在关外时，请神象于明，明与之土地神，识者知明为自献土地之兆。故神职虽卑，受而祀之。再请，又与观音、俯魔画像"①，但这只能看作是当时的汉人知识分子的心态，而不能看作是事实。关于佛和菩萨不茹荤一事，满人亦有自己从神之来路的角度给予的新的解释。另外，在满人当中，亦不是任何仪式都需要萨满跳神的，清宫对萨满跳神的运用与满人民间仪式并没有太大的差别。自然，上文也提到了"尚锡之神"是在汉人的影响下产生的神灵，关帝也确是汉人的神灵，但清宫萨满祭祀除了从汉人这里有所借鉴之外，还从北方通古斯民族借鉴甚多，受蒙古人的影响也很大，所以，汉化是确有其事的，却不能说明清宫的萨满教是一种汉化的信仰与仪式体系。以此来论断清朝的汉化倾向也就过于冒险了。

  清宫萨满祭祀仪式是满人民间萨满仪式宫廷化的结果。皇太极整顿堂子祭祀的直接动因是他在天聪九年得到了蒙古黄金家族的哈斯宝玉印之后，正式宣布称帝。他自身从一个小国之主变成了一个继承蒙古帝系的皇帝，这样，他就需要重新思考觉罗家族及其神灵体系在他所统治的范围内的位置，尤其是与天的关系。皇太极的整顿持续了很多年，其中既涉及了上文提到的斋戒、仪式举行的时间、参与的人员及仪式细节的规定，同时也包括了对仪式中所用之物的规范化。比如，崇德六年就曾经发布谕旨："每年春秋，立杆致祭于堂子，用松树一株（谨按：向例留树梢枝叶十有三层，今留枝叶九层，余皆芟去枝叶，制成杆长二丈），楠木幡头，黄绢幡一首，五色绫各九尺（剪为缕），三色朝鲜贡纸八十张（制为钱），黄棉线三斤八两，及染纸用紫花、槐子、白礬，均交各该处办进。"② 在这个阶段，皇太极一方面希望改变觉罗家族的祭祀仪式的随意性，使得清宫

---

  ① 中国社会科学院民族研究所《萨满教研究》编写组《中国古代原始宗教资料摘编》，第 63 页。

  ② 《大清会典事例》（嘉庆版）卷八百九十二，转引自姜相顺《清宫萨满祭祀及其历史演变》，载《清史研究》1994 年第 1 期。

萨满祭祀成为一个有典章可据的规范化仪式体系；另一方面则要提高参加堂子祭祀的人的品秩，将堂子祭主限定在入八分公以上的觉罗贵族的范围内。顺治入关之后，清皇室在蒙古黄金家族的帝系之外，又占有了中华帝系，事实上，笔者认为，清王朝的一个至为重要的历史意义就是同时占有了蒙元时代以后的华夏和蒙古两个皇帝体系，并逐渐将其整合为一个以中华帝系为核心的皇帝体系。占有了华夏帝系之后，清王朝开始修订各种官修礼书，清宫萨满祭祀仪式的规范化也进一步加强，这一工作一直持续到乾隆十二年修《钦定满洲祭神祭天典礼》，在这个过程中，一方面，对仪式的细节做了更加细密严格的规定；另一方面，清王室又重新回到民间，对萨满祭祀中所涉及之神灵的身份，祷词的写法进行考订，使得整个萨满祭祀仪式在宫廷化进程中免予彻底与民间脱离关系。此外，入关之后，非觉罗家族的人被逐步挡在了堂子之外。

不过在笔者看来，最重要的宫廷化进程并非上面列举的礼仪的规范化，而是解释体系的变化。在宫廷化的过程中，一个关键的环节是将满洲神话中的至高天神阿布凯恩都力的名字掩盖掉，带之以"天"，阿布凯恩都力的名字从来没有出现在官修礼书当中，祭天还愿这一明确与阿布凯恩都力有关的仪式也被含混地表述成"祭天"，天神阿布凯恩都力的人格性消失了。满洲祭祀天神因此就与蒙古的长生天祭祀和华夏的祭天混同在了一起。这样，满族神话与仪式之间的关联性被割断了，《钦定满洲祭神祭天典礼》对仪式有着详尽地描述，却对神话与信仰体系只字不提，这里面固然有因年代久远而不可考证的因素，但也明显存在着有意的回避。至于坤宁宫中所保留的满人独有的神灵，被解释成了有功于一方之神，处于"天"的普遍性之下，加入了中国各个地方无数神灵的大合唱，虽明确构成了对民族性的强调，却不会造成满人信仰体系与华夏帝系之间的冲突。

华夏帝系的基础是一整套的礼乐文明，是以仪式为核心的，而不是宗教的观念形态[1]，这一套礼乐文明有着自身的意义，却并不必然与汉人有关[2]，宫廷化与汉化也就不能等而视之。清王朝显然对这一点是心领神会的，因此，满人独有的观念形态被有意地掩盖和忽略了，反而是仪式的宏大、庄严与规范性被极度强调，以符合皇帝应有的威仪。至于仪式上明显

① 王铭铭：《仪式的研究与社会理论的"混合观"》，载《西北民族研究》2010年第2期。
② 钱穆：《中国文化史导论》，北京，商务印书馆，第41页。

与当时华夏帝系奠基于《开元礼》的体系相左之处，则被表述成了上古之风的遗存。《钦定满洲源流考》载：史称东方仁谨道义所存，朴厚之源上追隆古。我朝肇基东土，旧德敦庞，超轶前代，即如祀神之礼，无异于豳人之执豕酌匏，三代遗风，由兹可睹。而参稽史乘，其仪文习尚亦往往同符，如《左转》称肃慎之矢，可以见俗本善射之原；《后汉书》称三韩以石压头，可以见卧具之讹；《松漠纪闻》称金燕饮为软脂蜜糕，可以见俗尚饼饵之始①。这一策略使得满洲礼仪成为与儒家礼仪同一源头，但可能保留更多古风的另一种礼仪体系，而它们共同的源头才被认为是华夏帝系的礼乐文明的根源。同时《钦定满洲源流考》还建构了一个一直可以从满洲追溯到周之肃慎的民族源流：凡在古为肃慎，在汉为三韩，在魏晋为挹娄，在元魏为勿吉，在隋唐为靺鞨新罗渤海百济诸国，在金初为完颜部，及明代所设建州诸卫②。这一北方民族体的绵延不断不但确保了从上古以来的礼仪延续性是可信的，而且使得满洲作为华夏文明虽边缘却内在的组成部分，与中华帝系之间的关系史一直追溯到周，其入主中原也就成了这一关系史的结果，而不单纯是依靠武力突入关内的征服者。

　　有趣的是，傅斯年先生在"夷夏东西说"中所采取的论述策略其实是一样的，通过对商代卵生神话和满洲的卵生神话以及朝鲜的卵生神话的比较研究，傅斯年先生认为，这代表了商代东夷的文化传统，自古就是中国文化结构性的组成部分，并且一直延续到了满洲时代。傅斯年先生和乾隆皇帝的共识简直就是个奇迹，但这并非不可理解。在汉代儒家成为中国唯一的真理体系之后，此前的夷夏并置的结构被改变成了一种华夏位于中央而四夷位于边缘的结构，这种结构造成了一点四方的世界格局对于中原来说是唯一合理的意义体系，而对于边缘，尤其是继承了东夷传统的满洲来说却未必，《钦定满洲源流考》即非常清晰地还原了当初的夷夏东西结构怎样转变成了满洲——中原模式，甚至在用词上都延续这"东方仁谨道义所存"的字样，而傅斯年先生的论述并未涉及《钦定满洲源流考》中的解释体系，而是诉诸了佛库伦神话，却得出了同样的结论。

　　持汉化论者显然没有预料到这样一个上古的结构体系在中国东北边疆的依存居然如此之强烈，尤其是在神话体系中，而清代的解释体系明白说

---

① 于敏中修：《钦定满洲源流考·凡例》，台北，文海出版社1967年版。
② 同上。

明，他们所指向的是"汉代"以前的传统，而根本不是所谓的"汉化"，而持"满洲中心论"者，也似乎对此少有知觉，不但没有看到清史和上古史之间的直接关联性，反而轻易相信了魏特夫的征服国家理论中的分类，力求证明清和蒙元之间的相似性。即便在传统时代，不同于儒家者，未必非中国，中国的历史要比儒家，以及通常所谓的"儒释道一体论"都要长得多，那些在文字之外的精神力量对上古史的记忆和对政治的影响，我们知道的太少了。

神判与官司[*]

——一个西南村庄降乩仪式中的讼争与教谕

汤　芸

（西南民族大学西南民族研究院）

　　2007 年秋，我陪同张原在贵州安顺的鲍屯村调查时，寻得当地鲍氏家族刊印于民国二十年（1931 年）的《鲍氏族谱》，该族谱共计十一卷，其前十卷内容与普通族谱无异，主要是详细地列出了家族源流和支系繁衍的情况，而第十一卷则显得极为特别，开卷即书"乩著源流"，并注明是"降仙笔"，为"列仙共撰"，详细记录了从 1912 年到 1914 年间，鲍氏家族部分成员在鲍氏宗祠、善夫堂等地先后所做的 16 次降乩仪式。位于贵州省中部安顺西秀区的鲍屯村，是一个屯堡村寨，居住其中的主要是鲍姓（约占 70%），以及汪姓等其他姓氏。其先祖鲍福宝为军户，原籍安徽，于明初洪武二年时，受命带家户来到贵州安顺一带，并渐在今鲍屯一地安顿下来繁衍后代。[①]《鲍氏族谱》中的这卷《乩著源流》，开篇便介绍了鲍氏家族请乩的缘由：鲍氏始祖来黔后，家族渐渐壮大，然而因历经数次战乱，尤其是咸同年间的苗乱，使得家族各支系离散数年，除始祖坟外，多位先祖之坟因无碑且杂乱而无从辨认，导致家族关系混乱，纷争不断。为厘清家族源流并平息争端，鲍氏家族合力请仙下凡判明各先祖之坟所在，使家族重归秩序。家谱中这样"另类"的一卷显得如此意味深长，也引出许多值得关注的问题：面对家族内部无法调解的纠纷，鲍氏族人为何诉诸神判之方式来平息之，而这其中又折射出当时当地的何种社会生活

　　* 本文刊载于《云南民族大学学报》2012 年第 2 期。在撰写过程中，得到王铭铭、陈进国、张亚辉、张原等学者的帮助，特此感谢。

　　① 关于屯堡人的研究可参见孙兆霞《屯堡乡民社会》，社会科学文献出版社 2005 年版；张原：《在文明与乡野之间：贵州屯堡礼俗生活与历史感的人类学考察》，民族出版社 2008 年版。

之图景？神判作为争端平息与仲裁之方式，与具有同样功能之官司之间有
何关联？神判与官司之关系，对于法律人类学与宗教人类学又有何启发？
面对这一系列问题，本文并不打算仅从宗教信仰与仪式研究角度对神判进
行一番解析，更是要将这一神判放在其发生的特定历史与社会背景之中来
理解当时当地的社会生活图景，并且借鉴法律人类学的视角，对神判作为
裁决机制的这一特性进行分析探讨，以期对法律人类学进行反思。

一　人类学法律研究的宗教视角引入

经过数十年的学术争论与知识演进，法律人类学（legal anthropology）
正逐渐演变为人类学的法律研究（anthropology of law）。或者说，前者成
为了法学研究的一个专门领域，而后者则是一个具有人类学学科属性的研
究方向。① 今天的人类学虽然会关注与法律相关的问题，但通过这一关
注，人类学者所要理解的实为社会生活的样式，以及形塑这种生活的世界
观。经过了从早期"以规则为中心的范式"到后来的"以过程为中心的
范式"之不断修正与补充之后，当代西方人类学的法律研究主要集中于
探讨"纠纷的文化逻辑"（the cultural logic of dispute）。② 特别是在格尔兹
的《地方性知识》出现之后，西方人类学对于纠纷解决过程中的权威形
态、道德体系、世界格局等问题的讨论，呈现了多元化视角倾向，并且基
于对"法律"的不同理解，形成了不同的研究路径。

早在 20 世纪三四十年代，当西方法律人类学研究由于无法摆脱对西
方"法律"（law）这一概念之限定，仍纠缠于寻找非西方部落社会中类
似法律的规则之时，瞿同祖和费孝通则基于中国社会的文明特质，分别从
大传统与小传统角度给出了对中国法律之理解的典范。他们认为，中国的
法绝非抽离于中国社会文化的一套规范，其与儒家文化关系密切。瞿同祖
于《中国法律与中国社会》一书中指出，在对社会秩序的维持中，儒家
所推崇的"礼"深深地融在了中国的法之中；③ 而费孝通在《乡土中国》

---

① 王铭铭：《威慑的艺术：形象、仪式与"法"》，见朱晓阳、侯猛主编《法律与人类学：
中国读本》，北京大学出版社 2008 年版，第 171—188 页。

② Comaroff, John & Roberts, Simon, 1981, *Rule and Processes: the Logic of Dispute in an African
Context.* Chicago: Univestity of Chicago Press.

③ 瞿同祖：《中国法律与中国社会》，中华书局 1981 年版，第 292—354 页。

中则指出了乡村生活中"礼治秩序"的特征。① 二人都强调，古代中国法律不同于现代法之"以礼入法"特征。② 因此，不论是"法"或"俗"，均因渗透着"礼"而相互交织。在两位学者的论述中，"礼"作为对人的规范并非均质的，而是因人在社会中的地位角色有不同要求。这种融入了礼于其中的法，强调的是一种"差序的正义"③，并非现代法律规定的"同质的权利"。可以说，早期中国人类学者的上述立场，已经凸显了当下人类学法律研究的核心旨趣，对于理解中国的法律具有极大的启发性。

　　然而在 20 世纪 80 年代，这样一种以"礼"释"法"的立场，却被来自海外学术界的一场争论所掩盖。这场争论来源于法律史学界对帝国晚期民事纠纷领域的考察，所形成的"礼俗"与"礼法"的两种研究取向。以日本学者滋贺秀三为代表的研究更多关注于对法文化的考察，认为中国传统社会在面对讼争时采用的是一种"教谕式调停"④，并且依照着"情—理—法"之逻辑来进行⑤。以美国学者黄宗智为代表的则更偏重于法律实践的研究，指出传统中国社会民间之"细事"的解决，主要是在社区调解与法庭干预间互动的"第三领域"进行的⑥，且主导司法实践的是"实用道德主义"，即道德性表达与实用性行动之结合⑦。尽管观点相左，但从出发点来看，两位学者并无二致。他们虽关注纠纷解决之过程，却又重新掉入西方法律人类学早期强调"规则"之路径，从而不断在中国找寻法律的"实定性"（positivist）。滋贺秀三认为，中国法律有实定性，但不在于由习俗发展而来的"形式法律"，而在于"情—理—法"这一逻辑的实定之上；而黄宗智则认为中国法律的实定性表现在一种将经验与理论以一种独特方式连接的思维方式之上，并以实用道德主义为原则。于是，一方面，滋贺秀三等人将中国法律的特点识别为非实定的"俗"与实定化

---

① 费孝通：《乡土中国·生育制度》，北京大学出版社 1998 年版，第 50—53 页。
② 王铭铭：《威慑的艺术：形象、仪式与"法"》，见朱晓阳、侯猛主编《法律与人类学：中国读本》，北京大学出版社 2008 年版，第 171—188 页。
③ 赵旭东：《法律与文化：法律人类学研究与中国经验》，北京大学出版社 2011 年版。
④ ［日］滋贺秀三：《中国法文化的考察——以诉讼的形态为素材》，见滋贺秀三等《明清时期的民事审判与民间契约》，王亚新等译，法律出版社 1998 年版，第 1—18 页。
⑤ ［日］滋贺秀三：《清代诉讼制度之民事法源的概括性考察——情、理、法》，见滋贺秀三等《明清时期的民事审判与民间契约》，王亚新等译，法律出版社 1998 年版，第 19—53 页。
⑥ 黄宗智：《清代的法律、社会与文化：民法的表达与实践》，上海书店出版社 2007 年版。
⑦ 黄宗智：《中国法律的实践历史研究》，见黄宗智、尤成俊主编《从诉讼档案出发：中国的法律、社会与文化》，法律出版社 2009 年版，第 3—31 页。

的"礼"所结合而产生的重情理之"礼俗";而另一方面,黄宗智则引向了一种将"礼"价值化后,又将"法"工具化,并认为二者结合所产生的重实用之"礼法"用为中国法律之指导。然而,不论"礼俗说"还是"礼法说",都在将"礼"抽离于"法"与"俗"使其相互割裂,并且这些论说无非是基于现代社会所定义的"法律"概念之上,来框定中国社会的法律及其实践。所以在中国引起的争论虽然激烈,但似乎又与中国无关,对中国人类学的法律研究启发有限。

今天,中国人类学的法律研究要突破现有研究的误区,找到更具整体性的视角,则需寻找一些新的研究路径。当然,如要回到瞿同祖与费孝通所开创的那种人类学法律研究的传统,则需要思考二人论点之间的切合。而在二人分别论述的大小传统之间,到底有着何种历史性的"上下关系",至今也一直未有触及。① 然而,这种关系却正是我们理解"礼"、"法"、"俗"是如何互动互为从而构成一个整体之关键。

实际上,在瞿同祖的研究中,不仅讲中国法律自身的体系与社会的关系,更论及宗教与巫术的问题,而这正是当代研究中所常忽略的部分。瞿同祖指出,中国的法律虽然并非源自神授法,但巫术与宗教(如神判、福报等)对于法的观念以及实践而言,却是重要的辅助。② 当下,关于中国社会的宗教与法律之关系的论述,康豹(Paul Katz)的《神判》一书值得关注。康豹批评,如今的法律史研究,假定明清时期中国人对法律的认定只是通过"知县衙门"来实现的,故在研究中总将目光投向法典或"习惯法",且只关注传统中国的法律行为的两种途径:一是调解或者说私了;二是依照正式的法律,即是到衙门打官司。然而,在中国的"司法统一体"(judicial continuum)中,其实还包括第三种法律行为,即进庙,也就是借助于宗教及其仪式进行仲裁。既然"调解"、"官司"和"神判"是一个统一体中的三种途径,那三者在法律行为中其实是相互掺杂运用的,不可割裂来看。③ 这也就意味着,中国法律及其实践,并非只涉及"人事",且不仅与"鬼事"或"神事"有着特定关联,也与一系

---

① 王铭铭:《从'礼治秩序'看法律人类学及其问题》,载《西北民族研究》2010年第3期,第184页。

② 瞿同祖:《中国法律与中国社会》,中华书局1981年版,第250页。

③ Katz, Paul, 1999, *Divine Justice: Religion and the Development of Chinese Legal Culture*, London: Routledge, 2009.

列超自然的力量相关，包括对阴间的终极审判与最终公正的敬畏之心、福报的观念、青天的诉求等。在这其中，城隍庙是最好的例子。一方面，城隍庙庙宇这一象征空间正是对神、鬼、人世界的结构性连接；另一方面，当人们将争端诉诸城隍庙时，所遵循的一套礼仪，与打官司的程序有着同构关系。城隍庙及神判等宗教仪式，在一定程度上，正是大小传统之互动互为的结果。位于城乡之间的城隍庙，通过造就"阴阳关系"，以及培育费孝通所说的"令人服膺"的"敬畏之感"，以一种"礼的结合"勾连与维系着大小传统之间的上下关系。① 而正是这样一种关于"礼的结合"之考察，应该成为超越"礼法"与"礼俗"之争，从而成就真正理解中国法律及实践的新视角。也正如康豹所指出的，宗教实践与法律实践之间其实并不能划出一条明确的界线。② 因此，人类学的法律研究若忽略了宗教层面，将只会如同盲人摸象，终不能获得一种整体视野。

　　在具体的地方之上，能否通过一些生活之中的案例，来观察到这样一种历史性的"上下关系"，以及"礼"、"俗"、"法"三者之间的关联？这样的研究又能给予人类学之法律研究以何种启发？带着这一思考，本文首先将《乩著源流》放在当时当地之社会生活场景中，解读其发生的历史文化动因，然后进入文本关于仪式的记载，从仪式过程、乩仙诗文、乩仙身份等方面，解读其解决争端与进行裁决的机制，进而尝试回答上述问题，来对中国人类学的法律研究进行一些补充。

二　《乩著源流》中的讼争图景

　　《乩著源流》记录的是一个"降乩判坟"的过程。对于黔中乃至西南中国许多地区而言，"坟茔"向来不只是一个埋葬祖先与清明祭祖之地，还有着特定的社会功能，甚至超自然的灵力。正如当地人所说"以坟管山"，宗族支系先祖的坟墓位置作为一种地标，不仅标识了该支系所拥有的相应土地（特别是祖坟周围的山地），也因坟茔作为贯通先祖灵力之物而成为这一土地所有权最具效力的凭证。在当地，"以坟管山"这种约定

---

① 王铭铭：《威慑的艺术：形象、仪式与"法"》，见朱晓阳、侯猛主编《法律与人类学：中国读本》，北京大学出版社 2008 年版，第 171—188 页。

② Katz, Paul, 1999, *Divine Justice: Religion and the Development of Chinese Legal Culture*, London: Routledge, 2009.

俗成的所有权确认方式不仅得到官府的承认与维护，更因受到超自然的力量之保护，使得破坏与侵占有坟"管"着的山（土地）的行为在受到官府严惩之外，还总被认为要遭"报应"。① 可为什么鲍氏宗族的先祖坟地在持续多年的混乱之后，却在1911年前后突然成为一个重大事件，需要整个宗族花费如此多的精力与物力来厘清坟地与具体房支间的关系？这则与当时的社会转型与道德重塑相关。

作为明朝屯田政策下促生的屯堡村寨，稻作经济曾经是其生计支柱。由是，在以稻谷为核心的农业生产中，水田在人们生活中的重要性是不言而喻的，而山坡旱地的开垦不仅是较晚期的事，且因种植其上的粮食谓之"杂粮"（多以玉米、番薯、土豆为主），而显得比水田等级更低。② 这一状况至晚清则随着鸦片的种植而改变。为堵住鸦片进口造成的白银外流，清代末期对于农民种植鸦片开禁，并提供许多优惠。③ 在鸦片丰厚的利润下，占有山地种植鸦片比占有水田种植水稻能获得更高的经济收益，这使得山地的价值大大提高。特别到了清末民初之际，经历了多次匪乱而受到重创的黔中村寨人口渐渐恢复，而人口的增加所带来的经济压力也使得当地依托山地种植鸦片而获利显得尤为重要。尽管民国政府多有禁毒措施，然黔中等地种植吸食鸦片者仍甚多。④ 在这一背景之下，从清末直至民国的这段时期，在贵州的黔中地区因山地占有权与耕作权的争夺而引发的冲突纠纷越发激烈，甚至一个宗族内部的支系之间为山地所有权而起纷争也是常事。如此一来，在当地风俗习惯中拥有确认山地所有权最高效力的"坟"，其重要性更为凸显。因此，虽如《鲍氏族谱》中强调的在当地"无人不知"鲍氏始祖与众先祖葬于此地已有五百年之久，但因为除始祖坟茔所在位置是明确的，鲍氏其他先祖的坟茔混乱难辨，这使得鲍氏族人在处理确认自己家族所属山地，以及与家族内部划分山地等关涉到家族整体权益和族人具体利益的事务上出现了严重的危机，因而需要借助一次神

① 汤芸：《以山川为盟——黔中文化接触中的地景、传闻与历史感》，民族出版社2008年版，第102—117页。
② 张原：《黔中屯堡村寨的抬舆仪式与社会统合》，载《西南民族大学学报》2009年第9期。
③ 《贵州六百年经济史》编委会：《贵州六百年经济史》，贵州人民出版社1998年版，第81、256页。
④ 何观洲：《贵州现状》，载《西南研究》1932年第1期；《贵州通史》编委会：《贵州通史3：清代的贵州》，当代中国出版社2002年版，第558—563页。

判来解决问题。

值得提及的是，鲍氏宗族通过神判来厘清坟地的 1912 年至 1914 年，也正处于帝制中国向现代民族—国家转型之际。此时的黔中村寨鲍屯面临着双重压力：一方面，村落本身和宗族内部的社会关系需要重新确认与重组；另一方面，社会的转型也导致人伦关系与道德体系急需重建和确认。在这双重压力之下，宗族内部因坟地不明而起的山地纠纷，其根源不仅在于山地经济价值的提升，更在于传统道德观遗失而导致的一种失范的危机感。因此，通过神判，借助超自然力量来厘清祖坟，从而明确家族支系源流，这也是在动荡时局下一个宗族重塑人伦和道德的重要方式。在这一意义上，厘清祖坟不仅有工具性的现实利益之考量，也有价值性表达的深刻道德动机。

尽管我们对《乩著源流》中的讼争图景作出了解释，然而这又引发更多问题：家族内部无法平息的纷争，为何不通过提交家族外的官府取证断定来平息，而要借助社会现世之外的神明来判定？缘何降乩仪式以及超自然的乩仙能令众人信服从而平息讼争？繁复的仪式过程及神判程序所折射的处于时代转折之际的屯堡乡民们解决讼争方式是什么样的，这又有何意义？而这样一个"非常规"的讼争解决过程，对于我们理解中国法律形态之特点又有何启发？对这些问题的回答，还应从解读《鲍氏族谱·乩著源流》中降乩仪式之记录开始。

三 降乩仪式中的官司程序

在《乩著源流》的记录中，每一次请仙降乩仪式都得到极为细致的叙述，并不亚于衙门文书对官司程序步骤的记录，从而为我们展现了一百年前那次神判的整个过程和诸多细节。

1912 年八月初一之夜，鲍氏族人在来自安顺旧州潘姓与叶姓两位道士的帮助下，于祠堂中隆重设坛扶乩请仙。一开始，众仙始终不降，乩笔未动一毫。甚至族人鲍云开"书符再请"后，仙仍不降。临至午夜，族人鲍成贤"沐浴焚香，虔心书符"再度恭敬地请仙，降乩方才成功。此次降乩请来了一小仙，他按乩仙临坛出场时的惯例自道了身份与来意：

吾乃游方土地田子清是也，因云游到此接得赤文，来与尔等说明：文帝同诸仙在桂官考校册籍，未暇前来。要使灵官来判，先着吾来教尔诸生伺候，尔等既念先光，何不竭诚结彩焚香，稍停各宜肃静。

降乩仪式首次出现的这段乩文，实际上是将鲍氏族人的这次神判所要涉及的核心神明的角色和分工，以及神判的程序进行了一个概括性的介绍。通过这段扶箕文字的记录，可以看到在整个神判的过程之中存在一个上下有别、分工有序的乩仙阶序。在这一阶序里，"文帝"（文昌帝君）如同帝王，位于最顶端，统领着所有事务，是整个神判机制的代表，因而也是人们上诉的最终对象。不过，文帝并不直接受理具体事务，有关讼争之事乃是由专门负责判案审查的"灵官"（纠察灵官）负责。地位较高的灵官如同官衔较高的官员，请他判案自需依循相应礼仪和程序。此时，游方土地便扮演着执达员的角色，这个位于较低阶序的小仙首先出现在乩坛，一是负责通报鲍氏族人，文帝已经接到他们的申诉，并令灵官受理案件；二是前来查看鲍氏族人是否知礼，并传授鲍氏族人要继续这次神判需要的相应礼仪程序。由此可知，这一乩仙阶序正是民间大众对现实生活中的官僚体系的一种具有象征意味的搬演。① 所以在这一作为神判的系列降乩仪式中，其隆重恭敬的礼仪背后实为对正确合适的程序过程的一种强调。

参与仪式的鲍氏族人按游方土地的交代完成了相关礼仪程序之后，当晚纠察灵官很快也降下乩坛，乩笔书下一段告白："吾乃纠察灵官是也，尔等追念先人各宜至诚，默祝俟去查明，前来判示。"说罢纠察灵官便即离去，此时这场神判得到了实质性的受理，进入了审查阶段。不久之后，纠察灵官又重新降下，开始判示。而在宣布判示结果之前，灵官先表明了自己判示依据的由来：

吾非土行孙、亦非杨救贫，不会下地穴，又无审坟经，为此一桩事，丰都遍游行，查考孤魂类，执鞭爱众灵，制伏多时日，一身汗滴淋。示曰：为尔等祖坟之事，使吾历遍丰都，尔等知之乎？要不判

---

① ［美］王斯福：《帝国的隐喻》，赵旭东译，凤凰出版传媒集团、江苏人民出版社2009年版。

明，还说吾神不晓，今当查明之际，吾前来示清，先判尔始祖妣牛氏
太君之墓。

在此，纠察灵官强调了自己本不通鬼事，但为判示公正他煞费苦心专
门前往鬼城丰都查访考证，由此表明接下来的判示是有依据且可信的。然
而在强调了判示的灵验之后，灵官却又说自己要先回宫办事，特别嘱咐鲍
氏族人先去辨明各坟茔是单数还是双数（即是单葬还是合葬），留待下次
来判。

八月初二晚，在第二次降乩中纠察灵官并未降下，而是派了另一个乩
仙"粤西城隍"前来。与纠察灵官为族外人不同，粤西城隍名为鲍起波，
为鲍氏之十三世先祖。他在乩文中介绍自己此番前来是奉了纠察灵官之
命，专事解明灵官的判词，以确保鲍氏族人明白无误。虽是解说判词，粤
西城隍却以劝善教化作为开始，夸赞族人乃是有诚心有善心才获得灵官对
此案的亲判，接着便抛出一段判示解说："二世妣之墓乃在半字间，四世
列两旁。"给出这段模糊的判示之后，粤西城隍又开始进行说教，令族人
鸡鸣时再自思能否作善，且还强调，灵官所判需得鲍氏族人的铭记执行方
显至善至诚，由此才能感动仙人降临乩坛，继续判明其他坟茔。粤西城隍
嘱托完后便离去。接着，乩笔又开始书写，此次降临的乃是"控驭仙"。
控驭仙并非具体某仙人名字，而是专管受理奏章的"九府"级别中的主
管仙，或相当于"知府"这类官职。控驭仙写下一段诗文表明身份后，
赞扬鲍氏族人请仙降乩断祖坟乃善举，并表示若想断明其余坟茔，还需先
照粤西城隍所示，鸡鸣时分自思，然后转而说，"夜已残，返故园。要判
未来事，解日又临坛。"得知判示又要推后，心情急迫的鲍氏族人追问下
次判示的日期，控驭仙回复"中秋月明方来再示"，然后离坛而去。由此
可见，降乩仪式中的神判如同现实中的官司一样，有着复杂的审查程序与
冗长的判示过程。并且乩仙还通过不断地强调"劝善教化"，来表明神判
的灵验公正乃是建立在鲍氏族人"文明"程度之上的。

待到1912年八月十五中秋之际，鲍氏家族第三次聚集在祠堂之中虔
诚请仙。很快降下一位乩仙，自白："吾乃桂宫奉道弟子清神，加封侍奏
灵通控驭仙愚伯廷楹是也。"这位自称清神的乩仙亦是鲍氏宗族中的一位
先人，系粤西城隍鲍起波的儿子鲍兴渤。紧接着又有一位仙人降临，自称
"朱帝王驾前追魂押役使者"，而此仙亦非外人，其名鲍儒，乃清神鲍兴

渤之同辈，是粤西城隍鲍起波的侄子。清神鲍兴渤和追魂押役使者鲍儒此次降临乩坛，是代粤西城隍鲍起波查看鲍氏族人是否依其前次临坛前所要求的"于鸡鸣时自问其心是否能作善"。一番审查后，他们感叹鲍氏族人"果虔心自省"，然后清神鲍兴渤对族人解释说，乩著判示"文词非浅识者所能喻"，需有人解明方不生疑义，其父随即便将来解明。一会儿，粤西城隍鲍起波再次降临乩坛，他先给出一段诗文进行一番带有亲情感召的说教，说他作为族中先人，见到后人因祖坟不明之事"干戈动不宁"，因而"一忧万民遭劫运，二忧魂鬼多闹声"，再述他不辞辛劳前来为后人判明先坟，后人需铭记判示结果，不再争议，由此方对得起灵官及先祖之良苦用心和万般辛劳。接着粤西城隍给出的判示解明依然是诗词，并令清神鲍兴渤和追魂押役使者鲍儒前去查明坟茔是单葬还是合葬，以便细判。等二仙查明后，粤西城隍的判词即以各种玄句及数字来进行推算，比如"王子去求仙"一句，指的是四世祖及五世祖的号数，然后逐字解道："王与斗十三，考妣共一棺，此即璁祖号，独占顶魁元。子字为一五，此乃是珉祖，一五即六号，指明是单数。去为十七号，珌祖单葬妙，妣氏另有着，何必乱谈笑。求为十八八，珩祖号无差，亦是单葬茔，妣乃各一家。仙字是山人，琇祖在边城，虽然无签记，亦有晕常存。"这样的判示解明虽显玄妙，但对于鲍氏族人的暗示已经明确许多，因而更显得灵验明晰。粤西城隍鲍起波在离去时，再次赞扬族人有寻祖探源之心，并称此次神判要先判重要之坟，小事务勿急。这样的赞扬和安慰使得整个神判指示更具有一种"人情味"和"亲近感"。

随着这三次降乩仪式的结束，这场神判的第一阶段也大致完成了相关的受理申诉、程序解说、审查判示、判示解明等程序步骤。当然，纠结于这些降乩判示是否灵验可信，并非本文所需辨析的。在此需要探讨的是这次神判出现的各个乩仙的身份特点，及其判案依据中"礼"、"法"、"俗"并行的特质。首先，如游方土地所表白的那样，文昌帝君所率的诸仙之所以要受理此案一是因为鲍氏族人心诚恭敬设坛请仙；二是因族人乃知书达礼之人，是能理解乩仙诗文的妙慧的，此外，也因此案具有彰显孝道之礼教意义，所以这次神判本身就是一场劝善教化的事件；其次，"判坟"之事对负责审查次案的纠察灵官而言，乃其"专业对口"之外的鬼事，但通过灵官亲自前往鬼城丰都查访，此次神判的审查与判示获得了一种经验证据的可信性和权威性，表明了神判本身具有一种明辨是非的司法实体性；最后，作为判官的纠察灵官虽尽职尽责地进行了相关的审查判示，但如同现实中官府断案一般，案件的察明和判决需"体问风俗"从而通晓人情事理方才令人信服，因此由鲍氏族人的十三世先祖粤西城隍鲍起波出面来解明判词，这让判决具有了一种亲民性，而且城隍本为辨识人心善恶之神，由成为城隍之先祖来为鲍氏族人判示，这也表明了判示结果之公正不偏与近乎人情。显然，地方之上的"风俗人情"、内化于乡间的"礼仪教化"与作为外部权威的"法理公仪"杂糅于此，共同支撑着这次降乩判示的可信度与合法性，且缺一不可。而这正构成了降乩仪式程序中的形式实定性，当然这种实定性不是针对司法形式和法律理念本身而言的，而是基于礼教自身的"劝善教化"所凸显的一种实定形式。

四　神判过程中的教谕调解

通过前三次降乩仪式，神判第一阶段的程序基本完成。在这一阶段的神判过程中，鲍氏家族得到了一些抽象模糊而又充满权威的判示。如同所有的司法宣判都需要生动明晰的明示和具体有力的执行一样，接着鲍氏家族举行的降乩仪式将要进一步落实的是神判之后的具体执行。由此，这场神判开始了第二阶段的程序。

据《乩著源流》所记，在八月十六日夜里的第四次降乩仪式中，乩坛请来的仙人数量是最多的。首先临坛的是一位叫熊朝海的土地公，他称因文帝等神皆忙，令他先来查看。土地公熊朝海强调判示坟茔之事若非族内成神之先祖，决不可能断得件件明白，因此鲍氏族人应叩首迎接鲍氏宗族中的众位成神先祖，共同来解明判断。鲍氏族人依此照办，很快鲍氏宗族中已经成神的先祖们纷纷降临，并乩书来意：成为"散人"的先祖鲍成名，称来监督判示；成为"斗坛使者"的鲍一行，前来待命；另有专事记录功过是非的"三曹簿记"鲍五敷（别号克昌），对于此次神判他的角色很重要，如其告白："吾乃五敷，因为人正气，蒙天主特命为神，主三曹簿记，今尔等预分支派渊源，故与控驭仙商酌议定，谨书明示，则家传有根底，而称名无紊乱，斯之谓有谱矣。"此外，之前曾降临乩坛的清神亦再次降下，"清神来禀命，请吾把派定，此为大关节，何可乱谈论。"最后，粤西城隍鲍起波来了，他介绍了此次请众神降临乩坛之目的为：

此定派之事非可任一己之私，还要合族共同会议，则永久可行。如吾族自始祖来黔，成仙者虽不多见，而为逍遥散人者有之，更有为土地神、为山使，以及为水府王室、为清闲道真，或作司典，或主玉衡也间有其人也。今夜会同公评众论，定派之后各自报名，尔等认真详办。

这一夜，在降下的鲍氏家族众位成神先祖的共同督促与协作下，鲍氏多位先祖及祖母之坟茔又得以判明，鲍氏家族的后人房族支派的划定也获得了依据。八月十六日的此次降乩是神判执行程序中的关键步骤，很明显，此次神判的执行基本是由鲍氏先祖中已经成神的各位乩仙来主导，作为鲍氏家族外人的土地公熊朝海只是奉文帝之命在旁观看监督而已。由此我们可以看到，家族外部的乩仙在此次神判中进行了审查并给出判示，然后由家族内部等级最高的乩仙来具体地解明判示，最终这些判示解明得到了家族内部众乩仙的合议执行和监督落实。

八月十七日，第五次降乩。此次先是"魁斗星官"与"武魁"前来扫坛，接着"玉衡主宰"（同为鲍氏族人之先祖，但未交代具体为何人）也降临乩坛。但玉衡主宰此次已不再为判示坟茔所属而来，他转而向鲍氏族人强调了三件大事。一是关于坟茔修茸以兴风水之事，他令鲍氏家族各支派修茸自己各支先祖坟茔，但二世、三世、四世祖的坟茔应合族共修茸，以振家族之文运；二是定下吉日令族人恢复在咸同之乱中被损毁的宗祠，并降乩笔恢复了鲍氏宗祠原来的几副对联。三是就鲍氏族人修复毁于咸同之乱的汪公庙之事，并在第六次降乩仪式中给出动工开土的吉期与殿堂悬挂的对联。重修宗祠对于鲍氏家族而言，其意义是显而易见的。至于汪公庙的回复则另有深意，该庙供奉的汪公乃安徽土主，号"忠烈汪王"，他不仅仅是鲍屯的村神，也是黔中屯堡居民的重要地方保护神。汪公庙及汪公对洪武年间因"调北征南"而入黔的屯军后人而言，具有重塑迁徙记忆和伸张身份道德的重要意义。[1] 而鲍屯村并非只鲍氏宗族单一家族构成的村子，同居于此的汪氏家族亦为当地大族，且另有几个小姓，

---

① 万明：《明代徽州汪公入黔考——兼论贵州屯堡移民社会的建构》，载《中国史研究》2005 年第 1 期。

他们都共同供奉汪公神。此外鲍屯村正处于安顺大西桥汪公祭祀圈的范围之内，因此修庙祭祀汪公对于地方关系的整合和村落间的互动也具有积极意义。① 可见此次降乩中出现的判示，对于整个鲍氏家族和鲍屯而言是一次针对社会关系调整的重要教谕。此次请神的效果是显而易见的，此后鲍氏族人遵照指示，揣摩乩笔所书之判决，渐渐将坟茔所属明确，也平息了族中争端。到了当年十二月初四、初五，重归齐心的鲍氏家族，共备祭品，在宗祠两次请乩谢神。初四这日，先谢的是文帝、灵官等大仙，众仙齐欢并赞鲍氏家族即将兴旺，而鲍氏先祖鲍孔昭亦降下，夸族人果然齐心——完成修坟、建祠、复庙等事，鲍氏家族能如此重新团结一心，定将重振家声。初五则主要是告慰先祖，鲍氏先祖们亦纷纷降乩笔以示欣慰，并告诫族人需将判示结果铭记，莫再生争端，继续行善，振文风，兴家业。这里出现许多诗词，显示仙人与先祖的妙慧，以及后人的聪颖。至此，通过八次降乩仪式，直接关系到整个家族内部关系的主要坟茔已判明，大的讼争业已平息与杜绝，以整个家族为名的降乩仪式也告一段落。

《乩著源流》所记录的后八次降乩仪式，仍以断定坟茔为主。但这些坟茔主要为鲍氏家族十世祖之后的先祖，其关涉的是鲍氏家族各支系具体房派的划分，因而不再是合族在祠堂中请乩，而是在需要乩仙断定之支系的某个具体家庭中进行。② 有趣的是，若从这后面几次神判所出现的乩仙之身份来看，会发现他们大多为山关土地、斗弦司香、善缘童子、水府神曹之类的小仙，并多为鲍氏家族中成神的先祖，且主要为十三世祖与十四世祖。如主持后面神判的最大乩仙粤西城隍鲍起波，为鲍氏第十三代，号腾云，普定县学庠生。据《鲍氏族谱》记载，鲍起波在世时"为人公平、温柔敦厚、持身涉世、毫不妄为"，亦是颇有才华之人，但因咸同之乱，并无一字遗留。相传他83岁时，梦中两童子手执红柬（即任命书）前来，称他被上帝任命为回龙关土地。至1912年鲍氏家族请乩之时，鲍起波已然成为粤西城隍。而其他的乩仙则多为鲍氏十四世祖，其生前事迹在家谱中也有记载。他们是当时鲍氏家族在世且主持修谱与降乩仪式的十六、十七世后人最为熟悉的先祖，其在世生活的年代在"咸同之乱"之

---

① 张原：《黔中屯堡村寨的抬舆仪式与社会统合》，载《西南民族大学学报》2009年第9期。
② 但也有三次请乩判示因情况错综复杂，亦交错在祠堂及家宅之中多次举行降乩仪式。

前，所以对五世祖之后各先祖的坟茔情况也较为熟悉。可以说，后面的神判与其说是在判决，还不如说是一场家族内部的调解，因而其展开过程之反复，所费时间之漫长，关涉细节之琐碎，降下的乩仙之繁多，以及乩仙品级之低下，足以让外人迷失。然而对于鲍氏族人而言，后面八次降乩的庞杂判案结果与之前合族请乩神判相比，却是最为利益相关的，这直接影响到每个具体家庭在整个家族中的地位归宿，以及对于相关山地的占有和使用等权益。因此，后面八次请乩神判，更注重的是判示执行的有效可行，而非权威合法，其在形式程序上类似于在黄宗智所言的"第三领域"中进行的一种"实用道德主义"的实践。① 而在精神内涵上则具有滋贺秀三所言的那种"教谕式调停"的色彩。②

从《乩著源流》中记录的整个降乩仪式的过程来看，针对这场神判的具体执行是充满了教谕色彩的，且其效果也非常直接和明显。而且这次神判作为一次具有戏剧性色彩的礼教展演，其"劝善教化"的效果不只针对鲍氏家族，也面向他们的邻里。因此，其重塑的社会秩序，不局限于鲍氏家族内部，还适用于地方。这次神判的仪式过程与现实中的官司程序虽有着一定的相似之处，但无论从其动机还是结果而言，都不能将其视为一次工具性的和实用主义的司法操演，而应该视为一种具有仪式感和巫术性的教化过程，因而其所表达和明示的那种具有实定性的精神内涵并非针对的是司法本身，而是面向礼教的实质。

五 神判中的"礼治秩序"

综合百年前这场神判的全部 16 次降乩仪式，可以看到讼争的上诉与解决是沿着"审判"与"执行"两条脉络交错进行的，两条脉络缺一不可，其大致程序与关系结构如下页图所示：

这样一个降乩仪式，生动地呈现了神判与官司的同构性，也使我们能观察到礼、法、俗三者是如何勾连在一起呈现为一个整体，并构建了一个依托于"礼治秩序"而实现的社会秩序。首先，从程序上来看，

① 黄宗智：《清代的法律、社会与文化：民法的表达与实践》，上海书店出版社 2007 年版。
② ［日］滋贺秀三：《中国法文化的考察——以诉讼的形态为素材》，见滋贺秀三等《明清时期的民事审判与民间契约》，王亚新等译，法律出版社 1998 年版，第 1—18 页。

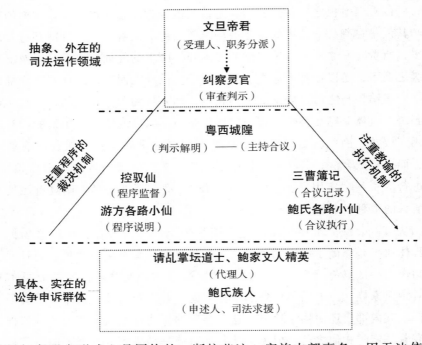

神判与官司在形式上是同构的：断坟茔这一家族内部事务，因无法依靠族内力量来进行评判调解，需诉诸外部权威，而诉诸官府亦无法获得服人心之判决，于是人们便转向神鬼之灵力，向文帝提起诉讼。不过，文帝并不直接受理此事，而是分派给管理纠纷的纠察灵官受理，而在纠察灵官前来断案之前，类似执达员的游方土地会先行临坛，解说降乩神判的相关程序与礼仪。第二，判示的公正性与权威性的获得，既合法，也依俗：纠察灵官受理案件后，因不通鬼事，故专程前往丰都查阅典籍后，方来判示了几个坟茔，以表明判决有依据且具权威性。接下来升任粤西城隍的鲍起波前来，身为城隍的他本身就是公正的象征，而他同时又是族中先祖，更是熟知族中事务与当地风俗，他来解明判词并继续断坟，自是无可质疑。而在接下来的判示中，基本上都是由熟悉家族事务的先祖来进行，但由家族之外的控驭仙来监督，这使得判示结果因符合家族实情而可信，又因有监督而具有权威性。并且在最后的小规模降乩仪式中，族外之神也基本退出，族内调解的色彩则越发明显，乃是依托神判来令坟茔断定结果可行且具说服力。这些都充分展现了基于礼而掺杂在一起的法与俗。第三，不论是判决过程或是执行过程，乩仙都强调着教化：审查判决和判示解明过程中，乩仙不断考察鲍氏族人是否有教化（是否向善，是否懂诗文等）。而判明并不代表整个诉讼的结束，恰如监督程序的控驭仙和主持合议执行的粤西城隍等乩仙所强调，祖坟判定系全族之事，亦需众人合议并执行方有效力，且由鲍氏家族中各已得道成神的先祖来共同合议执行判示并监督执行。在所需执行的事务中，除却家族坟茔重修、宗祠恢复之事，还强调了汪公庙的重建，更是体现了其对村寨及地区的责任，而这同样是教化之一部分。

基于上述分析，一方面可以看到，存在着一种礼、法、俗相掺杂的"礼治秩序"，它正是中国社会秩序达成的根本，也决定着官司或神判的文化逻辑；另一方面也能看到礼教、司法与巫术的杂糅正是维系传统中国社会秩序的方式，这也正是官司或神判的展开形式。《乩著源流》所记录的降乩神判，本是一种具有巫术性质的民间风俗，但同时又具有显著的法律裁判程序和道德教谕色彩，而成就这种法律文明的，正是文字书写和乡绅阶层。从乩仙之谱系、神判过程与降仙笔的内容表达上，很容易确认《乩著源流》是地方乡绅创造的一个文本，但它却被所有的宗族成员所认可。应该说，人们所认可的实质上是礼教维系社会秩序的方式，或者说是神判中，借助于巫术将风俗、礼仪与法律相糅合的这种再现秩序的方式。由此，我们可以看到，在中国的基层社会创造和维系这种秩序的关键人物，其实是那些拥有书写能力的乡绅，以及他们所书写的文字，正是达成大小传统之"上下关系"的关键。因此，可以这样理解：在西南的乡村中神判即是官司，官司即是调解，调解即是教谕，而教谕即是具有仪式感和巫术性的文明教化过程。

在这样一个复杂的过程中，可以看到，如戏剧一般的神判，其判案形式呈现了官方科层制的礼仪化表演与家族关系的道德性展演在地方的混合。在神判中，人们能充分调动生活世界中各种真实存在的，以及被想象出来的关系情景和秩序模式，以一种充满了价值判断与道德隐喻的修辞方式，展演了生活的实质，从而形塑着人们真实的生活心态和实践动机。可以说，神判本身就是社会生活的一种真正实在的呈现方式，它作为一个整体，杂合着康豹所说的调解、官司、宗教仲裁三种仲裁途径。并且，从神判的裁决与执行过程来看，与其说审判是其目的，不如说反复出现与强调的教谕与劝善才是其宗旨。而这样一种教谕，不论是在瞿同祖所说的大传统的"法"，还是在费孝通谈及的小传统的"俗"中，都是实现"礼"

的一种方式：以礼入法，以教化变人心，使人心善良，知耻而无奸邪之心；① 或从教化中养成个人敬畏之心，使人服膺于礼。② 这样一种"礼治秩序"，有着如下一些基本特点：礼治规范的实质是社会关系，而非权利；礼治规范的形式从内部作用于人，或者说作为一种外部的社会秩序内化于个人；礼治规范的特点是弥散于整体生活之中，因而是整体而又具体的，而非个别而又抽象的。③

　　仍需强调的是，"礼"虽是一种实现社会秩序的工具，但却并非功利性的，它与一整套的受儒家影响的道德、观念体系相关，并且包含着福报、阴判、最终的正义等宗教观念。然而尽管对宗教有所提及，瞿同祖仍与费孝通一样，主要谈的仍是"人事"，而未触及"神/鬼事"层面。在对中国宗教特点的论断中，普遍认为，"人"的世界与"神/鬼"的世界之间的结构距离为零，④ 这也就意味着，在基于法律探讨传统中国大、小传统之间的历史性"上下关系"时，不可能不将宗教因素纳入进来，因为这正是实践所包含的思想之重要部分，否则将以一种新的面貌掉入前人的误区。这一点与法律人类学有着同样的启发。正如格尔兹（Clifford Geertz）所批评的，如今法律人类学的研究，总将思想抽离于"法律"，将之降低为实践，是对社会生活的反映，从而忽视了法律是一种积极的地方性知识。要跳出这一雷区，就应转而探讨"法律感知"（legal sensibilities）这样一种深度的观念，并且必须将之放在文化这一整体中进行考察，将之与道德、艺术、宗教、历史、宇宙观等相关联来研究。⑤ 在这其中，宗教非常重要，因为宗教象征符号合成了一个民族的精神气质（ethos）和世界观（world view），亦即一个民族最全面的秩序观念。⑥ 这样一种最全面的秩序，必然不只是一种只包含人在其中的社会秩序，而是包含着整

---

　　① 瞿同祖：其《中国法律与中国社会》，中华书局 1981 年版，第 310 页。

　　② 费孝通：《乡土中国·生育制度》，北京大学出版社 1998 年版，第 51 页。

　　③ 王铭铭：《从"礼治秩序"看法律人类学及其问题》，载《西北民族研究》2010 年第 3 期。

　　④ ［法］葛兰言：《中国宗教之精神》，马利红译，载阎纯德主编《汉学研究》（第二集），中国和平出版社 1997 年版。

　　⑤ ［美］格尔兹：《地方性知识》，王海龙等译，中央编译出版社 2000 年版，第 222—322 页。

　　⑥ ［美］格尔兹：《文化的解释》，纳日碧力戈等译，上海人民出版社 1999 年版，第 103—104 页。

个人、神、鬼及各种超自然灵力在内的宇宙秩序。而宗教则在调整人的行动，使之适合头脑中假想的宇宙秩序，并把宇宙秩序的镜像投射到人类经验层面上。

　　基于上述思考，结合《乩著源流》所记录的这场神判给我们的启发，我认为，当下中国人类学之法律研究的突破，或不在于对"规则"与"过程"之范式进行辨析与补充，而在于一种更为整体视角的获得，在于超越人的世界，基于世界观与宇宙秩序的达成来把握地方的法律感知。在这一努力中，借助宗教人类学的视角来重新理解"法律"，将大有裨益。

文明的固化与信念的变异[*]

——围绕华北乡村庙会中龙观念转变的再思考

赵旭东

（中国人民大学人类学研究所）

在我们去思考文明的诸多存在形式的时候，我们不仅要注意到依照时间的演进而有的一种文明的进程[①]，同时也会注意到高等的文明与低等的文明或者说大传统与小传统、大历史与小历史之间在类别上的差异，特别是一种结构关系上的差异。但是，除此之外，我们或许更应该留意于这种二元分立之外可能存在的更为复杂的事物之间联系的多样性。在我看来，这种多样性是由于文明的变异而引起的，这些变异的形式可能不是单单依靠高与低、大与小、简与繁这样的分类概念就能够完全得到解释，甚至可能，如果预先接受了这样的分类概念，我们便不能够对于这些文明变异形式背后的动力机制以及相互的关联机制有一个比较完整的理解和把握，进而也就无法对文化的解释给出一种较为全面的了悟。基于这样的认识，我们在这里有意把文明看成是一种不断演化出以固化的副本形式存在同时自身又在发生着不断变异的存在形式，理论上而言，这类似于生物学界的遗传与变异的机制，但是其基础则在于可以在人的大脑之间相互传递的心理表征而非分子生物学水平的基因。

一　文明的变异

自从文化传播论在人类学家的视野中成为一种可有可无的解释框架，

---

　　[*] 本文刊载于《思想战线》2011 年第 4 期。
　　[①] ［英］埃利亚斯：《文明的进程：文明的社会起源和心理起源的研究》（第一卷：西方国家世俗上层行为的变化，王佩莉译）；（第二卷：社会变迁、文明论纲，袁志英译），生活·读书·新知三联书店 1998、1999 年版。

并且在马林诺夫斯基之后彻底转向于具体而微的结构功能论的田野民族志方法之后，在人类学界，我们所看到的更多是人类学家笔下所描述出来的一个又一个的文化表现形式，如果这些都可以称之为文明的话，那么，人类学家笔下的文明便是多种多样且丰富多彩的，不过有关这些文明之间的联系，却是很少再有人去特别关注了。其中在有关中国文明的研究中，中国研究经由早期社会学家对于美国社区研究范式以及英国社会人类学的田野调查方法的全盘接受，一跃而转变成为中国的村落研究，但是，日积月累的村落民族志，不仅无法增进对于中国作为一个整体性文明的整体性理解，而且村落之间本来可能有的相互联系以及内在的依赖也可能因此而被忽略掉了，由于突出强调村落民族志自身的独特性，汉学人类学家笔下的村落各自孤立地并立在了一起，相互区隔，缺少联系，这实际也与我们最初要在整体上对中国文明给予理解相去甚远了。

尽管后期的结构主义人类学试图矫正这样一种只见树木不见森林的局面，以存在于所有人心灵中不证自明的结构观念来解释这种多样性的存在，但是由于存在着预先二元结构论自身在解释上的不足，致使文明的那些超越于二元结构特征的要素和形式都被那些可能给出正确解释的结构主义人类学家所彻底忽略掉了，取而代之的是，人类学家强把这些结构之外的多种变异形式转变成为了一种结构化的解释，而无心去研究这些实际存在着的变异背后可能会超越于结构主义解释的那些可能性。

这不能不让我们想起对于物种存在的多样性表现出极大的兴趣的博物学家们，特别是那位以生物演化观念来研究这些形式之间可能谱系的进化论的创始人达尔文。在进化论者达尔文独自面对太平洋加拉巴哥群岛上多种多样的生物类型时，他猛然地联想到了这些物种都明显地带有美洲的印记，尽管美洲相去这些群岛有近五百里的航程，因此而进一步地联想到，它们都可能是"相互传自共同的祖先，而在相传的历程中发生了变异"。[①]这是典型的达尔文式的思维，肯定是不属于法国结构主义的，如果看低它，那也许是一种标本采集式的思维；如果看高它，也可以说是一种谱系学的思维，总之，可以统称其为"英国式的思维"，这种思维关注于经验世界本身，使多样性得到真正真实性的呈现，而大英博物馆可以说是这种

---

① ［英］达尔文：《动物和植物在家养下的变异》（第一卷），方宗熙、叶晓译，科学出版社 1957 年版，第 7 页。

思维的一种思维图式的现实模拟固化的典范版本。

　　在达尔文的眼中，这些物种的变异形态跟人的干预似乎并没有什么直接的因果关系，而完完全全是跟物种其自身的被达尔文称之为"选择的亲和性"（elective affinities）这一能力有关。也就是不论有无人的干预，物种自身的选择的亲和性如果不存在，发生变异的可能性也就不会存在。在达尔文看来，人们投掷铁到硫酸中，铁变成了硫酸铁，那根本不是人力所为，而是铁和硫酸之间天然地存在着一种选择的亲和性，人力只不过是使这种选择的亲和性得以显现出来的外在条件而已。在达尔文所细心观察的家养环境下，动物种类的变异似乎也有同样的道理。①

　　如果说对于自然存在的物种，源自物种自身的选择的亲和力在发生着作用，那么对于由人所创造的各种各样的文明形式而言，它们出现变异的根本原因尽管有时间、空间和制度方面的原因，但是我们却无法真正摆脱人自身的因素，并且，人在传递这些形态各异的文明的过程当中，大脑的认知也会参与其中。把这一点提出来，成为认知人类学在解释文化时所采用的特殊视角，这项工作的开展，显然是跟法国人类学家司波博（Dan Sperber）的努力分不开的。② 他首先将文化还原为一种表征（representation），并认为这是解释文化的根本，也是文化的一种物质基础。由此，我们社会中的人的基本认知模式便是从个体大脑中的心理表征（mental representation），到人的大脑以外的存在于社会公共空间中的公共表征（public representation），然后，再经由个体的心理表征的认知加工这样的一般的连带过程来传递文化表征的。在这个过程中，表征本身就如传染病的病毒一样得到了广泛的传播，同时也在此过程中发生着各种各样的变异，由此而创造出了基于表征的多样的文化以及对于这些文化的不同解释。

　　尽管，文化与文明之间的差异还存在有许多的争论，但是我们无须否认，文化与文明都是在人的参与下被创造出来的世界存在形式。因此，文明的形式也同文化的形式一样，它们的变异方式也一定是经由人的认知过程并通过表征的传递和变异而发生演变的。这在向来注重研究器物本身的

---

　　① ［英］达尔文：《动物和植物在家养下的变异》（第一卷），方宗熙、叶晓译，科学出版社1957、1963年版，第7页。

　　② 赵旭东：《表征与文化解释的观念》，《社会理论学报》2005年第2期。

形态变异的考古学那里已经积累了大量的研究成果，通过研究各种器物形态在空间上的分布以及在时间上的变化，我们似乎就可以追溯到一个文明最初的形态。苏秉琦在研究中国文明的演进时，便运用了这样的一种追本溯源的做法，去看一种叫作"鬲"的三脚形器物各种形态的变异，由此而去追溯中国文明的起源。①

尽管我们尚且还不能够就此肯定这种溯源的唯一正确性，但这至少说明了文明形态发生变异的经常性和必然性。在这种经常性和必然性的背后，我们可以深切地感受到建立在人的认知基础上想象和改造物质世界的能力。

二　龙的变异

对于我所研究多年的华北庙会中"龙"的意象的分布差异的描述，或许多少能为上述的文明变异的认知理论提供一些补充性的案例。这些描述是民族志的，同时也是一种文化的解释，这些解释，对于简单化地把"地方性存在的龙"跟"古史传说中存在的龙"等同起来，以为地方性的龙便是古史传说中的龙的"活化石"的那种做法，是一种否定。② 这种否定，当然不是否认此龙与彼龙之间根本没有什么联系，而是认为，这样的联系是需要有许许多多的文明形态的转化环节才能够真正实现的，由于考据学乃至历史学知识的限制，我们实际上无法真正把龙的文明形态的演化谱系都能够一一地罗列出来，况且，这样的做法最终只可能是一种不断回溯过去的徒劳无功的做法，而对于真正的起源问题却毫无补益，根本地是要能够将现在有关龙的表征的分布具体地呈现出来，由此来考察这些变异出来的表征之间的实际联系。在这里，我的一个最为重要的论点就是，文明的变异形式是真实发生着的，而文明的序列演化则未必是这样。我们确实不能欺骗我们自己的感觉，况且我们确确实实感受到的是一个由人所创造出来的五彩斑斓的世界，犹如万花筒一般，构成的元素就是那么一些，但是只要换个角度，形态就会发生转变。而这才是真实发生着的世界形

---

① 苏秉琦：《中国文明起源新探》，生活·新知·读书三联书店 1999 年版。

② 赵旭东：《龙牌与中华民族认同的乡村建构——以华北一村落庙会为例》，《广西民族大学学报》（哲学社会科学版）2009 年第 2 期。

态。但是，博物馆里面的作为文明代表的器物的等级演化的排列，则不一定真的就是那样演化的，很多时候是依据牵强附会的解释而作出的一种人为的排列。曾经见到过一则报道，说早年中国的器物到了欧洲的博物馆里，许多人竟然无法在他们的排列序列中给这些器物找到一个合适的位置，最后只好搁置在一旁，不去理会了。

在我所调查过的范庄龙牌会，过去是在庙会的组织者会头家里过会的龙牌，已经在2003年庙会时被移到了那一年建成的取名为"龙文化博物馆"的庙宇之中，能够显示现代博物馆特征的就是那些挂在墙壁上的各种不同年代出土的龙，时间便是那些据说是从天津的一家博物馆直接抄录下来的对于龙的演化的解说词。经过这样的装置展示，所有不同年代被标定为"龙"的图案都按照时间先后的顺序排列，环绕着位于中心的龙牌。

不过，尽管有那些从上一级博物馆里复制下来的历史上的各种形态的龙的图案，但是活跃在人们心中的仍旧还是村里人供奉多少辈的龙牌本身，人们可以在龙牌面前不停地跪拜，祈求平安与祝福，但却没有人会在这些历史上的各种龙的图案面前做同样的跪拜仪式。单单就这些跪拜祈福者而言，龙牌才是最为有意义的，最为值得为之下跪祈祷的。

由于时代的转变，龙牌可以从非常小的一块木牌位，转变到今天两米左右高一米五左右宽的硕大的龙牌，但是在普通的跪拜者心目中，龙牌仍旧只有一个，这个龙牌过去可能是跟求雨有关，但是今天已经转变成为有着更为广泛的意义和功能了。

另外一些人，恰恰是庙会组织者，不仅把原来很小的龙牌放大成为今天极为硕大的龙牌，而且还把原来在"家里过会"的传统转变成为了去"庙里过会"[①]，并把城市里博物馆的龙的演化的知识和图像带进了这个村落社区，和既有的龙牌的图像并置在了一起。

另外，还有外来的学者，他们有意在当地人心中"活着的"龙牌和这些学者心中"活着的"古代典籍之间建立起一种联系，并用"活化石"这样的人造概念将两者并联在一起，以为这里的龙牌便是中国龙文化的起源地，甚至新盖的庙宇的大堂就被富有想象力地命名为"始祖殿"，这样

① 盛燕、赵旭东：《从"家"到"庙"——一个华北乡村庙会的仪式变迁》，载黄宗智主编《中国乡村研究》（2008），第六辑，第110—138页。

的名字的确认无疑是跟学者们的努力或者说干预密切地联系在一起的，如果没有外来者的参与，这个村庙庙会的形式会走另外一条发展的道路，也未可知。在这里，我们确实感受到了龙作为一种表征在一个地方社区多元地演进着，并且各自持守着各自的演进逻辑。对于普通的跪拜者而言，灵验便是唯一的判准。在普通的村民看来，只要灵验，龙牌便值得去跪拜，在龙牌面前，所有的人似乎都会表现出一样的行为，甚至有些官员、城里人以及外来的祈求者不知道如何去跪时，旁边还会有经验老到的跪拜者教他们正确的姿势，并且那姿势也只可能有一种，每个人都不会创新出什么新的样子来。

而作为龙牌庙会的组织者而言，龙牌之龙，其表征就是一种可以与外界交流的媒介，大家因为龙牌的缘故而聚拢在这里，并因为龙牌的缘故而可以使自己的行为有了一种发生学的意义。还有一些通灵的人，他们通常被当地的人说成是看香的人，因为他们一般是通过观察燃烧的香的形状来转达龙牌对于跪拜祈福者的回答，他们成为人与神之间沟通的媒介。但是离开龙牌的香炉那里之后，这些看香的人中有许多人都被描述成为近乎是我们现代精神病理学中所描述出来的不正常的精神病人，也就是当地人所说的"脑子不清楚的人"，但是这些人往往都会有一段故事，他们从"脑子不清楚的"不正常的人，转变成为可以为村民看病传话的"通灵的人"，这种转变是发生在龙牌面前的。换言之，对于这些人的叙事，往往都是选择在龙牌面前，也就是在这个空间，不正常转变成了正常，或者说是借助于龙牌，他们的不正常转变成为了正常，并被村民和来龙牌面前祈福者尊为"通灵的人"，他们一下子不仅不是异常的存在，而是还可以在人和龙牌之间扮演沟通者的重要角色。还有一些村里的权威人物，他们可以借此龙牌庙会再一次强化自己与外面世界的联系，强化自己在村里的影响力。

我们没有必要在此有限的空间里详细罗列龙的"中国化"的演变历史，但凡此种种，最后又都跟龙牌联系在一起，是龙牌的存在才把这些分散的要素联系在了一起，形成了一个相互可以共同存在的整体。

龙作为一个词汇，肯定是泛中国化的，作为一种图腾，它代表了中国的文明。但是龙的形态却又是各种各样、不拘一格的，换言之，作为一种文明的形态，龙可以有多种的变形，这些变形构成了一种龙的文化。

范庄的龙牌和上古的勾龙之间肯定有联系，因为都共同有一个"龙"

字，这是个人认知上就能够发生的联想，但是，把龙牌看成是勾龙的化
身，这便不是认知上的自由联想，而是由特定的学者杜撰出来的一种联
系，因为实在找不出来从上古传说中的勾龙转变到今天在一个乡村活跃着
的龙牌之间的直接的变异链条。

　　但是，龙牌本身的固化存在肯定是一种变异的结果，是由人脑加入其
中的一种变异，最近可以找到一些历史联系的也许就是从公共表征中的求
雨的龙王转变而来的更具广泛功能的龙牌。在清光绪年间修订的《赵州
志》中有两篇求雨的祭文，内容都是跟龙王有关联，一篇为元太常院奉
礼郎屈敏中的"龙井庙祷雨记"，另外一篇是明副使杨森撰述的"龙泉双
庙祷雨记"，这两篇文字都被收入到了县志的"艺文志"的栏目中。① 并
且，两位书写者都是各自时代（元朝和明朝）的官员，这实际上已经暗
示了，这样一种祷雨仪式不仅是在龙王庙里举行的，而且一定是受到官方
认可的，甚至还很可能是由官方主持和操办的。我们先来引述一下写于元
代的"龙井庙祷雨记"：

　　　　赵有二祠，附城之北，面阴而背阳，左曰"懿济圣后"；右曰
　　"显泽大王"。有井于祠之前，每遇旱而祷，但设空瓶，神格水溢，
　　雨必随之。既雨，乃还水于井中。至治庚申，命监州奉议公方，监以
　　郭之平棘，其年有魃为疟，公以奉金易香楮，斋沐致恳，拜祷良久，
　　瓶水之至，若方诸承月，不酌而盈，翌日甘澍沾足，由是公感神惠。
　　屡省祠宇，恒令完洁，构宇以覆其井。举梁之日，有众集毕，偶见井
　　泉之上，蛇形金色，蜿蜒而出，顷而忽失所在。——时十月二十有一
　　日也。董役者陈星，匠者郑璋，典局镛者王忠辈走白于公曰："蜇虫
　　已俯，而神泻灵异，盖我公至诚之所感与。"后复二纪，公拜今命。
　　至正己酉，视篆之明年也，夏秋之交，衡阳损稼，公暨同僚复祷于
　　祠，不崇朝而雨周十里，岁则大熟，公谒余曰："神之惠我者昔日灵
　　异如此，今之应感又如此，愿子记始末干石庶俾来者知神有可感之
　　理，而所以致感之道自不容于谨矣。"且曰："毋让。"予谓，语常而
　　不语怪，语人而不语神，故圣人之遗规，然御灾悍忠义所当论。夫公

───────────────

　　① 赵县地方志编纂委员会：《赵州志校注》，赵县地方志编纂委员会印，1985 年版，第
199—200 页。

之拳拳于事神者，为生民御灾而然也。予不欲以语神辞而为公纪实书也。①

这位记述者，显然持守着儒家"敬鬼神而远之"的原则，但是，在这里，我们又看到文中的主人公，这位地方上的监州方先生，却对于地方神灵的敬畏远远甚于对其的疏远，自己亲自践行祈雨仪式，为一方的百姓求得难来的雨水。他甚至可以"奉金易香楮，斋沐致恳，拜祷良久"，以诚挚之心祈求神灵的庇佑，神真的灵验了，他又会"公感神惠"。这样的交流不是民间的，而是地方官员、地方神以及地方百姓三者的并联，是相互勾连与影响的结果。这种状况在几个世纪以后的明末依旧如故，这一年出版的《赵州志》把同样一篇由地方官员祈雨的文字列在了艺文志这一栏里，不妨先全文引述如下：

　　今何时哉？兵戎辐辏，饥馑洊臻。十室九空，苍黎劳于鲂赪；千疮百孔，绿林扰于蜂喧。所冀望有一幸者，惟在雨阳时若，以养育此孑遗耳。辛亥岁，抚台张以恒阳捕役之繁，调予真定。予滇人也，黔技也胡捕之能为。未几，而以赵事属之，猥有旱魃之祟，缘是率乡耆之众，为桑梓之举。乡人旋以龙神灵异之事告之，因谒其庙，而第陈栋宇轩翔，亭台壮丽；观其井，则波澄镜净，气肃霜寒，阅其所勒之石，则不知庙貌堂构肯于何时？灵异奇传，昉于何氏。惟见元大至正之重修，洛阳王守之补葺。复讯其所以灵异之事，金曰："置瓶井上，伏拜阶下，诚求者叩祷未毕，水注瓶中，甚溢瓶外，而雨即淋漓。"否则其瓶如故，若恳求再三，水复内注，而雨亦霑濡。即古今省直，白叟黄童，凡有请求，无不应验。噫嘻！庙神之灵，何地蔑有，而龙神之灵而且异若是，不亦邪马戒心骇目令人有不可度蜋可射之思也。予尝恒览古今祷雨之概，闻有观星履斗望风候气而雨者，有网罗蜥蜴，咒祝柳枝而语者，亦有三车演法，四布天花而雨者，亦有漱口置坛白龙双降而雨者，等而上之，又不有口矛身牺而天泽聿至者乎，不有号呼云汉而肥虫遣立消者乎，不有露宿减膳而灵液下施者

　　① 赵县地方志编纂委员会：《赵州志校注》，赵县地方志编纂委员会印，1985年版，第199页。

乎，不有环艾自焚而膏润千里者乎，不有积薪坐火而灌溉四封者乎。
总之，下以明信为祷，上以霖雨为应，幻然芒无依据，皆未有置瓶赐
水旋至甘雨者，较之观星昼赐诸法不显然有所评凭依也。①

在这样的记述中，我们无法否认自元代以来，在赵县这个地面上，龙
神跟祈雨之间的密切联系的一致性。虽经过数百年的变迁，但是其中所含
有的人与神之间的灵验的观念并没有什么改变，所谓"下以明信为祷，
上以霖雨为应"，并没有多少人怀疑而发生改变。

但是，我们确实无法仅仅凭借这样的两段文字就贸然地断言，这些都
没有改变。能够记载到县志里面的文字应该都是要经过筛选的，通过这种
筛选，一种正统的意识形态得到了维护，就龙的灵异而言，这样的官方描
述更加能够体现出来正统意识形态中所一直极力维持着的"天人感应"
的观念。祈雨是公事而非私事，是缓解一个以农业生产为基础的地域因为
缺乏天水而产生的群体性心理恐慌，这从来都是地方官需要身体力行加以
解决的，否则天旱导致灾民流离失所便是上天对于地方官无能的一种惩
罚。天灾不是自然的现象，而是一种对于地方官政绩的否定，至少在中国
传统社会中，这种观念是极为强烈的。

如果有这样的前提认识，县志中千篇一律的祭拜龙王的祈雨仪式的记
述便都不难理解了，那是在维护着地方官有意营造的一种意识形态，是通
过强调龙的应验以及地方官的祈求，接下来以可能出现的普降甘雨而对地
方官政绩给予一种肯定。这样一种核心的特征，被特别抽离出来成为核心
的价值观并不断地得以书写，从而使得这样一种灵验的观念得到一代一代
地延续。

但是，就每个人和每个地方而言，这种灵验的观念却不是唯一的，其
他的观念和认同也同样在实践着，只是没有得到官方的认可罢了。要证明
这一点，当下的田野调查就变得极有意义，我们只有在各个不同的地方看
到同样是跟龙有关的祈雨仪式，我们才能够清楚地知道这种信仰在空间分
布上的差异，这种差异隐含着一种信念的变形。

_____

① 赵县地方志编纂委员会：《赵州志校注》，赵县地方志编纂委员会印，1985 年版，第
199—200 页。

三　信念的变形：从祈雨到祈福

对于龙牌灵验的信念也许是最为核心的，所以不容易改变，但是龙牌最初跟祈雨直接连接的信念显然是已经发生了转变，如果说过去祈雨是跟整个社区紧密地联系在一起的话，那么今天更为突出的是强调龙牌和更大的龙文化以及龙祖的联系。有意强调这里的龙牌是早年传说时代的勾龙的转化，这些观念显然跟地方学者的知识传播有一定的关系，通过这种传播，祈雨的功能已经不再成为凝聚村落社区共同意识的集体表征，而是逐渐为新的看起来更为符合当下超村落共同意识建构的龙文化这一集体表征所取代。在此过程中，老百姓的信念也在发生着转变，从集体的祈雨认同转变成为个人直接去面对龙牌，直接将自己的私人生活的困境和希望讲出来跟龙牌来交流。在我所看到的各个庙会上，大家频频地到那里去看香，以求得对自己和家人的祝福，便是明显地说明了这一点，他们的意识里并没有那么清楚地意识到龙牌和所谓的龙文化之间的紧密联系，因为龙牌和龙文化的联系对于他们实际的日常生活并没有什么直接的相关性，他们更为注重灵验，特别是对于自己私人生活的灵验。我清楚地记得，一位会头在他家里跟我讲他如何入会成为会头的经过，核心就是他要强调龙牌给他自己显一点灵验，好让他相信，这种灵验的真实存在。显然，正像其他人所感受到的那样，在初春很冷的时节里，蛾子跑去了他家，一直不肯离开，他认为这就是龙牌显灵，后来才引导他进入到龙牌会成为一名会头。

在解释这种转变中，我们必须要考虑到社会环境的转变，从来没有一个象征符号，它对于人们的感受而言是永恒的，由于人的认知加工的不确定性，一个为不同时代的人所知觉到的同一个象征符号，其意义也就有了差异，由此而造就了一种信念上的差异。在没有灌溉和干旱的社会环境下，祈雨是最为重要的，能够对祈雨给出应验的龙，才是人们心目中最为灵验的龙，而在农业灌溉系统得到普及，人们不再完全依靠天水，天水缺乏时，就启用地下的井水来灌溉，一般都会应一时之需，不会出现极度的旱灾。这样的环境转变，使得祈雨的公共性减少，由此，人们的个人生活越来越具有了风险性，人们靠自己而不是靠老天爷来吃饭，但是这种依靠个人的生活使得人们必须要有更多的机会去面对个人的问题，包括疾病、财富、安全和幸福等等，获得这些，除了自己的努力和奋斗之外，更为重要的是有许多因素是自己的能力所无法控制的，比如疾病，比如更多的财富，所以便在原来的祈雨的神面前祈求，祈求为跪在神面前的祈求者带来祝福。这样一种公共的祈雨信念一下子转变为私人的祈福的信念。

在这里，作为信仰基础的信念是一个个体心理的过程，同时又不以此心理过程为终止，信念一定是经过个体的心理加工成为一种即时性的心理表征，这种心理表征外化成为公共表征，这些外化的公共表征又会再一次被其他的人所认知而成为新的心理表征，最终又会成为新的公共表征。这样的过程模拟了信念发生变异的过程，这种变异包含了各种信仰转变的可能性。尽管我们无法用语言来穷尽这些年发生变异的各种形式，但是我们从许多的形式之间具有相关性这一点上就可以清楚地了解到这种变异发生的经常性和不确定性。而文明在一定意义上恰恰是一种固化，也就是把某一个时代各种的变异形式进行类别化，然后给出一个名字，比如石器时代、青铜器时代、铁器时代等等，目的只有一个：便通过类别去理解变异，但是实际的文明发生的过程，正好是与此呈一种相反的走势，是一个个变异出去，相互只有相关性，却很难有类别上的同一性，人反过来去强调这种同一性，恰恰是一种对现实复杂性的一种简化，以此来达到便于理解的目的。

有一位彝族的学者曾经研究过葫芦的造型和各类器皿形状之间的关联性，这是非常有意思的一项研究，他看到了，一方面是各种的葫芦造型，依照《本草纲目》上的分类有五种，实际肯定不止这些；而另外一方面，则是分布在中国中原、东北、西北、东南和南方的各种多少类似葫芦形状的新石器时代的陶容器，如壶、瓶、盂、缸、豆、盆、尊、罐、杯、碗、钵、瓮等等，这位研究者就认为，"葫芦容器是陶容器的天然模型"。① 这样的结论肯定是没有错的，但是更为重要的是在这些器物的变异上，有那样多的种类，并不一定都和葫芦的形状一一相对，只是有大体性的相关性，这是个人的创造力发挥作用的时代，人们可以凭借对于葫芦的共同信念而创造出各种的并非完全模拟葫芦形状的变异出来。而后来这位研究者及其学生对于彝文化与楚文化之间共同具有的彝族语词、十月历法、崇虎

---

① 参阅刘尧汉的《论中华葫芦文明》，最初刊载在1981年出版的《民间文学论坛》第三期上，后来再次被普珍所撰《彝文化和楚文化的关联》一书收录，我引述的便是此书：普珍：《彝文化和楚文化的关联——彝族语词、十月历法、崇虎敬羊、三色彩绘及家国之匏》，云南人民出版社2001年版，第142页。

敬羊、三色彩绘及家国之匏的比较研究之后，认为两者之间有着某种关联性，这也是同样正确的。① 只是这些要素已经是曾经先被固定下来成为一种为许多人共同认同的文化要素，然后再由文化传播的途径而传播出去，然后再次被固定下来，缺少了自身的变异。

回到龙牌的例子上，我们会清晰地注意到，从祈雨到祈福的转化，这体现出来了一种信念的转变，这种信念的转变是建立在人们对于龙牌的灵验的认知上面，同时，伴随着社会环境的转变，龙牌灵验的认知方向发生了转变，从以前为了社区公利的祈雨而转化成为了应对个人风险的私利的祈福，这是一种社会的变革，同时也体现出来一种信念的变异。

四　以讹传讹：虚构抑或实际？

在有机会阅读到上古传说时代的重要研究性著作《中国古史的传说时代》一书时，我惊讶地发现，徐旭生已经在方法上接近了对于没有文字记载时代的文明表达的形式，而且更为让人惊讶的是，他援引了一个心理学的实验作为他谈论如何治传说时代的历史的方法的基础，如其所述：

> 教心理学的先生常常做一种试验：把他的几十个学生暂时赶出课堂外面，仅留一人，给他说一个简短的故事；完毕后，叫第二人进来，命第一人向第二人忠实地述说此故事；此后陆续叫第三人、第四人，以致最末一人，命他们陆续向后进来的人述说同一的故事。最后可以发现最末一人所听到的故事同第一人所听到的有相当大的区别。由此种试验可以证明口耳相传的史实的容易失真。②

这样的心理学实验背后的道理并不为中国人所陌生，我们有"以讹传讹"的成语来描述这样的信息传递过程中的"失真"的情形。这里所谓的"真"，就是心理学家向一个人讲的故事，但是由于每一个人认知加工能力的差异以及对故事的理解和记忆上的差异，使得无法复制最初的故

---

① 普珍：《彝文化和楚文化的关联——彝族语词、十月历法、崇虎敬羊、三色彩绘及家国之匏》，云南人民出版社 2001 年版，第 142 页。

② 徐旭生：《中国古史的传说时代》，广西师范大学出版社 2003 年版，第 23 页。

事内容成为了一种常态。这不是我们认知上的错误，而是认知的真实形态，这一点显然为后来的认知心理学家所认可和证实。因此，对于某一个人而言，以讹传讹并非是一种错误的认知，而是一种自然而然发生的事情，徐旭生也清楚地意识到了，要想这种以讹传讹少发生，唯一办法就是文字的出现，文字多少可以避免这种失真，因为文字可以固定化，"就是一件史实一经用文字记录下来，可以说已经固定化，此后受时间的变化就比口耳相传的史实小得多"。①

这样看来，文明所起的作用显然是一种固化的作用，是让变动不居的思想观念固化而成为一段文字、一个器皿、一个塑像、一个图腾、一个象征以及一种表达等等，但是个人的认知活动总是在变动之中存在的，没有一个人的思维会僵化到对于外界世界只有一种单一的反应和理解。一个人活着的观念经过文明的固化又成为某一位新人再创造的基础，如果前一种是"讹"，那后一种依旧是"讹"，并不存在失真与否的问题，后者总是会想着不是模拟前者，而是依据自己的处境发明出更新的观念出来，如此才有所谓文明的演进。

所以，文明从来都是一种事后的归纳，并借助一种固化的形式而将其固着下来，尽管存在着文明之间的差异，但是那种差异是建立在固化的基础之上，由固化的文明之间差异的比较而获得的。实际发生着的信念，其核心的特征是变异，是居无定所，就像海森伯格的测不准原则一样，我们无法估算某一种信念它下一个变异出去的信念的形态和位置。在人的认知中，以讹传讹并没有什么贬义，它是在头脑中自然发生的事情。

所有的文明，当我们把它认同为一种文明时，它已经是一种固化的表达了，成为了一种心理表征之后的公共表征，但是，每个人对于这种文明的感受却是极为不同的，进而在认知上的心理表征便存在着极大的差异，我们把这种表征上的差异称之为一种变异，这种变异使得一种观念可以有多种的变形。而多种的变形，又会固化为多种的文明形式，多种的文明形式又会经由固化的媒介缩减成为几种有着明显差异的文明形态，而所谓文明化的进程，也无非就是这些差异的文明形态的时间排序，是人认知加工的结果。在这个意义上，任何的文明都是一种暂时的存在状态，而任何对于过去的文明的固化的表述，实际都隐含着自身要被新的发现和表述瓦

---

① 徐旭生：《中国古史的传说时代》，广西师范大学出版社 2003 年版，第 23 页。

解，进而使得这种文明的固化形态遭受彻底怀疑的可能性。与此同时，我们可以肯定地说，文明实际上就是一种对于我们活跃的观念的一种固着化而已。

对弗里德曼"国家—宗族房支分化"
解说模式的田野检思[*]
——以山东费县闵村闵氏宗族为例

杜 靖

（青岛大学社会学系）

一 引 言

莫里斯·弗里德曼（Maurice Freedman）的宗族分析范式（local lineage paradigm）① 产生以后，对它的批判此起彼伏。比如，Burton Pasternak 认为，早期移民社会并没产生宗族，而是产生了出于防卫目的的地域性联庄组织，之后才在第二阶段产生宗族架构，而水利开发和稻作经济的存在也不一定意味着宗族的产生，相反却更多地涌现出地域化组织。② 又如，庄英章通过台湾竹山汉人社会研究也同样坚持，宗族的出现并非发生在移民边疆的第一阶段，而是出现在第二阶段，其原因是血亲群的扩大和人口压力，同时跟谱系和公共财产也有密切关系。③ 刘志伟认为，在珠江流域宗族出现前，基层流行里甲制度，宗族由里甲变化而来。④科大卫也接受

＊ 本文根据作者《九族与乡土——一个汉人世界里的喷泉社会》（知识产权出版社 2012 年版）相关章节综合而成。本研究受到 2011 年度国家社会科学基金项目 "16 世纪以来黄淮平原上的联宗问题研究"（项目批准号：11BZS072）资助。

① Maurice Freedman, *Lineage Organization in Southern China*, London：Athlone, 1958；Maurice Freedman, *Chinese Lineage and Society：Fukien and Kwangtung*, New York：Humaniies Press, 1966.

② Burton Pasternak, *Kinship and Community in Two Chinese Village*, California：Stanford University Press, 1972.

③ 庄英章：《台湾汉人宗族发展的若干问题》，载 "中研院"《民族学研究所集刊》1974 年第 36 期。

④ 刘志伟：《在国家与社会之间——明清广东里甲赋役制度研究》，中山大学出版社 1997 年版。

了这一看法。① 常建华认为，宗族被普及以前基层存在乡约组织，宗族借助了乡约得以发展壮大。② 但唯有陈其南的系谱理论，始构成对弗里德曼为首的中国宗族功能论的有效解构。陈氏主张，汉人家族形成和分支过程中，房与家族的系谱理念或宗祧理念（descent ideology）是首要的因素，其次才是功能的考虑，系谱理念的房和家族单位必须结合某些非亲属的功能，才会形成共同体的宗族。③ 钱杭对经典文献梳理后认为，"源于一'宗'的父系世系原理"是理解汉人宗族制度的关键与核心。④ 当然，陈其南和钱杭的强调谱系或世系又有所区别：陈其南认为从房到家族宗族的演化是按照谱系自然发生的事情，而钱杭认为这是一个人为建构的过程。比如钱杭说："宗族是人类主动选择、主动建构的一种亲属组织形式，是历史发展的结果。宗族的形成前提是对源自一'宗'的父系世系原则的认同；根据这一性质的父系世系原则所固定的亲属，就是宗亲；在认定宗亲基础上组成的亲属性'群体或团体'，并且在实际生活中表现出聚居行为，就是宗族，或宗族组织。"⑤ 显然，在钱氏的眼里，宗族是汉人所采取的一种生存性文化策略。其实，在 Maurice Freedman 那里也意涵了这一主张。

然而，这些研究大多是从汉人宗族形成的原因或文化机制角度加以反思的，却较少在宗族运作的图景上与弗里德曼展开对话。

非洲努尔人的世系裂变制度指的是，在一个无国家的社会里，有着相当时间深度的世系结构中，同一级别的裂变分支间的关系是平等的，当外在压力撤销时，由于内在竞争而导致最近的平等的房支间分裂；但当外部压力一旦出现时，最近的平等的裂变分支间就会自动融合在一起，共同对

---

① David Faure, *The Structure of Chinese Rural Society: Lineage and Village in the Eastern New Territories*, Hong Kong, Hong Kang: Oxford University Press, 1986；[香港] 科大卫：《皇帝和祖宗：华南的国家与宗族》，卜永坚译，凤凰出版传媒集团、江苏人民出版社 2009 年版。

② 常建华：《明代徽州的宗族乡约化》，《中国史研究》2003 年第 3 期；常建华：《明代宗族研究》，上海人民出版社 2005 年版，第 3—22 页。

③ 陈其南：《房与传统中国家族制度》，《汉学研究》1985 年第 3 卷第 1 期；陈其南：《家族与社会：台湾和中国社会研究的基础理念》，台北：联经出版事业公司 1990 年版，第 129—213 页；陈其南：《汉人宗族制度的研究——傅立曼宗族理论的批判》，《考古人类学刊》1991 年第 47 期。

④ 钱杭：《宗族的世系学研究》，复旦大学出版社 2011 年版，"序言"，第 1—3 页；第 14、29、81、95 页。

⑤ 同上书，第 28—29 页。

外。正如埃文斯—普理查德所说:"任何一个裂变分支在与同一分支中的另外一个裂变支相比较时都认为自己是一个独立的单元,但在与更大另外一个分支相比较时,又把这两个裂变支看作是一个统一体。在其内部成员看来,一个分支是由相互对立的裂变支构成的,但在另外更大一个分支成员的眼里,它们便不再是存在裂变的单元。……一个部落裂变支在与其他同类的各裂变支相比较时,才是一个政治群体,并且,它们只是在和那些与之构成同一政治系统的其他努尔部落及临近的外族部落发生关系时,才合在一起,形成一个部落。"① 非洲努尔人的世系裂变制度表现出可拆合性特点,既竞争又合作。Meyer Fortes 在非洲 Tallensi 社会也发现了类似的文化现象。② 拥有这类世系裂变制度的非洲社会总之是没有高度集权政治的,因而在某种意义上而言,非洲许多社会都靠这种世系裂变制度来维持运转。

弗里德曼在中国没有找到这种可拆合的裂变世系群制度,而是发现了另样世系群制度对于中国社会运转具有重要价值。比较起非洲世系学来说,弗里德曼的贡献有两点:

第一,中国宗族对地方社会运转的意义不是独立的,而是和国家的地方政府结合在一起来维持地方社会秩序的。一方面,地方宗族与地方政府之间存在张力(国家对地方宗族势力有所提防);另一方面,又相互依存,具有合作关系。③ 从后者角度来说,首先,如果村庄能够完纳课税、且不扰乱地方社会安全的情形下,中国官府都会鼓励地方自治,因而在国家支持下,村落宗族(localized lineage)通常是解决宗族成员纠纷的最大单位④;其次,宗族又非完全自治,宗族通过士绅跟官府相连接,在宗族中居关键地位的士绅能够缓和与制止公开的敌对冲突,能够代表社区的利益谋划和降低国家对社区刚性的赋役和赔偿(很大程度上,地方政府不得不依靠宗族内的士绅来完纳课税和维持地方秩序),有时还能把官僚系

① 埃文斯-普理查德:《努尔人——对尼罗河畔一个人群的生活方式和政治制度的描述》,褚建芳、阎书昌、赵旭东译,华夏出版社 2002 年版,第 172—173 页。

② Meyer Fortes, "The Significance of Descent in Tale Social Structure", Meyer Fortes, *Time and Social Structure and Other Essays*, 2006 (1970), pp. 33—66.

③ Maurice Freedman, *Lineage Organization in Southeastern China*, London: The Athlone Press, 1958, pp. 114—125.

④ Ibid., pp. 114—116.

统的荣光带回本社区。① 特别是，当宗族有经济能力培养读书人的时候，读书人因科举成功进入帝国的官僚系统，提升了自己的社会地位，这同样也能给同族的其他成员带来社区的优越感，因而提升了整个宗族在地方社会中的声望和地位。②

王铭铭曾批评弗里德曼说，虽然弗里德曼注意到了"国家在社会组织建构的角色"，但是"为了建构他的'边陲社会'理论，他不惜把这一重要观察放在他的理论架构的边际地位，甚至将之削减至虚无的地步，过分地强调宗族组织的自在功能，从而使他的理论只具有'社会分析'的视角，缺乏对'国家与社会'互动的进一步思考。弗里德曼的这一理论缺失，可以从它在分析宗族这一个多世纪以来的命运的无能看得更加清楚。"③ 我以为王铭铭对弗里德曼的这一兀自非议并不符合实际情况，有哗众取宠之嫌。诚如上文节要介绍所言，弗里德曼强调中国宗族对地方社会运转的功能恰恰是从"国家与地方"关系角度而言的，在弗里德曼的理解中，国家、士绅和地方宗族三方互为共治主体。

第二，弗里德曼发现中国大规模宗族内部的裂变分支间存在社会地位的分化④，导致了宗族内部的依附与被依附关系、庇护与被庇护关系。⑤也就是说，势单力薄的弱小房支会花费一定的代价依附在较大房支之下。具体来说，分化不仅体现在房支与房支之间，也体现在同一房支内部不同的宗族成员之间。强大的房支往往会产生出一些有势力的士绅或商人，这些士绅是宗族得以凝构的核心力量：他们不仅给宗族留下大量财产，而且能够促进社区的文教、救济、安全、公共设施建设等福利事业，也同时代表宗族跟外面打交道。当同一房支内的贫穷人员在与官府和因其他原因（比如联姻、买卖土地、经商，甚至冲突）与外面世界交涉时，往往依赖

---

① Maurice Freedman, *Lineage Organization in Southeastern China*, London：The Athlone Press, 1958, p. 125.

② Ibid. pp. 51—62.

③ 王铭铭：《社会人类学与中国研究》，生活·读书·新知三联书店，1997 年第 89 页版。

④ 需要说明：弗里德曼认为，A 型宗族规模较小，虽然存在基本的谱系裂变以及低层次的共同财产，但缺乏社会分化；而 Z 型宗族却相反（具体参见 Maurice Freedman, *Lineage Organization in Southeastern China*, London：The Athlone Press, 1958, p. 132）。这里主要指 Z 型宗族。

⑤ Maurice Freedman, *Lineage Organization in Southeastern China*, London：The Athlone Press, 1958, p. 9, pp. 126—140; *Chinese Lineage and Society：Fukien and Kwangtun*, New York：Humanities Press, 1966 g, pp. 159—164.

这些士绅和商人。同样，同一宗族内部其他弱小房支由于缺乏富裕成员或士绅，那些贫穷成员在有事时也不得不依靠强大房支的士绅或商人。正是通过这样两种机制，分化的宗族被结构成一个整体。① 当然，有时候地方冲突也会促使若干小房支结成联盟，来应对较大房支的压力。

本文通过考察华北单一宗族村庄的内部运作问题，来检验弗里德曼的"国家—宗族房支分化"解说模式。

我的田野地点在山东闵村，该村隶属于费县汪沟镇②，在汪沟乡镇驻地西1公里处。东南距临沂市30公里，西南距费县城25公里，西北120公里可抵曲阜市。闵村既是一个自然村，也是一个独立的行政村，是一个主要由孔子弟子——闵子骞的后裔建立的宗族村庄，基本上可判断为林耀华意义上的宗族乡村③，或宗族社区④。有关该村的一些情况可以参考我的几篇已公开发表的学术论文⑤和拙著《九族与乡土》⑥。特别需要声明，尽管我们早已认识到弗里德曼讲的世系群（linage group）概念难以与中国汉人实践中的"宗族"概念相一致，但为了在严格意义上跟弗里德曼对话，我还是要从"法人团体"⑦或 corporate group 角度来理解宗族⑧。尽管我相信，陈其南和钱杭从系谱理念角度解构弗里德曼是有效的，但是我依然坚信，在中国有些汉人宗族制度实践仍难以摆脱"法人团体"意义或 corporate group 内涵。我们不能因为某些区域宗族在实践上没有功能性因素或功能因素不是首要的因素，就断然完全否弃弗里德曼的理论探索

---

① Maurice Freedman, *Lineage Organization in Southeastern China*, London: The Athlone Press, 1958, pp. 51—62, pp. 126—131.

② 2011 年 1 月 13 日，山东省人民政府办公厅发文批准闵村及所在的汪沟镇归属临沂市兰山区，详见鲁政字〔2011〕9 号文，"山东省人民政府关于同意调整临沂市兰山区费县部分行政区划的批复"。但闵村在历史上长期归属费或费县，考虑到这一原因，本文并未作改动。

③ 林耀华：《义序的宗族研究》，生活·读书·新知三联书店 2000 年版，"导言"，第 1 页。

④ 杜靖：《谁是"宗族社区"概念的最早提出者——与科大卫教授的探讨》，《中国社会科学报》2010 年 5 月 13 日，第 4 版。

⑤ 杜靖：《帝国关怀下的闵氏大宗建构》，肖唐镖主编：《当代中国农村宗族与乡村治理——跨学科的研究与对话》，中国社会科学出版社 2008 年版，第 69—90 页；杜靖：《多元声音里的山东闵氏宗祠重建》，《中国研究》2008 年春秋季合卷总第 7—8 期页；杜靖：《五服姻亲与宗族——来自山东闵村的亲属实践报告》，上海社会科学院《传统中国研究集刊》编辑委员会编：《传统中国研究集刊》第六辑，上海人民出版社 2009 年版，第 485—501 页。

⑥ 杜靖：《九族与乡土——一个汉人世界里的喷泉社会》，知识产权出版社 2012 年版。

⑦ Henry Sumner Maine, *Ancient Law*, New York: Henry Holt&Co, 1866.

⑧ 马克斯·韦伯：《儒教与道教》，王容芬译，商务印书馆 1995 年版，第 138—142 页。

意义。弗里德曼从功能的角度来理解中国宗族，仍然有其部分现实依托。当然，我这样处理并不意味着一点也不考虑系谱问题。对于本文而言，功能、系谱和聚居依然是理解中国宗族很重要的因素。

二　奇特的风水现象

首先让我们来看，山东省闵村村落布局和大门安装风格上存在着的三个独特现象：

现象一：闵村的南北中心大街和家庙前的大街构成一个十字，家庙以北是族人所称的后村或后街，家庙以南构成前村或者前街。南北中心大街在十字结处向西南略发生偏向，即由原来的子午向略折向西南。家庙坐落在子午线上，南北中心大街的走向跟家庙的方向一致①。闵人的房屋多是坐南朝北，其设计根据大街的走向而定。这样在外观上来看，整个后村的房屋与院落皆成正南正北的方向，与家庙保持一致；而前村的房屋与院落则整体略偏向西南。后村一条条街道也就安得比较直，成东—西走向；前街的一条条街道就不是正东—正西结构，略有偏斜。于是闵人说，中午十二点的阳光正好能够射进后村的堂屋门口内，而前村则要到午后一点阳光才能直射进房间，他们用了一句话来描述这个情况：后村向阳，前村向阴；后村的街叫"阳街"，前村的街叫"阴街"，因而南北大街又叫"阴阳街"。

现象二：后闵村在布局上向东以及东北发展；而前村则向西和西南延伸。后村人口少，布局也就小；前村人口多，布局也就大。这样在外观上，整个村落呈现出一个东北—西南走向的"8"字结构。村民把这种结构叫"拧锤子"（过去捻线的一种工具，多用木头或骨棒做成，类似亚油葫芦）。而且后村的一半"8"字小于前村，整体上又像一把刀。某年风水先生看后，以为闵村出了"刀把儿"②，主凶，并预计村内日后死人会多。村民说，后村应该向西发展，前村应该向

---

① 闵庆新曾专门用罗盘测量过。

② 前村像刀本身，后村东北角则像刀把子。所以风水先生认为，闵村出了"刀把子"。这就主凶，对于家族人口繁衍人口不利。一百年来闵村人闯马贼死了不少人，2004年仅前村由于各种原因就死掉青壮劳力6人。这加剧了闵人对风水的信仰。

东发展，整个闵村才方正，但现在两村形成一个"拧锤子"形状，不往一个方向发展。

现象三：闵村院落的大门分成单扇门和双扇门两种。历史上多是单扇门，少数富户才安装双扇门，近几十年来大部分都是双扇门。但是在调查中发现，后村的所有大门除了少数老房子是单扇门外，都是黑漆双扇门；而前村除了少数老房子的单扇门和少数近年来所盖新房安双扇门外，大部分门是一叶单扇门加一叶木板。木板安放在木槽里，可以灵活装卸，当然大部分都用锁固定在门槛上，类似南方店铺的散叶木门。从门的宽幅看，前后两村大门的宽度设计一样，但是从高度来判断，后村的大门轩昂，前村大门低矮，打个比喻说，后村大门如身材颀长而匀称的小伙子，前村大门若矮胖子。从门的闭合来看，后村开门是开任何一扇均可，而前村开门均打开单扇门板，而不开单页木板，当然若要运进运出大的物件，必须全部敞开。

那么何以造成如此奇特的现象呢？村民给出三种答案：

答案一：老祖的大门（指家庙大门）坐南朝北，要是前村的大门也坐南朝北，岂不是欺负老祖？所以，后经一位风水先生观看，整个前村才改了方向。后村则比量着家庙安宅子。

答案二：爷儿们、弟兄们你挨着我、我挨着你盖屋当邻居，就这样形成了呗！前村那么远，也不能跑到后村来盖房吧？反正过去有得是地方。后村的人也同样想法，不去前村盖房。时间久了，不就这样了吗？

答案三：有两种解释：第一种解释是嫌弃狭窄，所以要加一块木板；第二种解释是前村不能安双扇门，否则就是"欺祖"。老年人说，早年有一个风水先生路过闵村，他认为前村不能安双扇门，否则就是欺负闵子骞老祖，于自己人丁不旺。所以过去，不论前村的人多么富有，他都不敢安装双扇大门。当问及村民为什么后村可以安双扇门时，前村人回答：那是因为在老祖的屁股后边，他看不见。

从上述资料看，在闵村内部，闵姓人已经将整个村落在心理认同上分成了前后两个"村"。不过这只是内部的看法，但在闵村周围的村庄看来，他们依然是一个村庄，并不存在前后村之说。本文行文中的"前村"和"后村"并不是独立的自然村或行政村的意义，这里只是采用村落内部认同性看法。

对于答案一、答案三来说，村民们提供了一种本土的风水解说模式；答案二则是一种长期的聚族而居造成的结果。对于答案三来说，我在附近村落的调查中也有所发现，比如闵村西边1公里之遥的邻村张砦就有前村的大门样式，显然闵人自己的风水解释不能完全合乎情理，其中必然蕴藏着其他的原因。

深入访谈发现，不论前村还是后村，有一种普遍性的认识：前街（指"前村"）上不出好人，或者多出些不正经的人。前村在乱世中多出马贼以及"反面人物"（指地主恶霸、还乡团之类）。即便今日，在后人眼里，现在前村仍出"反面人物"（指贪污腐败的大队干部和一些醉汉骂街与犯罪者）。对于这种现象，前后两村存在着截然相反的解释。后村的人说，前村的人"心眼不正"（即心术不正）；前村的人则认为，前街上之所以出"坏人"，是因为他们的大街是斜的，房子安地基时就斜了。关于大街呈倾斜状，前村人又提供了两种解释：第一，后村的干部糟蹋人（害人），故意把前村的街道规划成斜的；第二，是后村上那个老头①的点子，他为了糟蹋前村，故意请了一个风水先生把街道划歪了。

从这份回答中可以阅读出这样一些信息：一、整个闵村有一种风水理念，即认为街道倾斜或者房屋不成正南、正北的布局，后代就会出坏人；二、在一定历史阶段里后村压制前村，也就是说后村掌握了整个闵村的控制权，而前村处于从属地位；三、正因如此，后村力量拥有了对村落布局的定义权力。

因而，若想弄清楚闵村村落布局以及房屋居住上的特别之处，必须进入村庄的历史。

三　闵村内部的世系构造

拙作《九族与乡土》发现，从父系角度看，五服九族群体是闵村最主要的亲属运作架构。一个个的五服九族群不妨看作是一种特定规模的世

---

① 即闵庆新先生，一个乡村礼俗专家，如今已经不在人世了。

系群构造。①

目前闵村共有 41 个房支，前村 26 个，后村 15 个。这是整个闵氏宗族的实际房支状况。这些房支大部分是本家五服—九族性构造，只有少数发育成更高规模的房支或不足五服规模的群体。但是，如果更换计算五服参考点的话，那些超越和不足五服父系亲属的结构依然是一个个本宗五服群体。再者，即便有暂时的超越或不足，但在运行一两代后，很快又回到理想的本宗五服状态。每个五服房支之下，包含若干个核心家庭或少数主干家庭。这些核心家庭会沿着共父—共祖—共曾祖—最后是共高祖的不同认同范围或实际的生计合作等形成本宗或本家五服九族群，但核心家庭和少量的主干家庭是其基本生计单位，而本宗或本家五服九族群除了存有生计、仪式、祭祀高祖之互助合作外，它们并不是具有独立经济意义的核算单位。

具体而言，续修族谱时，我让他们尽可能追忆自己的祖先，从所忆起的最高辈份到现在每支人口的出生的最低辈分进行累计就获得一个亲等数目。从总体上看，上述 41 个房中（包含死去的祖先和现世的活着的子孙），拥有 10 世支系的 2 个、9 世支系的 5 个、8 世支系的 11 个、7 世支系的 13 个、6 世支系的 5 个、5 世支系的 5 个。显然，拥有 8 世和 7 世深度的房支构成了分布的众数。目前闵村健在的最高辈分是"广"字辈，最低辈份是"维"字辈，谱系的深度上下共包含 9 代。实际上，就任一房支健在的成员而言，除了村子西南角一户百岁老人的家支"五世同支"外，其余不是"三世同支"，就是"四世同支"，而以"三世同支"占据多数，男性亲属称谓结构表现为"祖父—伯、叔、父—己身—儿子、侄—孙"。我发现，亲等距离范围越大的，越可能将各个小支追溯到一个祖先，亲等距离范围越小的，往往是几个小支并列，"系"不到一处。记忆虽然能粗略反映出各房支的成员代数，但毕竟不能真正代表现实活着的亲属互动的状况。

从世系学的组织成熟程度和功能服务水准讲，即便超越五服结构和规模的房支，在共同墓祭时具备一定世系群性质，但在现实里他们作为一个小规模群体还没有形成宗族组织，实体性的空间依然不会像通常意义上的

---

① 杜靖：《九族与乡土——一个汉人世界里的喷泉社会》，北京，知识产权出版社 2012 年版。

大规模宗族那样。比如，拥有自己房支的祠堂和组织，对群体外之世界发挥重要的影响力等。

在当代，为了重修家庙，闵氏族人成立了两个组织：一个是"笃圣祠闵子骞纪念馆筹建委员会"，一个是"笃圣祠闵子骞纪念馆筹建小组"。第一个组织的组成人员主要由地方政府的官方人员（县、乡两级）和在现有官僚和事业体制内就业的族人。第二个组织又具体分为"史料整理组"、"财务管理组"、"外事宣传组"、"建设管理组"和"后勤管理组"，他们主要由族人和在闵村担任村级行政职务的族人构成。① 第二个组织只是建设家庙的临时性运作组织，2003年家庙建成也就自然解体了。因而，不论就传统时代的宗族组织，还是就当下的祠堂重建组织来说，均不是由自下而上的从家族到房支结构逐步发育而来的。

但是，从本文引言和第二部分介绍来看，在闵村内部又的确出现了两个具有认同性的地域群体：前村与后村。那么，这两个地域认同群体，是否建立在系谱或者五服九族群基础上呢？

在传统时代，闵村的宗族组织非常简单：仅有家庙、承祀家庙的奉祠生和一个看管家庙的人，并没有像林耀华所描述的福建义序村那样的理想的富含层级的宗族组织：族长之下拥有房长，房长之下拥有支长，支长之下拥有户长，户长之下拥有家长。② 但从现在的民国初年遗留下来的碑碣看，奉祠生也并不是独自一个人管理家庙，至少分成了前村和后村，也就说前村有一个负责人，后村有一个负责人。如果前村的人是奉祠生，那么后村的人就是个副手，反之亦然。位于这两人之下还有一些族人，共同构成了一个家庙管理委员会的组织。这个组织是一个固定性的单位，尽管每一届都在更换人员。民国九年家庙树立了一块碑，碑尾说："……委派家长奉祠生昭乾、昭乐率族人广恩、广平、广宝、昭文、昭新、宪彝、庆锡敬立。"这些人员是由前村和后村的代表组成的。族人说，如果一旦遇到特殊大事，奉祠生和家庙管理会的人员就会集合在家庙里开会，商量事情。

在我调查期间，族人回忆说："当时有前村办事的，有后村办事

① 杜靖：《多元声音里的山东闵氏宗祠重建》，《中国研究》2008年春秋季合卷总第7—8期。

② 林耀华：《义序的宗族研究》，生活·读书·新知三联书店2000年版，第73页。

的。"所谓"办事的",就是指各自负责前后村事务的"头面人物"。这
些头面人物,在组织赋税劳役、地方神明祭祀、村庄自卫、修建家庙、
家庙祭祖和民间纠纷调解等方面发挥作用。盖由于长期"分工"久了,
遂造成了前村和后村的地域群体认同概念。可见前村与后村之由来,完
全是在一个 Corporation 合作运行下,为了便利分工管理而最终型塑的结
果。

　　马歇尔·萨林斯(Marshall Sahlins)曾经提出一个世系群研究的"英
雄模式"理论。其基本内涵是:"主要的'世系'/地域分支是由系统顶
部自上而下发展而成的,就像统治家族中内部的分支。这被称之为'英
雄式分支'。"① "英雄模式"与"经典分支世系模式"相对立而存在,
"经典分支世系模式"主要指:"分支性世系是自下而上复制自身:通过
最小群体内的自然增长和源于共同祖先的多线并行分支。"② 我觉得,虽
然闵氏宗族两大分支各有一定的世系基础(下面将论析之),但从本文所
介绍的闵氏宗族凝聚与运转情况看,马歇尔·萨林斯的"英雄模式"理
论也确实有一定的道理。解放前闵村前后村的"办公人物"和解放以来
村两委领导往往是聚拢各自人群的一个符号,并以这些人物形成各自的世
系认同,由此围绕这些人物两大人群才得以运转。

　　那么,闵村内部两个地域性认同群体有没有系谱的支撑呢?

　　首先,看前村的情况。

　　闵林(祖茔地)中一个坟墓前立有三通谱碑,一通立于1896年;另
两通立于1962年。1896年谱碑上的人物如今都已故去;1962年谱碑上的
部分人物也已作古。自1962年至现在的50年间是闵村历史上人口增长最
快的一个时期,因而"谱碑"繁衍子孙遍及大半个前村,出现了所谓老
二支、老四支、东五支、西五支等超越五服房份的大支。但这些房支并不
具备宗族实体意义,只是一个系谱上的认识。后村闵姓人常常把他们称为
"前街上那一伙",这意思是他们住在前街上。

　　但是,前村并没有形成一个相对独立的共财世系群组织和管理单位。
据族人说,66代上祖先命名的时候乱了宗,只知多少代,不知行辈,当
时也无法论行辈。现在他们只意识到这些"枝股"之间系谱较近,但是

①　马歇尔·萨林斯著:《历史之岛》,蓝达居等译,上海人民出版社2003年版,第68页。
②　同上书,第68页。

具体怎样近、亲等如何，并不清楚。不过，笔者能根据谱碑和现有五服房支人口的调查情况，将前村闵姓人口完全联系在一起，但是他们却做不到。每年的清明和春节大部分人仍要到谱碑前祭祀祖先，祭祀的时候往往以五服或准五服作为单位（东西五支那样的大支的下属分支）。这说明："前街上那一伙"并不是一个独立的整体祭祀单位。因而，也还不能完全具备"宗族"意义。即使将若干五服房支联系起来，也仅仅停留在一个由笔者才能重拟出来的世系图表上，并无实际的分支财产、宗族组织和分支祠堂。

其次，再看后村情况。

从历史上和今天的情形来判断，如果严扣世系关系这一条，那么，整个闵村之后村并没有形成一个独立分支世系群，也没有相应地明确的分支财产、宗族组织和分支祠堂等。后村除了"老三桌家"、"椿树园"等较大房支有认同外，其他五服房支仅停留于对自己的认同上，大部分五服房支间连系谱远近也无法"感觉得到"，因而整个后村也无从谈起形成一个具有实体功能的世系群组织。不过，从客位角度讲，我们仍然通过对每个五服房支的调查，发现了部分五服间具有系谱关联。我相信，后村这一地缘性认同单位也是由系谱关系支撑，只不过他们没有前村那样的石谱，且加上年代久远，自然失去了清楚的系谱关联。

费孝通说："血缘是稳定的力量。在稳定的社会中，地缘不过是血缘的投影，不分离的。'生于斯，长于斯'把人和地的姻缘固定了。生，也就是血，决定了他的地。世代间人口的繁殖，像一个根上长出的树苗，在地域上靠近在一伙。地域上的靠近可以说是血缘上亲属的一种反映，区位是社会化了的空间。"① 如果根据费孝通的这一"血缘与地缘"相叠加原理来推，可以允许我们想象后村地域世系群的形成：在传统村落内部，儿子们的房屋大多分布在父母老屋周围，久而久之，随着宗族人口的繁衍，就自然形成地缘性的扩散。后村虽然没有人能说清楚彼此之间的系谱关联，但从长期聚居扩散的原理来看，它是有血缘系谱因素在里面的。

总体来说，我认为，闵村内部前村、后村两大地域认同群体是建立在一定系谱和地缘基础上的，只不过他们很模糊，只是觉得很近。但是，这里所谓"有系谱基础"，并非福建义序村那样清晰的世系联络。另外，这

---

① 费孝通：《乡土中国 生育制度》，北京大学出版社 2005 年版。

两大地域认同单位并非是由五服房支发育而来，它们与五服九族群不相关联，但与宗族内部长期"分开办公"和各自代表人物有密切关联。

四　清末民初世系群的初步裂变

闵村建村的历史已不可考，不过至迟在宋代已有闵村应该没有问题。证据有二：一、闵村闵子祠中现存有宋代王旦关于闵子骞的赞辞碑碣①；二、宋真宗大中祥符二年进封闵子为琅琊公，并遣尚书陈尧叟到沂州祭祀，特荫裔孙守祀②，而从文献查考，当时沂州地界所属各县也只有费地一处有闵子祠。

闵氏族人世代聚族而居，作为一个血缘与地缘单位应该说运行了足够长的历史时段。我的报道人闵庆新说，清朝咸丰、同治年间，闵村闵广维曾经成立了闵村民团，并建立全村统一的圩子。据《费县志》记载："闵广维，闵家寨③人。为东汪团长，助韩昌泰诛花旗匪有功。许田城被围数日，广维率数百人驰往，杀贼无数。贼欲遁，广维追之。贼怒，反攻，炮如雨下，广维死之。肃清后，祀昭忠祠。"④ 清咸丰十一年五月，幅军张花，新庄几辈崖寨主王洪平联合攻打费县城，回旋城下四日。费县知县赵惟峄不敢出城，急调闵家寨、古城、石沟、曹车、上冶民团增援县城⑤。这些表明，至少在咸丰同治年间，闵村的世系群还没有裂变，因为它们作为一个独立的乡村自卫单位而存在。不过，需要说明，从上下文所展示资料看，当时为了"办公"方便，闵村前后村已各设了一个"村长"。我曾经询问族人，前后村各设一个"办公的"，是否意味着分裂了。老人们告诉我："没有。这就像现在一样，同一个村委下，可设几个小组，以便于收农业税。"

但到民初，因匪乱和军阀力量干扰，闵氏族人开始出现裂痕。具体来

---

① 费县地方史志编纂委员会办公室：《费县旧志资料汇编》（内部资料），山东省新闻出版局准印证号：（1993）2—007，第315页。

② 世袭翰林闵祥麟主编：《藤阳闵氏支谱》（石印本），藤县集文石印局印1936年版，第53页。

③ 即本文所说的闵村。

④ 费县地方史志编纂委员会：《费县旧志资料汇编·费县志·卷十一·人物（二）·国朝》，山东省新闻出版局准印证号：（1993）2—007，第241页。

⑤ 王有瑞：《费县历史百人传》，中国文联出版社2000年版，第95—96页。

说，一个特殊的历史事件导致了世系群的分裂。

民国十三年，前村族人闵宪礼当了临沂袁司令（袁永平）[①] 的书记官。起初，闵宪礼当"马贼"[②] 时认识南乡一个叫闵昭怀的族人（江苏邳州大良壁的，祖上从闵村迁走的），而闵昭怀跟官、匪都有接触。在闵昭怀的介绍下，闵宪礼成了临沂奉系军阀书记官。袁司令属于奉军，又叫北军，坐镇临沂。北伐军攻打沂州，袁司令失败后，闵宪礼带领袁司令和其残兵败将 100 余人住进了闵子祠。他们穿着一身黑衣服，叫每一家给送饭吃。后来袁司令住了一段时间听到风声不好，又跑了。跑的时候闵氏族人有四五十口子跟着袁司令走了，这些人是吃粮当兵，后来又回来几个。这一年秋天，袁司令拉着闵村的两门大炮——"大将军"和"二将军"攻打附近界湖镇（今沂南县城）。袁司令兵败后，将"大将军"和"二将

---

① 红枪会也称大刀会，其派系甚多，如红旗会、黑旗会（即清旗会）、黄旗会、五旗会（也叫五带子会）、铁板会、黄沙会、金钟罩、铁布衫等，群众俗称大刀会。临沂红枪会成立于1925 年夏，张宗昌督鲁之际。其组织主要来源于两个方面：一是袁永平自建武装及收编的地方大刀会会共 500 余人；一是侯六合在抱犊崮山区收拢孙美瑶旧部 200 余人。1925 年八九月间发展到 1700 人，多为临、郯、费、峄、邳等县的农民。最盛时达 4000 余人。袁永平、侯六合是主要首领。袁永平生于临沂八区（今属枣庄），1916 年参加山东新军被捕，囚禁 8 年；1925 年 3 月因特赦出狱。出狱后以反奉为号召组织民众，并与侯六合等联兵。后反奉运动兴起，国民联军进攻山东，委袁永平为山东游击队第一支队司令，第一支队是在原红枪会基础上组建的。侯六合临沂人，在辛亥革命影响下信仰三民主义，国民党党员。1921 年春从上海返籍在鲁南苏北交界处的枣庄秘密从事宣传三民主义、反对独裁专制的活动。1925 年 9 月 30 日，袁永平率所部第一、二支队与鲁军一二六旅黄凤岐部战于枣庄向城，大败黄部。10 月袁永平率红枪会众数百人开进临沂城，开牢门，放囚犯，并以"山东国民自治军第五路军"名义发布公告，声讨北洋军阀。入城后，袁永平电邀苏军来临沂共抗张宗昌大军。苏军蒋毅入临沂境，袁永平始觉不妙，急派大刀会众前往抵御，但被苏军击回。袁与苏在抵抗奉系方面意见不一，发生争论，后苏军司令白宝山电令苏毅"不惜代价将袁、侯所部赶出临沂城，继而分兵略定沂州七属，以扩大苏军势力范围。"当时谣言云："白统领将以 1.2 万兵力从东陇海段趋进临沂消灭袁、侯部属。"10 月 18 日袁被迫退出临沂城，入抱犊崮山区。1926 年 1 月奉鲁军第十一军王翰鸣部 3 个旅屯于临沂西部，蒋毅率部南窜。王翰鸣部进入临沂后，琅琊道尹周仁寿、沂州镇守使翟文林奉令会同该部围歼袁、侯红枪会残部。后袁、侯迫不得已，暂投翟部，以保实力。所部 1600 余人驻临沂西北青陀寺（按：距离闵村 20 公里），委袁永平为支队司令兼一团团长，分侯六合部兵力驻临沂西南乡卞庄。之后袁、侯两部仍秘密联系，为翟文林所觉察。翟密电张宗昌，张复电翟"当速按便易行事"，同时派遣一二六旅黄凤岐部开临沂以助翟文林一臂之力。翟文林设计将袁枪杀于临沂城北俄庄（按：今属兰山区枣沟头镇，于作者故乡同为一镇）。袁永平部第一、二大队驻扎汪沟，翟文林又派人前往围歼，所部撤入蒙山。侯六合亦为黄旅所杀。袁、侯被杀害后，枭首示众于临沂城南门。临沂红枪会组织活动至此告终（见侯贞纯口述、唐毓光撰《临沂红枪会始末》，见临沂政协编《临沂文史集萃》第二册，山东人民出版社 1997 年版，第 305—310 页）。

② 当地把土匪叫作"马子"，我怀疑应该写作"马贼"。

军"遗弃于战场上，事后被人们辨认出有"闵村"字样，以为闵村人来攻打界湖。自此，"闵村出了'马贼'"一说在这一带民间广泛传闻开来。闵人出门上店不得不隐瞒庄名和姓名，否则无人敢收留。

民国十四年（1925）七月（《续修临沂县志》记载为民国十六年方永昌来剿匪），"黄旅"来剿。"黄旅"是一支被招安的队伍，旅长是黄凤岐，当年坐镇临沂，属于军阀方永昌的部下。闵村最先"闯马贼"的人是闵庆镇。① 之后，前村、后村各自出了"马贼"。如，后村闵宪瑞弟兄三个（闵宪瑞弟兄共七个，他是马贼头儿，其五弟和七弟都跟他闯马贼，老五绰号"不赖户子"，老七绰号"七赖户子"），还有一个玩鹰的；前村有"小黑林"、泼皮闵宪勋②、现任书记闵庆风的伯父③和闵昭位家的"大少爷"、"二少爷"、"大鼻子"等人。这些马贼大多出在前村。闵人告诉我，按今天的话说，就是些小痞子而已，他们结成把兄弟，横行乡里，抢劫、拦路、偷盗，不干正事。黄凤岐来闵村的原因是：一、先前他的部队捉拿了几个闵村"马贼"（包括本村一个刘姓"马贼"）；二、闵村的庄长邀请他们来剿匪。"七滥子"跟闵庆新是近支，与当时的后闵村庄长闵昭亮有矛盾。这一年闵庆新的奶奶故去，闵昭亮在闵庆新家里当执客，"七滥子"骑着马回家"跪棚"，闵昭亮看着他不顺眼，两人便发生了口角。"七滥子"背着枪跑到大街上，骂闵昭亮："闵昭亮你出来，我毙了你！"闵昭亮说："我不能让土匪做了天！"闵昭亮一气之下，把闵村30余家不太安分的（当然这些人也并不是真正的"马贼"，只是有些不清不白）人家告了。他要求没收"马贼"的财产，把土地归属家庙的老祖，并希望借助于"黄旅"力量铲除"七滥子"等闵村土匪。

那一年闵宪芝看守家庙，他把祠堂打扫得非常干净来接待"黄旅"。据说，头一天晚上"黄旅"驻扎汪沟。"黄旅"来的那一天早上，闵繁胜的姐姐结婚。结婚的队伍一离开村子，"黄旅"的部队3000多人就开进来了。当时，闵人把东大门打开。"黄旅"把前村的村长闵宪常和后村的村长闵宪彝（闵庆新的父亲）等绑起来，叫他们提供本村的"马贼"名单。闵宪彝说："老总，你们别绑我们，我们都准备好了饭菜招待你们

① 闵庆镇后被共产党投入监狱进行劳动改造，服刑完后被转正，后人现在青海。
② 后入还乡团，被八路军给打死了。
③ 后被八路军枪毙于闵村的南湖里（村南地土地）。

了。""黄旅"把他们松绑了。"黄旅"的到来，吓跑了"七滥子"等"马贼"。庄长们把"马贼"户挨家贴上封条，以便于"黄旅"查拿。"黄旅"只好把"马贼"的家人和牲口等押到汪沟街作质，包括"七滥子"（七耿子）的母亲。闵宪彝通过地方的熟人（汪沟社社长）往外保人，除了"七滥子"的母亲等两个重要匪属未敢担保外，其他人全部担保出来。社长说："你们保谁我就放谁，不保我就不放！"闵宪彝怕连累自己也就没有敢保"马贼"的家属。之后，"黄旅"派了法官在家庙里居住，审理案子。审理的结果是，凡是"闯马贼"者的家产一律没收。于是把"马贼"家的家具都抄了，集中堆放在家庙里，另外也把他们的地产没收了。可是"黄旅"带不走这些东西，于是就折价要钱。前、后闵村的村长在没有办法的情况下，就先让全村其他人家出钱给垫上，待以后变卖了"马贼"的家产再予以偿还。当时的分派是1亩地1块多银圆，甚至一头牛、驴子都要摊钱；大户多拿一点，小户少拿一点。比如当时闵昭文家就有80亩地，交了80多块银圆。总共是3600块现大洋。"黄旅"带走钱后，"马贼"们就相继回到闵村。他们把家具又搬回家里，同时地也开始耕种了。"闯马贼"家也没有钱还。显然善良百姓家的钱是没有指望归还了。前、后村领导人闵昭亮、闵宪常决定砍伐闵林中的树木偿还其他人家的钱。今天后村的人说，砍树木的人是前闵村的。最后树被砍伐了，可是钱却被办公的（村长）贪污使用了。善良人家仍旧没有得到补偿。而且由于贪污不均，致使前、后两村的领导人（闵宪常和闵昭亮）发生纷争，并引起了一场官司。闵村至今有句流行的话语："坏人作恶，好人受罪。"闵氏族人告诉我，此语就是因此而起。他们彼此互相指责和辱骂。鉴于此种情况，后闵村的人不再想跟前闵村的人在一起，遂导致了闵村一分为二，即分成前闵村和后闵村，也叫前街和后街。前村、后村的界线就是家庙前的东西大街。此种情况直至新中国成立后20世纪50年代中期。老人们说，没有闵林的这些树木，前、后闵村不会引起矛盾。

民国十六年（1927）下半年闵村分成了两个圩子。圩子本是咸丰同治年间闵村的自卫工事，以防幅军——捻军的一支——来袭。圩子分裂象征着闵氏世系群的自然分支。

结合闵人的记忆不难看出，红枪会最初活动于鲁南苏北地区。显然江苏邳州大良壁的闵氏族人先参加了红枪会，后介绍闵村闵氏族人闵宪礼参加红枪会袁永平军。由于袁永平讨奉，隶属奉系的鲁军必然要消灭袁部。

早期袁于枣庄一带击败鲁军黄凤岐，遂与"黄旅"结怨，后"黄旅"来剿，于是逼退袁部被迫撤到沂南（即界湖）青陀寺以及汪沟一带，并最终引发了"黄旅"来闵村剿匪一事，由此造成了闵氏宗族的悲惨历史。对于袁永平及其红枪会，却给后世留下不同的社会记忆。《续临沂县志》和闵氏族人都将其视为"匪患"，而现在的地方文史工作者将其看作农民起义和20世纪的进步社会力量。此外，上文对"黄旅"来闵村剿匪一事的怀疑当又可以推翻，汪沟距离闵村仅1公里，黄部来汪沟消灭袁部，进入闵村又极有可能。历史发生的事情可能是方永昌和黄凤岐部同时来临沂北乡围歼袁之残部，或者前后相继来歼，这是造成民间记忆模糊的主要原因。

从上文这大段的民间口述资料来看，我们对于此一时期的情况有一个大致了解：当年闵氏宗族有些成员参加了"马贼"，作为被地方政府任命的村长和圩长肩负着村落治安的责任，他们必然要治理"马贼"。这就势必激起了村长、圩长甚至包括奉祠生等人与"马贼"的矛盾。双方各自都有房支，因而单个人的矛盾可能演化成为宗族内部房支之间的矛盾。"村官"引来官兵剿灭"马贼"，事后"马贼"为了报仇又引来更多的"马贼"，这些"马贼"开始更为残忍的报复。这就造成了宗族内部的互相争斗和整个宗族与村落的悲惨命运。但真正引发闵氏宗族分裂的原因实际上在于闵林中的祖产。这是世系群裂变的一般原因。

五　"国统区"与"解放区"（1938—1949）

20世纪三四十年代，闵村最终一分为二：前闵村和后闵村，即一个"国统区"和一个"解放区"。

这一时期，构成对闵村社会干预的主要外部力量有汉奸、国民党和共产党。虽然日本人曾经来过闵村，但闵人没有直接追随日本人。不过，部分闵人为汉奸王洪九做事。

民国二十七年（1938）日军进入临沂。是年底，日军占领费县城。1939年1月10日（农历腊月11日）驻临沂日军西侵费县，遭重创。1940年，汪沟、方城、诸满安上了鬼子的据点（闵人口述）。蒙山东西百余公里，南北50公里，峰峦叠嶂，峡谷纵横，是坚持抗战的天然堡垒。1941年春闹饥荒，从3月5日至12日，日寇趁机进占其山、成里庄、汪沟等重要山头与村镇，企图构筑西起其山、东至林子百余里的封锁线，打通临沂至蒙阴的公路，以此封锁蒙山，破坏八路军的根据地。[①] 1941 年至 1942 年，日军大规模扫荡沂蒙山区，实行"三光政策"，在蒙山前修碉堡百余个。1945 年 8 月 7 日，费县日军逃回临沂。

1929 年 2 月，费县成立第一个党小组。1932 年费县师范讲习所先后组建党小组并成立中共费县工作委员会。1937 年成立"中国抗日救国第七师"。1938 年 1 月和 5 月山东省委两进蒙山，创建沂蒙山区抗日根据地，办公地点距离闵村 10 余公里。1938 年年底，费县人民在八路军山东支队领导下先后建立了 9 个抗日游击大队，同敌、伪、顽、匪进行斗争。1939 年 1 月，日军一部从兖州东侵，共产党员赵光等人组织群众在费县地方镇打死敌人 10 余名。1939 年秋至 1940 年，日军开始武装扫荡，于交通要道和重要集镇安设据点，费县抗日根据地被分割为蒙山山区等三大块。在山东纵队、115 师领导下，费县的抗日武装建立政权，并开创抗日根据地。1939 年 6 月，115 师彭雄支队进入蒙山山区，上冶乡乡长马鸿祥变卖家产组成抗日第八大队。在蒙山东部一带，诸满邵子厚（后投靠国民党）的独立支队和汪沟朱廷文的抗日游击队，也屡次打击敌人。1940 年 7 月，山东省战时工作推行委员会在沂南青陀成立，距离闵村 15 公里。1943 年，蒙山抗日根据地人民武装不断壮大。1944 年至 1945 年，地方武装配合鲁中军区老四团连续攻克蒙山前上冶、薛庄、诸满、汪沟等敌伪据点，毙俘敌伪数千人，祊河以北全部解放。1947 年春，国民党对山东解放区进行重点进攻，不久占领费县，解放军干部家属北撤渤海，县大队、区中队、民兵或撤出或隐蔽，而地主武装开始"杀人"、"倒算"。[②]

1939 年马鸿祥率众 150 人，攻克费县古城日伪据点。1944 年 9 月汪沟日伪据点到草沟村抢粮。汪沟据点有王洪九的一个中队，筑有围墙、碉堡。还挖有 4 米宽 2 米深的壕沟。10 月县大队攻打汪沟据点，县大队长牺牲。王洪九增援部队在大官庄与八路军交手。1944 年 10 月费东大队改为费东独立营。1945 年初春，八路军抗日根据地力量（区中队、独立营和鲁中十一团）拔掉了汪沟据点。1945 年 7 月夺取诸满、

① 陈华鲁：《我的名字与革命生涯》，费县政协文史资料委员会编《费县文史选辑》，鲁临出准印证号：99·2，1999 年版，第 72—99 页。
② 刘文宣：《近现代费县人民革命斗争史述略》，费县政协文史资料委员会编《费县文史选辑》，鲁临出准印证号：99·2，1999 年版，第 28—36 页。

上冶日伪据点。1945 年 9 月临沂城解放，10 月 30 日临沂孟村据点被拔，11 月王洪九溃逃。[①] 日伪时期，该村有很多人加入了三番子。三番子是明朝时反清的力量，后被大清利用，后来又叫蒋介石利用了，反对共产党。[②]

民国二十七年（1938）阴历 10 月 14 日，是日大雪。有三四百个鬼子路过闵村村头。鬼子本打算穿村而过，据说鬼子到了闵村蛤蟆桥（如今已在村内，龟龙沟上的一座两孔小桥）东边，发现前方有一个白胡子老头，马匹不肯前进。他们只好沿着龟龙沟东岸的小路北去，是夜驻扎张砦。当时，鬼子叫闵村人挑水饮马，饮马前先让闵村人自己先喝一口，以免闵村人往水里投毒。鬼子的仁丹胡子、大笑模样，以及给挑水的人烟抽和小孩糖块吃，在闵村人的脑海里留下了深刻的印象。之后鬼子又数次从村旁路过，始终没有骚扰闵村。闵人认为，白胡子老人是闵子骞显灵，祖先保佑了他们。

闵氏族人今天有个说法：前村是国民党的地盘；后村是八路军的根据地。当然这并不是说前村就没有人跟着共产党干革命。比如现年 77 岁闵宪梓，当年就曾担任过闵村青救会会长，村联防队队员，打击过还乡团。又如闵繁宝、闵庆元两人都曾任过村儿童团团长。从时间上来看，后村较早接触了共产党和八路军的力量。当时山东纵队的一个八路军干部杜元岭[③]来到后村招兵。有一天他率领着 8 个人（都骑着马）来到闵村，很多人被吓跑了，但闵庆新没有跑，因为杜元岭是他的叔伯舅子。他叫闵庆新给他当财务科科长，并组织人参军。在闵庆新的动员下，闵村（主要是后村）当时 50 多人参加了八路军，其中一个后来当了营长。不过闵庆新没有跟着八路军走，因为当时鬼子、汉奸都还驻扎在汪沟，他害

---

① 孔宪志：《英雄连长李玉海》，费县政协文史资料委员会编《费县文史选辑》，鲁临出准印证号：99·2，1999 年版，第 46—63 页。

② 三番子又名家礼教。当时蒙山前面的家礼教首领为我的一位族高祖，名字叫杜殿轩，四十年代末被共产党枪毙。

③ 杜元岭，即费县新桥乡朱汪村人。朱汪村位于闵村南 6 公里，位于我的故乡西边 3 公里。1940 年，杜元岭任八路军某部卫生部科长（见王西献《王洪九怎样走向历史的反面》，《临沂文史集萃》第二册，山东人民出版社 1997 年）。闵氏族人说，新中国成立后他任国家第七工业部部长（我未核实）。我们临沂杜氏共分四支，杜元岭和我都归属第四支。从行辈上而论，他是我的族叔。徐向前于 1939 年 6 月—1940 年 6 月间在沂蒙山区，就任八路军第一纵队司令员，杜元岭是徐向前的部下。

怕自己走后殃及家人。有一年，杜元岭路过汪沟被汉奸（王洪九的部下）捉拿了，他们用铁丝把他手脚拧起来。杜的父亲先后托了乡长、王洪九的舅舅等人做保，皆未成功。从汪沟出来之后，杜的父亲顺便来到闵庆新家里，愁眉苦脸地想："自己的儿子这回完了！"他本没打算闵庆新有什么办法能够救出儿子，因为闵庆新毕竟只是一个乡间的教书先生。但是闵庆新写了一封信让杜元岭的父亲秘密送到蒙山前的八路军手上。不出一个月时间，八路军攻打了王洪九的两个大队，俘虏伪军七十多人。最后双方通过谈判，八路军把杜元岭换了回去。再后来，八路军把王洪九给打跑了。① 原来在那一封信中，闵庆新把汪沟一带的敌伪情况报告给了八路军，并且附上了一份地图。闵庆新一生都没有向外透露这件事情。他说，如果当时王洪九知道了这消息，会剥了他的皮。从那以后，八路军的人来闵村都奔后村，而前村参加八路的人回家白天也往往藏在后村，只有到了夜间才敢回家看看。由此可见，共产党的力量渗入闵村最初只是通过一个姻亲关系，然后逐步将一个村落变成根据地。后闵村在战争年代里，共发展了 5 个共产党员。1945 年，闵庆文、闵庆年、闵庆修、闵庆成、闵繁举的父亲均加入了中国共产党，而前闵村直到 1949 年年底才有 1 个党员，而且是在部队加入的。

之所以说前村是"敌占区"或国民党根据地，是他们有 4 人参加了还乡团。即，闵继甫和闵广兴父子俩、闵庆镇和闵庆成弟兄俩。闵继甫的姐夫是国民党王洪九临沂警察所的中队长。他的另一个姐夫刘经理是当年汪沟乡的乡长，闵继甫是日伪汪沟中队的副官。后来闵继甫成为汪沟乡第八保的保长。这个保的范围相当于 20 世纪 50 年代后的吴岭寨乡，即今天闵村管理区的范围，其办公地点就设在前闵村。闵庆臣是当时共产党的公安特派员，专门处理那些不三不四的坏人，同时也处理纠纷问题，向上级

① 临沂地方文史工作者这样保留了这段历史记忆：1940 年 4 月 22 日，王（王洪九）部驻费县汪沟的刘来恩大队，无故抓捕了八路军某部卫生科科长杜元岭、会计韩祥云及通讯员、战士等 7 人，关押在古城监狱。4 月 23 日，在费县诸满附近，将八路军某部侦察员王希忠、耿秀文、陈纪合 3 同志扣押。八路军派人交涉，王部置之不理，并变本加厉地对抗日军民发动武装进攻。在遭到八路军严正回击后，气焰一度有所收敛，但不久，即又故态复萌。5 月 29 日夜王部袭击八路军驻孙沟（今属兰山区半程镇）地方游击队。……对王洪九的倒行逆施，八路军山东抗日纵队在鲁中地方部队配合下，给予坚决还击。1940 年七八月间，发起了第一次讨王战斗。古城一役，王部大部兵力被歼，只剩下 900 人逃到祊河以南（参见王西献《王洪九怎样走向历史的反面》，《临沂文史集萃》第二册，山东人民出版社 1997 年，第 447 页）。

汇报地方上的情况。他跟还乡团自然结下仇恨，于是前村的闵继甫等还乡团不念同姓同宗的情分将其出卖，在附近村子石牛栏被闵继甫等捉去打死了。新中国成立后，后闵村的党员把闵继甫逮捕了，于 1951 年枪毙。[1]另外一个理由是，国民党的人或王洪九的部队来了，就驻扎前村。南观音堂子附近（即现在村供销社前边）是当年王洪九缝制兵服的地方，也就说前村组织妇女给王洪九准备军需。[2] 闵宪梓、闵庆元、闵繁宝等家住前村，由于他们跟着共产党干，所以不敢在家里睡觉，每晚都跑到后村住。此一时期，闵人说："前村干坏事的多，还乡团、'马贼'多；后村也有，但人口少，干坏事的也少。"由于这些历史原因，自然就造成了前村是敌占区这样一个民间印象。

对于广大闵人和一个村落而言，此一时期各种力量的催要钱粮和出夫造成了日后久远的家族记忆。国民党县政府、中央军、乡公所、汉奸、王洪九、八路军，还有冒充者都来要粮要钱。有时候上午来了一拨，下午又来了另一拨，不论哪一部分都要应付。当时近邻沂水县的农人所交税和负担有田赋（国家征用）、契税（买卖土地的手续费用）、乡丁费、教育费、训练费等（以上三种由乡公所收）、办公费、招待费、修公路费、小学办公费、小学教师烧柴油灯费、民众夜校费、演社戏摊款、和尚道士化缘钱、县里征田赋催征人（皂、块、壮）的生活费等（以上九种由村办公

---

① 但是关于闵继甫也有另外一份家族记忆的面相。他原先是前后闵村的家庙管理员，虽然不当庄长，但是庄长得听他的话。他嘴如钢刀，伶牙俐齿，跟外人打官司很有一手。20 世纪 40 年代，闵宪梓与别的小伙伴一块拾子弹壳玩耍，被国民党军队逮去了，后被闵继甫取保。闵村治保主任闵庆元有一天去赶集，被还乡团抓去了（另外还抓了一个人）。还乡团说他参加八路军（事实上，闵庆元跟八路军干）。闵继甫的儿子也是还乡团，知道后就告诉还乡团头目说："闵庆元跟我一样大，是个精神病，没有当八路军。"他给担保，还乡团把闵庆元给释放了。我想，闵继甫父子救人主要从同宗角度考虑问题的。

② 1943 年 11 月，王洪九率部从费县崮口东移至兰山区李家宅（据闵村东南 12 公里，距离笔者故乡 2.5 公里）。此时兵力共 5 个支队 13 个大队，总兵力在 7000 人以上，达到鼎盛时期。1944 年 10 月投敌当上了伪沂州道皇协军司令，1945 年 1 月国民党委任王洪九为"山东省第三行政区督察专员"。1945 年年初，为扩大解放区保卫抗日胜利果实，鲁南军区决定春季发动讨王战役。分别于 3 月 30 日至 4 月 7 日、7 月中旬至 21 日给王部以打击。1945 年 7 月底，王洪九开始收缩兵力，所部集中于临沂城及城北 7 个据点内。司令部和二十八支队驻李家宅，二十九支队驻孟村、三十支队驻花园、三十一支队驻后乡、王庄（李宅、孟村、花园王庄三村各数十米相距，后乡距李宅 1 公里）。1945 年 8 月初八路军鲁中军区开始讨伐王洪九，11 月 22 日王洪九率 200 余名残兵败将逃亡泰安。至此，王洪九在抗战其间多年苦心经营的队伍土崩瓦解（见王西献：《王洪九怎样走向历史的反面》，载中国人民政治协商会议临沂市委员会编：《临沂文史集萃》第一册，山东人民出版社 1997 年版，第 449—452 页）。

处收），这些费用均按地亩摊派。此外，还有屠宰税、花生税、花生油税、油扎税、油篓税、烟叶税、卷烟税（手工卷烟的税）、烧酒税、鱼行税、山会捐等等。① 费县的情况可见一斑。

让我们来看看相关的口述材料：

材料一：

日本鬼子占领山东时，韩复榘当家，当年闵宪彝曾经领着 200 多个人去修临兖公路。

材料二：

闵昭公、闵宪高干完了以后，是闵庆祥（管理后寨）干。闵庆祥不干了，又换了"麻党"（闵昭德）。闵昭德曾经对一户催粮，恰是一户穷汉（闵宪永），交不起粮食，只好上吊而亡。几乎天天有人要粮，不论黑白。有时候一天好几部分人来要。闵昭德当时是旗长。闵庆德干了不到两年，也干不了了（被闵宪勋告了，八路军把闵庆德逮去了，闵宪勋参加了八路）。结果又让给"胡嘴子"（闵庆运，后来当了八路）。胡嘴子以后是闵宪平。没多久又让给了闵庆聚（闵繁荣的父亲）干。闵庆聚之后就解放了，成立了初级社。闵庆聚跟八路军关系不错。他之所以完成任务，大部分情况下是自己垫支。闵庆聚有 40 多亩地，有牛。如果不应付他们，这些要粮者就把庄长带走作肉票。闵庆申也曾被当过人质。八路军跟他们好一些，一不硬逼；二不绑人。八路军当时跟庄长说："别的人来要粮，你们就少给一点。咱们该怎么办的还怎么办！"八路军也明知道庄里给其他力量催办钱粮，但是并不对庄长怎么着。要粮的人经常打骂庄长。当时，有些痞子充任庄长（麻党），他们借机逼迫百姓跟着吃喝。汉奸来闵村，经常扒老百姓的衣服穿。前寨闵宪高当完了庄长后，闵宪芝接任，闵宪芝干了一段时间，结果被汉奸打了一顿，之后闵庆照干，不到一年，闵庆照就不干了。之后就成立了社。

材料三：

解放前闵庆昌等 2 人参加过王洪九的部队。还乡团来的人扰乱村

---

① 孔繁学：《略述沂水的田赋税捐》，临沂政协：《临沂文史集萃》第三册，山东人民出版社 1997 年版，第 383—395 页。

子。刘家成来给王洪九催给养，闵昭厚不想交。结果刘家成把闵昭厚的头打破了。闵宪芝任庄长，胳膊被刘家成打破了。新中国成立后，刘家成被闵村人斗争的不轻，被儿童团用泥涂满了脸（1946年）。1941—1942年，临沂行署专员张里元也来闵村征收钱款，没有得到钱粮的情况下，他们把闵庆新当作了人质。第二天闵村人用一千斤"锅饼"换回了闵庆新这个人质。他们要不出粮食，只好采用此法。王洪九、刘黑七、张里元、老县政府、老乡公所、胡团、临沂县的柴子敬、57军、邵子厚等十几下里问老百姓要钱。只要他们来要，你就得给办，否则要挨揍。当时没有人愿意当庄长，没有工资。没有人干的，只好有几亩地的人当村长，大家公推没有办法。甚至有时候要互相轮流。村长往往贴上自己的东西，如果其他人拿不上的话。地保也要钱。过年要帮助困难户。村长所赚的相应就是给村人办事接一点礼物而已。

这些逻辑上比较混乱的资料透露出四点：第一，当时的催粮、催款、要伕子对乡村社会而言是一种掠夺与破坏；第二，在这八年的时间里，前、后闵村的庄长更换极其频繁，从一个方面证明了第一点看法；第三，当时的庄长并不像后来国家话语所打造的记忆——单纯的反面人物，人们并不愿争着做庄长，闵人说，不像现在大家都争着干；第四，在民间记忆里八路军也催粮催款，只是态度上好点儿，这也造成了跟日后国家叙事话语下的集体记忆的距离。其实，这与当时共产党所采取的"两面政权"有关。[①]

1945年临沂城解放，王洪九退缩到临沂乡下孟村、花园、李宅、后乡、沟东五个村落据点内，其中前三个村子各相距数百米，互为犄角，是王洪九苦心经营的堡垒。当时八路军攻打王洪九没有大炮，就花钱买了闵子祠中的2棵松树做成木炮。闵村人说："一炮就把王洪九的碉堡炸掉了半边，从此他出水跑到徐州，然后去了台湾。"起初，族人有的护着不让伐树，将树钉上铁耙子，防止用锯锯木。结果闵庆元等村干部说服族人，族人最终还是支持了解放事业。时至今日，闵村人有着不同的评价，有人认为是破坏老祖留下的东西，有人认为打败王洪九家庙里的两棵松树立下汗马功劳。

① 唐致卿：《近代山东农村社会经济研究》，人民出版社2004年版，第72—80页。

20 世纪三四十年代，在沂蒙山区当时占农村人口 10% 的地主、富农却拥有 40% 的土地，占农村人口 90% 的贫农、雇农和中农占有 60% 的土地。抗战胜利后，沂蒙解放区在共产党的领导下进行土改。土改运动大致分为三个阶段：1945 年 8 月至 1946 年 6 月进行反奸清算、"减租"减息；1946 年 6 月至 12 月进行土地改革；1947 年进行土改复查。反奸清算是解决民族矛盾，斗争对象是汉奸和恶霸地主，政策是没收他们的土地和财产，斗争方式是批判、控诉和清算，对有血债的予以镇压。"双减"则针对封建地主，斗争方式为说理、算账、减租和增加工资，以和平方式进行。为搞好反奸清算、"双减"斗争，华东局、山东省政府和鲁中、鲁南、滨海区各党委及各地委抽调了大批干部到沂蒙新区，协同当地党政机关开展工作。这次 8 个月的运动基本上摧毁了沂蒙解放区的日伪残余势力，惩处了汉奸恶霸，减了租息，地主土地减少一半以上；富农土地减少 1/4 以上。1946 年 5 月，国民党决定全面进攻解放区。中共中央 5 月 4 日发出土改指示，把"双减"政策改为没收地主阶级的土地分配给农民政策。6 月，国民党向沂蒙解放区发起全面进攻，因此沂蒙解放区土地改革是在反击国民党全面进攻的同时穿插进行的。广大人民群众一边参军参战，支援前线，一边斗争地主分田地。"五四"指示发出后，鲁南区委决定费县等解放区争取在秋收前完成土改。土改工作大体分五步进行：1）进行土地、物资统计；2）继续进行"大家翻身"教育，反复征求干部、群众意见，确定合理的分配原则和标准；3）逐户审查，平定各户分配土地、物件数量，制订初步分配方案，张榜公布，不合理者调整；4）将调整后的方案在群众中宣读，再次征求意见，以求公平合理；5）分配果实，解决秋季庄稼的收割和土地清丈问题。9 月，华东局发出《关于彻底实现土地改革的指示》，要求年底以前全部或大部完成土改，号召"一手拿枪，一手分田"，迅速把田地分给群众。经过大半年的斗争，到 1947 年年初，沂蒙山区初步完成了土改。1947 年初到 6 月沂蒙解放区进行土改复查。其间，国民党在继全面进攻后发起对山东解放区的重点进攻，还乡团跟随国民党回到沂蒙山区开始复辟倒算。因此，复查是在极其艰难的环境下进行的。到 1950 年年底沂蒙山区基本上完成了土改任务。① 那么，

---

① 催维志、王立：《沂蒙解放区土地改革》，中国人民政治协商会议临沂市委员会编：《临沂文史集萃》第一册，山东人民出版社 1997 年版，第 479—488 页。

具体到闵村是怎样开展的呢？

闵村人说，1946 年闵村解放，上级派遣了一个工作人员来村工作，进行土改。闵村人成立了农救会等组织，其中农救会会长、青救会会长、妇救会会长、治保主任、儿童团长、自卫团长等都是闵氏族人自己担任。他们在八路军的领导下，开始斗地主①、恶霸和汉奸。当时的主要斗争对象是：闵宪宽、闵广钦、闵继甫（恶霸）、闵昭永、闵宪贡（富农）、闵昭星、杨树德、闵庆法、闵宪俊的婶子（小土地出租者，拥有 10 多亩地，雇人耕种）。其中前村 6 人，后村 2 人（一人为杨姓地主）。另外有 4 家汉奸（后被划为反革命分子），闵广兴、闵宪营、闵庆镇属于前村，闵宪勋是后村。其他汉奸吓跑了，只剩下闵庆镇和闵宪营挨斗。

他们的土地和家产分给群众（实际上很大一部分为这些新的乡村干部所得）。一开始族人并不想斗争他们，因为都是一个祖先的子孙，上溯七、八代就是一个老祖，而且平常也待他们不错。但抗战时期在共产党领导的抗日根据地内，广泛开展了冬学、识字班、常年民校等形式的民众教育。他们结合政治运动，在参军、建政、减租减息、开展大生产运动中起到了宣传群众、提高群众信心的作用。② 闵村成立了抗日小学，闵庆新此时是该村的教师。当时把青年妇女也组织起来，教她们识字，因而有"识字班"一说，村民至今把未婚年轻妇女称为"识字班"。群众也由此知道自己的贫穷是由他们剥削造成的。当时重点批斗对象是闵继甫。闵继甫等人吓跑了，投奔了中央军。具体批斗的情形是：家庙月台上摆放着一张桌子，审判者和记录者坐在桌子后面，地主和恶霸等跪在桌子前，群众站在两边，地主的后边是儿童团。群众揭发地主的罪行，"反奸诉苦"，儿童团跟着喊口号，如"打倒地主"之类的。批斗完，儿童团给他们糊了两个高高的"纸帽子"游街。这些族人是怎么当上乡村干部的呢？闵繁宝说，他当时是儿童团长，由区公所区长任命的，他认识区长是通过本村

---

① 闵人另外保留着一面对地主阶级的温和的社会记忆。他们说，闵村的地主过去才有 5 户，多的二三十亩地；少的十五六亩地。他们顶多雇一个做活的，比起地少的人家强一点而已。土地也多是省吃俭用买来的。头二年，当地主也吃得希罕。闵宪宽是个地主，做活的吃麦子煎饼，自己儿媳妇得吃秫子煎饼。村民说："他们也是当一回地主。这还不如现在要饭的、赶喜的。"

② 尹书斗：《近代临沂教育》，临沂市政协文史委编：《临沂文史集萃》第三册，山东人民出版社 1997 年版，第 224 页。

两个区工队队员介绍的。

1947年6月国民党重点进攻山东解放区。原先的汉奸、地主等杂牌武装乘机返回老家，进行反攻倒算，因而他们被称为“还乡团”。① 还乡团“对解放区的人民疯狂地反攻倒算，大肆屠杀共产党、基层干部和农村积极分子，杀害人数每县均在千人以上，有的达数千人。王洪九回临沂后在不到两年时间内，屠杀群众达2万以上。”有些县的地主竟然挑着割下的人头赶集上店。② 当时汪沟乡编为一个大队，一个保编为一个中队。闵继甫任汪沟第八保保长，闵庆镇当中队长。还乡团盘踞于闵村南约5公里的大官庄村。他们把治保主任闵庆元抓住后交给了王洪九，被关押20多天。儿童团长闵繁宝则跑到附近村子的坟地里藏起来。还乡团一直嚣张到1948年的夏天。

1946年解放时，族人闵宪庆分得了闵继甫的一头怀着驹子的耕牛。1947年还乡团回来以后，闵继甫问闵宪庆要两头牛的钱，没有办法，闵宪庆只好照办。他把一年前八路军分给族人的土地重又要了回来，并殴打要他土地的人。1948年下半年闵村重又获得解放。闵继甫等人这一回再也无路可逃。批斗闵继甫的大会在闵子祠里举行。闵宪庆上台叫着闵继甫的小名数落他的罪恶，其他族人也是如此。批斗的结果，闵继甫被宣布为恶霸，投入监狱。刑满后出狱，重又回到闵村居住。时间已经是1951年。这一年国家的宏大叙事是：镇压反革命，重新斗地主、斗恶霸（此后“文化大革命”期间，他们作为“四类分子”又无数次被批斗，被惩罚，从事扫大街、挖茅厕等被乡村社会中的人们视为脏、累、臭的活）。在这次批斗中，闵继甫罪名被定为“反革命分子”，于“五一”节被人民政府枪毙。当时保长一律定为反革命，要执行枪决。族人向我具体讲述了闵继

---

① 1946年年初，王洪九在徐州九区安设“驻徐办事处”，后组建“山东省第三行政区督察专员公署”。8月间王收罗旧部和解放区外逃的反动分子组建“区训大队”，会同临沂、蒙阴、莒县、沂水四县“还乡团”，集结于徐州东北的大赵庄。1947年1月底，国民党南线兵团由欧震（第十九军军长）指挥的8个整编师、20个旅，分三路向临沂大举进犯。王随国民党军队于2月24日由徐州返回临沂，进行血腥报复。1948年9月我军兵临临沂城下，10月10日临沂城解放，王逃往郯城。11月6日解放军挥师南进，王流亡江苏。解放后辗转逃亡台湾（见王西献《王洪九怎样走向历史的反面》，载中国人民政治协商会议临沂市委员会编《临沂文史集萃》第一册，山东人民出版社1997年版，第453—458页）。

② 催维志、王立：《沂蒙解放区土地改革》，见中国人民政治协商会议临沂市委员会编《临沂文史集萃》第一册，山东人民出版社1997年版，第487页。

甫被捕的经过：

  费县公安局来人，庄上干部叫一个预备党员逮捕闵继甫，那名预备党员是闵继甫的近支族人。他没有经受住党的考验，打了退堂鼓，当即被开除预备党员。后来由我（治保主任闵庆元）和另一名族人（现任大队书记闵庆风的父亲闵宪梓）两个人把他绑起来。当时闵继甫正在屋里扒麻。我说："大老老爷（乡间普通的宗族的称谓，相当于高祖的意思），怎么样，把你得绑起来啊！例行公事，到了汪沟街就像以往一样批斗批斗你，就回来了，不会有大事！"说完，我和闵宪梓把闵继甫绑起来押送到汪沟街乡人民政府。在路上闵继甫似乎预感到了什么，对我们说："这一回，咱爷儿们今后就见不到面了！"说真的，我当时并没有感觉会有这种结果。

  从谱系来看，闵继甫属于老四支的成员，闵庆元（含闵繁宝）属于东五支的二支，闵宪梓一支归于哪一支并不很清楚，但是他们的名字都在闵林的三通谱碑上能够找到，他们都居住于前街上。后闵村的人往往用"前街上那一伙"来称谓之。这表明是一个很近的世系群体。从谱碑来看，他们都是闵守配的后人。闵守配是 62 代，闵继甫属于 69 代，闵宪梓属于 72 代，闵庆元属于 73 代，闵繁宝属于 74 代。虽然具体的彼此确切的世系他们已经不清楚，但亲等距离并不很远。从闵继甫被捕的过程来看，闵庆元、闵宪梓和他的关系也没有什么冲突，甚至染有一层浓厚而温和的宗族亲情。但毕竟是他们抓捕了他，那么其中的原因是什么导致了对血缘群体的不忠诚，乃至违背宗族内部的最基本的伦理呢？我们以为，就是同一宗族的成员跟随了不同的社会力量造成的。闵宪梓、闵庆元、闵繁宝等，甚至包括分得闵继甫耕牛的闵宪庆，本来跟闵继甫没有什么仇恨，而且人家还救过自己（如闵庆元）。不过，前者跟随八路军和共产党走；后者跟随国民党和汉奸走，由于国共的矛盾，造成了宗族内部的分裂。从这一意义上说，宗族被 20 世纪的两个最大的组织所利用，从而形成了宗族内部的分裂。这一点验之于前后村更是如此。

  如果从另外一个方面加以审视，则又会呈现出另外一种解释。闵继甫为什么要跟随国民党和汉奸走，而闵宪梓、闵庆元、闵繁宝等为什么要跟随共产党走呢？除了个人的社会关系（亲属关系、社会交往等）起作用外，恐怕还与他们各自的经济地位有关。当时前村人均土地两亩多；后村不足一亩。通过调查发现，虽然前闵村没有大地主，但一般会有 25 亩左右的土地，个体家庭人均数量要超出整个村落。尽管闵继甫没有被划为地主，但祖上有两个是奉祠生，他本人也是，并且拥有几十亩土地。而那些参加八路和当村干部的人家，当时人均土地也就一亩多，最多的不超过 12 亩。这也就说，国民党把自己的乡村政权建立在相对富裕人家的基础上，共产党把自己的乡村政权建立在较为贫穷人家的基础上（早在 20 世纪 20 年代共产党在南方各省就碰上了以土豪劣绅为主体的比较严密的宗族组织①）。甚至，国民党本身就是一个上层或中产阶级的政党。② 国民党之于地主、富农，共产党之于贫农，各自存在一个"互惠"性机制。具体说，富裕人家往往站在国民党一边，比如给他们提供钱粮，反过来，国民党要保护这些人的利益；共产党则从穷人那里获得支持，反过来也保护穷人。这并不是说，前一个圈子里没有穷人，事实上，富裕人家的本房支中的贫穷者往往跟他们站在一起。这两个组织各自代表了不同的利益，自然导致了同一个宗族成员跟随并追逐了不同的力量，以至于形成 20 世纪相当长一段时间里的中国社会的二元结构。

　　总体来说，此一时期闵村由于外部力量的介入，导致了宗族村落的彻底分裂。一开始，前村的力量占据了面上的主导地位，而后村力量则以隐蔽的方式存在与发展。这一时段的后期，出现了一种"拉锯战"式的社会面貌。日寇投降后，闵村解放，为共产党控制，因而后村力量跃升为面上的主导力量；但伴随着 1947 年国民党重点进攻山东解放区，还乡团的"还乡"导致了国民党一时间又重掌闵村政权，前村宗族势力又重回主导位置。然而好景不长，孟良崮战役后，终于在 20 世纪 40 年代末，共产党重又解放了闵村，后村力量复归主导。

　　布迪厄说："我用权力场域来指社会位置之间存在的力量关系，这种

---

　　① 安德烈·比尔基埃、克里斯蒂亚娜·克拉比什-朱伯尔、玛尔蒂娜·雪伽兰、弗朗索瓦兹·左纳邦德主编：《家庭史：现代化的冲击》，袁树仁等译，第二卷第四章"中国家庭的漫长历程"（该章作者是米歇尔·卡尔蒂埃），生活·读书·新知三联书店 1998 年版，第 232 页。

　　② Olga Lang, *Chinese Family and Society*, New Haven: Yale University Press, 1946, p. 64.

社会位置确保它们的占有者握有一定的社会力量或资本，以便使他们能够跻身于对权力垄断的争夺之中，而在权力垄断方面的争夺中，对合法权利形式的界定的争夺是一个至关重要的向度。"① 如果从布迪厄的这个理论来分析，无疑，外部的共产党或国民党的力量是后闵村和前闵村世系群裂变分支的"社会力量或资本"，不同的世系群裂变分支正是借助于这个外部"社会力量或资本"才获得了村庄内部的合法权利，由此达成对村落的支配。

上文所呈现的资料似乎表明，"阶级"是自日本人入侵以来至 20 世纪 50 年代初期闵村社会运转的一个关键性概念。但深入访谈发现，"阶级"话语背后是潜藏着的、具有支配性的世系群分支间的"竞争"在起作用。当年后村的世系群精英希望借助共产党的力量来"压住"前村的世系群精英，而前村的世系群精英曾讥笑后村的人说："你们跟共产党走成不了大气候。"在当年前村人眼里，共产党"只有几条破枪，跟国民党力量相差悬殊，成不了事儿"。看起来是外部力量牵引了乡村的发展进程，实际上地方人民自有其能动性。对于后村人来说，"阶级斗争"只是地方人民表达自己的一个工具或策略。

六　集体化时期与后集体时代闵村村庄政权与宗族裂变分支间的关系

20 世纪 50 年代以后，多元社会力量混杂的局面已经结束，在共产党的领导下中国社会演变成一个单一结构。那么，宗族分支与村落政权存在着怎样的关联呢？下面将考察该闵村 50 余年来的政治演变格局。

村民委员会自治法诞生以前的 20 世纪 50—80 年代，我国乡村政权并没有多少程序化和制度化的建设，几乎不存在"换届"一说。因而，20 世纪 50—80 年代中期的闵村政治，我们只能通过个人政治生命史来加以重构。20 世纪 80 年代以后的乡村政治的演变，将采用"届"为叙述单位。为了分析上的方便，对有关个体将标明其前后村的归属身份。

20 世纪 50 年代初期，在合并村庄时，后村的庄长由后村人担任，前

---

① 皮埃尔·布迪厄著：《实践与反思——反思社会学导引》，李猛、李康译，中央编译局出版社 1998 年版，第 352 页。

村的庄长是一位从后村派过去的人担任。合并村庄后的第一任书记是前村的闵宪德，但是后来后村的人把他弄下去了。之所以让前村闵先德当第一任书记，是考虑一个均衡，因为合并村庄后，土地要均分，为了让前村人拿出土地来，最好由前村人做动员工作为好。所以，从实质上说，背地里还是被后村所控制。

闵昭房（后村），亡故。1958—1961 年任大队书记。后来因病让位给闵庆俊。

闵庆俊（后村），1933 年生、贫农，1957 年入党。1955—1956 年任初级社委员，1956—1957 年任高级社社长，1957—1959 年任连指导员，1959—1960 年任管理区书记，1961—1965 年任大队书记，1966—1972 年任大队核心组长。1972—1984 年任副书记。1984—1987 年任村长。

闵庆元（前村），1927 年 9 月出生。1945—1947 年任大队青年书记，1947 年 3 月—4 月被还乡团逮捕。1947 年 4 月—1949 年 1 月任民兵队长、青年书记、联防队队长。1949 年 1 月—5 月南下看俘房兵。1955 年入党。1949 年 5 月—1966 年 5 月在大队支部委员、民兵连连长、治保主任。1966 年 5 月—1985 年任党支部委员兼治保主任。

闵庆吉（后村），1929 年生，1943—1945 年任后村儿童团长，1947 年任"青救会会长"，1949 年任后闵村团支部书记。1950 年成立"吴岭寨"乡，任小乡①乡政府委员，负责财粮（这时闵庆存任五岭寨乡长）。1952 年10 月入党。1953 年任小乡乡委委员以及乡里团支部书记。1954 年，任合作一社的社长。1956 年任织布机社社长（此时闵庆新任会计）。1961—1964 年任闵村大队长兼副书记。1965 年任闵村核心组组长，当时由闵庆吉、闵繁康、闵庆俊等 5 人组成。1966 年任大队书记。该组织相当于村党支部。"文革"时期，批当权派，挨斗。1970 年在"吴岭寨"小乡基础上成立了一个包括附近 9 个村子的管理区（又叫"工作区"，村民依然按照传统和习惯称为"小乡"），他任小乡的党总支书记，同时兼任闵村大队书记。在任上干到 1976 年。1976 年后，任汪沟公社农场场长。1981 年后，他又回到村里任村支书，1985 年退休。然而，刚刚从村支书位置上退休后，他旋即被汪沟乡政府任命作管理区书记，一直到 1993 年退休。

闵繁宝（前村），1934 年 6 月出生。1953 年入党。1943 年 12 月参加儿

---

　　① 为了跟更大一级的乡镇政府有所区别，村民通称这类组织为"小乡"。

童团，1943 年 12 月—1946 年 12 月在本村读书，1946 年 12 月—1950 年 12 月任本村儿童团长，1950—1957 年 2 月任本村中国新民主主义青年团支部书记，1957 年 12 月—1965 年 12 月去东北甘南县场屋村工作，任村长，1965 年 12 月—1978 年 12 月任闵村大队副大队长，1978 年 2 月—1987 年任闵村管理区计划生育网长，兼大队副主任、计划生育网长、组织委员。

闵繁康（后村），1950 年出生，1965 年参军，1970 年复员并任民兵连连长，村支部委员，1973 年任副大队长。

另外，乡村社会的另一重要角色是会计。1956 年成立高级农业合作社。闵庆普（后村）任会计，人民公社成立后，高级社演变成大队，闵庆普又成为大队会计，直至 1960 年年底调入公社信用社。1961—1984 年，闵庆新（后村）任大队会计。

就该时段而言，闵村的主要领导——大队书记和村主任（"文革"时期叫大队长）——都是由后村的人担任的，前村只有两个人，即闵繁宝与闵庆元。结合 20 世纪 40 年代两个人多在后村居住这一事实来看，他们虽然身份属于前村，但在心理上却认同后村。起初闵村的一把手为前村的，但在前村人的记忆里，他被后村人夺去了权力。1965 年闵庆俊从一把手的位置上退下来，成为村里的二把手；而闵庆吉从县棉织厂回来，由二把手变成了一把手。访谈中，闵庆俊说："他当时从县上回来了，我的能力不如他，我便让出了位置。"他们两个人同属于后村，有关权力变动的记忆里却并没有"夺权"印记。从中不难看出，村落内部的界限与认同。从数量上来看，更是后村占据的人数为多。

1984 年闵村实行家庭联产承包责任制，农村体制发生了变化。最近二十年来的乡村领导情况是：

书记：

1986—1989 年，闵繁宗（前村）任书记。

1990—1992 年，村里没有书记，只有一个村主任闵繁湘（前村的）。

1993—1995 年，闵繁文（前村）的大队书记。

1995—1996 年，闵繁礼（原先会计）任书记。

1997—2000 年，闵庆凤（前村）任书记，闵繁康副书记（后村），闵繁成（前村）副书记。

2000—2001 年，闵繁启（前村）当书记。

2001 年 6 月——2002 年年底，闵庆风（前村）任书记。

2002 年—现在闵庆风（前村）任书记。

村主任：

1984—1987 年，闵庆俊（后村）任村主任。

1987—1989 年？

1984—1989 年，闵繁康（后村）任民兵连长兼村委副主任。

1989—1990 年，闵繁康（后村）村主任。

1990—1992 年，闵繁湘（前村）任主任。

1999—2001 年，闵庆俊（后村）退休后，复出，又被镇里任命村主任。

2002 年—现在闵繁康任村主任

会计：

1993—1995 年，闵祥礼（前村）任会计。

1997—2001 年，闵繁宗（前村）任会计。

2002 年—现在闵繁成（前村）任会计。

妇女主任：闵祥娟嫁给邵姓，娘家是后村。

　　——这一阶段乡村社会的主要领导人都出自前村，后村人员在村落政治的舞台上衰落下去了，尽管个别后村村民也进入村两委领导班子，但并不担任重要角色。第一，前村人抓住了 1984 年农村体制改换这个机会，成功地进入乡村政治的中心地位，扭转了过去数十年受压抑的情况。第二，这一阶段闵村领导班子更换频繁，这种频繁的更换说明背后隐藏着极为复杂的原因。首先，由于这一阶段农民负担增加，农民采取了跟村两委领导相敌对的策略，致使村领导班子无法完成上级下达的任务，有时个别村民及其房支对村书记或主任发生争执并有殴打现象，加之暗地里毁坏村领导的庄稼等财产，常常使村庄政治无法运转，村委班子瘫痪或名存实亡。其次，频繁的更换说明乡村社会内部的权力斗争状况极为复杂，这反映了权力移换过程中，随着权力中心的变迁，前后村之间存在异常复杂的权力较量。

　　1985 年后村的老书记闵庆吉退了下来，不久担任了闵村管理区书记。尽管这个书记的权限超越了村落自身，但是由于他没有安排一个"合适"的来自后村的成员接替自己，致使村支书权力滑落进前村村民手中。1986 年前村闵繁宗当了书记，时任村民兵连长兼村副主任的闵繁康经常"批评"闵繁宗。据村民会议以及对闵繁康个人的访谈表明，两个人有时在公开场合（比如开会）都会发生争吵。之后闵繁康成为村主任，更是与闵繁宗发生矛盾，村里很多事情由闵繁康做出决定。这就是说，两套班子发生了冲突。于是前村人利用闵繁康的婚姻和"贪污"问题将其驱离出乡村社会的权力中心。致使乡村社会的权力出现了空白（村支书无人担任）。① 县政府不得不委派一位文化局局长前往闵村蹲点，帮助闵村建立基层政权。20世纪90年代的整个十年间尽管闵村社会的权力更迭频繁，但基本上被前村人所掌控。作为民兵连长和村副主任并不是乡村社会的主要力量，但闵繁康却公开与村里一把手发生冲突，并最终被赶出乡村权力中心，这实际上前后村争夺权力的一个结果。

当时后村村民慨叹说："完了，大队里没有我们后村的人了。"这句话透视出地域的认同。前边曾经解释过前后村是两大房支的实事，那么这种地域认同实际上也是一种血缘系谱性认同。乡村社会的政治认同是建立在地缘认同和血缘认同基础上的。在闵庆吉、闵庆俊退休、闵庆吉任管理区书记以后，后村只剩下闵繁康一人在村两委中。他势单力孤，难以应付前村的力量。后村不时有人鼓励他："把权力重新掌握在手，不要让前村人当了家！"在这种建议和鼓动下，他跃跃欲试，并最终与村中一把手发生公开的较量。显然，此时他的政治经验并不成熟，而且对自己有着过高的估计。背叛前妻并发生同宗相婚事件浮出水面，招致整个闵村舆论的谴责，从而他失去了后村的政治基础。前村人利用这个机会，多次组织人到镇里和县上上访告状②。其实后村人当时也有"告闵繁康状的"，不过只

① 杜靖：《法律下乡与"娘家"的丢失——一个乡村女子"孽缘"故事的人类学考察》，《长春市委党校学报》2010年第2期。

② 现任村书记闵庆风告诉我："我1991年元月进的村委，还不是党员，村委委员兼治保主任。1992年预备党员，1993年2月正式入党。闵繁康被拿掉以后，我还不当官。闵繁宝上费县纪委、临沂纪委把闵繁康告下来的。闵繁宝发动群众多次上访，来了工作组查了闵繁康。你要想弄清，必须问闵繁宗和闵繁宝。闵繁康倒台就倒在闵繁宝身上。他们是老干部，在一起干了20多年，群众不知道。他下来以后，把闵繁康的事一说，群众觉得可恶，不就告吗？"——闵繁康怀疑闵庆风当年参与告他，现任闵庆风的这段讲述试图表明闵繁康的下台与自己无关，并把责任"推在"闵繁宝身上。的确闵繁宝参与告过他，但在我调查的数年间，他们又成了密切的合作伙伴，并试图推翻闵庆风。我发现这个问题后便对闵庆风说："闵大哥，我看今天在建家庙这件事情上，闵繁宝和闵繁康两人合作得很好。你刚才讲的问题我有点不明白。"闵庆风回答道："那也是互相利用。闵繁宝这个人不省事，咱得将就一点。闵繁宝的生活原则是：'与天斗，与地斗，与人斗。只要活着就要有斗争'。原先他斗闵繁康，后来他又捣鼓我。这种人什么事都有，他就窜窜火火的，窜鱼苗子。"显然，闵庆风对闵繁宝不满。

是反映他的婚姻问题。在同一个上访行动中，前、后村人各自怀揣着不同的目的。同时，闵庆吉也被人"告状"，关于他的"大字报"被张贴在县委大门上（县里蹲点的文化局局长也被上告）。大字报上说，闵庆吉和蹲点的干部有联合贪污行为。这是前村人的所为，因为前村人利用闵繁康婚姻事情，上告他有贪污村集体财务的行为，经过蹲点干部的调查，闵繁康没有这档子事儿，结果把最初对闵繁康的罚款退还给他。前村人因此怀疑是闵庆吉从中调停的结果。在前村看来，闵庆吉之所以"保"闵繁康，目的在于确保后村在村两委中有"代理人"，并最终掌权。这样闵繁康和闵庆吉都成为前村所攻击的对象。不过，并不像 20 世纪 50 年代以前可以凭借不同的社会力量，这一时期前后村宗族裂变分支均借助于同一份国家力量，只是具体寻找不同的路径和靠山而已。

在沉寂了 10 年之后，闵繁康再度复出，担任了村主任和副书记，成为村中政权二把手，也由此开始了新一轮的前后村对权力的追逐与争夺。2002 年以来新的一届乡村政权组织（村两委）共 7 个人，其中后村 5 人，前村 2 人。村书记和会计是前村人，村主任、村副主任、妇女主任以及其他两位村两委成员都来自后村。从数量上看，后村占据了绝对数量。从表决权来看，表面上党支部领导村委，但闵村实际的情况却是村主任说了算，即闵人说的"二把手说了算，一把手说了不算"，前村的人说村书记是"丫鬟带钥匙——不当家"。从我的观察来看，也确实如此。村主任曾经私下告诉我："您大哥我说了算。村委会的章子我牢牢掌握在手里，他花了钱，如果我不给盖章，他就报销不了。"许多大事，二把手就决定了，不管一把手的意见。按照正常道理，招待客人应该由一把手书记签字，但在闵村他们两个人都有签字权。访谈中，一把手告诉我："为了顾全大局，有些事情我就不大跟他争执。"其实，大部分问题都是应该说得过去的。那么为什么村主任这个二把手重新掌握了控制权呢？先从闵繁康的复出谈起。

按照村民委员会组织法，村主任未必一定是党员才能担任，但在中国社会往往绝大多数村主任是党员，这样，在具体的实施操作中，候选人的党员资格成为地方政府考虑的一个重要因素。闵繁康在 20 世纪 90 年代初被工作组和乡镇党委做出了"留党察看一年"的处分。事隔一年，为了恢复其党籍，村里党员开会投票表决，由于没有通过半数而遭否决。接下来的一年又进行了一次投票，仍然没能恢复党籍。之后，乡村政权频繁更换，遂将此问题搁下，无人过问。直至 2001 年年底他的党籍才得以恢复。
其党籍恢复的过程如下：

> 闵庆风说：按说留党察看一年，最多不超过两年。第一年恢复没
> 有通过半数；第二年仍然没有通过半数。闵繁康两次没有恢复党籍就
> 搁下了。按理说，应该是自动脱党了。为什么镇里宣布已经开除党
> 籍，县上老是批不准。这就说，他通过关系也好，通过什么也好，一
> 直没有开除。这次繁启和繁成干，拿不起工作来了，当时上届的镇委
> 郭相玉（当时分管镇里的组织工作，三把手）找我叫我干，我就觉
> 得干不了，没个硬棒人也不行。就轧伙了闵繁康。当时郭相玉跟我
> 谈：繁康这个党籍没恢复怎么弄？一直也没有宣布他的权力。我说，
> 既然叫他跟我干了，你不给他恢复党籍也不行。光叫挂主任他干吗？
> 你说是不是老杜（指作者）？我说，既然叫他出来跟共产党工作，咱
> 就不怕恢复党籍，先批一个副书记。镇里采纳我的意见，我的书记，
> 繁康和繁成是副书记，还有繁宗、祥娟、繁学、祥起四个委员组阁了
> 班子。上一届闵繁启拿不起工作来，这不又组阁了这个班子吗？繁成
> 跟繁起干了一段，跟我干了一段。闵繁康就从这个地方起来的。从
> 1990 年到我当书记就换了三茬。

这段口述表明闵繁康复出是当时农村没有一个坚强的领导班子，也就
说没有一个真正的铁拳人物，因而闵村的工作上不去。村里的领导十几年
来换了几茬就说明了这一问题。这段资料同时也表明现任书记闵庆风抓不
起来农村工作，他需要一位敢打敢拼的得力助手。从上面的梳理中可以看
出，2000—2001 年前半年，闵庆风没能连任书记。连任书记按镇党委规
定应该由村里党员选举，这说明闵庆风当时没有被村里党员投票通过，这
种没有通过恰恰说明了他的工作能力和水平尚不是闵村的最佳人选。当
然，也许会有别的干扰原因。但在 2001 年 6 月他又接任了书记。这段资
料还说明：闵繁康的复出是闵庆风在关键时候拉了一把。问题是不是这样
呢？

> 闵繁康说：当时闵村弄不下去了。上级想选一个坚强有力的领
> 导，他闵庆风不行。来了两个工作组调查了半个月。非要让我担任领

导,但是老百姓都说:"一个槽里拴不了两个叫驴。"他开除了我的党籍,不叫我转正,留党察看。他报复人太厉害。本来留党察看2年,但是他拖了4年,就是摁着不让我起来。当时,贾俊卿书记来主持汪沟工作。我就找镇里,我几年来没有违反党的原则问题。你凭什么给我拖2年?贾书记给我落实好了。

这段口述表明:在闵繁康看来,他的党籍的恢复并不是闵庆风的功劳,而是他个人和镇里领导努力的结果。这里已经透露出某些真实的信息,但是还不全面。

　　闵庆吉说:其他人都拿不起工作来,我们觉得还得起用繁康这个人不可。要起用他就必须恢复他的党籍。我和繁宝等几个老干部、老党员向镇里和县委组织部多次反映,幸好他的档案还在镇里和县上。我们找出来把他续进去了①。

闵庆吉的这段话完全是从工作角度而言的,那么是不是里面隐藏着更大的文化秘密呢?是不是闵繁康想复出托付他们几个老党员、老干部呢?第二,从4个活动人员来看,前村两个、后村两个,但从战争年代开始,前村的两人在心里就不认同前村,他们为了躲避还乡团的"反攻倒算"要跑到后村睡觉,新中国成立后三十年来一直是在以后村为骨干所组织的村政权中担任从属角色。这样,后村的这些老干部是不是觉得现任前村领导不能"代表自己和后村说话",而要培植一个代理人呢?在后来深入访谈中我得到了证实。② 直接的证据是他们有两人道出了事情原委。第二个直接证据是他努力帮助闵庆吉要回了老干部退休工资。闵庆吉干了几十年的村书记和管理区书记,按照地方政府的规定,他完全可以在退休后每月领取一定的退休金。但是由于种种原因,他没有办成。后来他不断找闵村的新领导,但没有一人给予办理。闵繁康上来后,做镇里工作,镇里同意给予办理,处理意见是镇里出一部分钱,村里出一部分钱。按道理都应该

---

　　① 这个话我有些不大明白,不过,我推测闵繁康的党员材料已经被单独管理,只是没有毁掉。同时也表明闵繁康的恢复党籍并不是新造了一份材料。
　　② 我深深地感谢我的几个访谈人,他们敢于向我披露乡村社会权力运作的内幕。

由镇里来出，如果让村里出钱，肯定会通不过，但闵繁康悄悄用集体的资金给解决了。间接旁证是，后来我发现闵繁康想在未来竞争中当选村书记而让闵庆风落选，他竟然鼓动几个老党员去镇里反映闵庆风的情况。好了，至此我们看出，闵繁康党籍的压制与恢复跟前、后村的地缘认同和宗族房支的血缘认同有着密切的关联。

至于闵繁康的复出还有更深层的原因。当时，闵庆吉的一个儿子给镇书记一把手开车，闵庆吉通过儿子与书记的关系，让闵繁康复出。这样看来，闵繁康上台后给闵庆吉解决老干部退休工资问题，是一种"交易"。

对于闵繁康的复出，以及与闵庆风搭档，当时村里群众反映很强烈，大部分党员也不赞成，认为他们两人会水火不容。但是考虑到闵村的工作，镇里领导还是决定由他俩组建村两委领导班子。村里人告诉我："当时镇里领导来村里开会，宣布结果时，就说过：'都说一个槽里拴不了两个叫驴，我就不信。我非要把他们拴在一起！'"据闵庆风说，最初的两年他们俩配合得非常好，重新分配了土地、修建了数条道路和桥梁、还上了村里90万元贷款等，多次得到镇委镇政府和县委县政府的表彰。但是自从修建家庙以来，两人关系开始闹僵，并越来越对立。在我于2004年8月离开闵村和10月份前往闵村作补充调查时，他们已经在暗地里批评并败坏对方了。2005年春节期间，即阳历的2月份我重返闵村再次作跟踪性补充调查时，他们两人的矛盾已经公开化，彼此把新建家庙中石碑上对方的名字凿掉，以此进行集体记忆的忘却。

相比之下，在村民眼中闵庆风的工作能力和水平均没有闵繁康高，访谈中村民对闵繁康颇有口碑，如："在繁康带领下，我们村发生了很大变化""我们村只有繁康才能镇住，才能玩得转。以往工作班子太软弱，太涣散。"多年遗留下来的土地分配不公、以往隐匿不露的"黑土地"、4条农用道路和数座桥梁的修筑、黄瓜大棚的规划、板皮厂工业园的规划等等，闵繁康上台后一一实现了村民心中多年未曾兑现的愿望，固然赢得民心。在访谈居住于城市中的其他闵氏族人时，他们也表达了同样的口碑。这种成绩也得到地方政府的认可和鼓励。在我初步接触镇里地方领导时，他们就告诉我："这个村子群众基础不错，在闵繁康的带领下近几年起了很大变化，该村连年获得县、镇先进单位称号。"2003年闵繁康当选为县人大代表；2004年获得"镇十佳党员"和"县级优秀党员"的光荣称号。地方媒体也对闵繁康作过宣传报道。《临沂日报·费县版》于2003年7月28日第二版登载了汪沟镇基层干部的一篇专门通讯,题目是《繁星照亮富民路——汪沟镇村干部带领群众致富一瞥》。这篇文章报道了 3 位"村官"。第一位是大柳汪村的村主任,其主要事迹是调整土地承包和栽植千亩丰产林的事迹。第二位是一个村主任规划村工业园,带领群众发展板皮厂的事情。最后以"故里老帅——闵繁康"小标题报道了闵繁康,全文如下:

> 近日,从闵村村委办公室附近传来叮叮当当的声音,原来,这是闵村村两委为继承闵子文化丰厚的文化遗产,号召闵氏家族捐资,对闵子祠进行重建。早在 1985 年,闵繁康就当过村主任,可由于某种原因辞职后,村干部换了十几茬,该村一直处于混乱状态,直到 2001 年闵繁康二度出山,才使该村步入正轨。他带领村民修了村大街,调整了土地,规划了工业园,并无偿提供土地 3 年,让北部村庄的黄瓜种植户到该村的胜天湖发展大棚黄瓜,建成了胜天湖千亩黄瓜示范园,为该镇的产业结构调整作出了表率。2003 年闵繁康当选为县十五届人大代表[①]。

修筑家庙是闵繁康赢得民心的又一关键。这将在"祠堂重建"部分里说明。由此可见,民间、官方和地方媒体都突出了对闵繁康的记忆,他获得了多方面政治认同。相反,闵庆风并没有什么口碑,也没有得到什么表彰和地方媒体的关注。显然,对于一个乡村基层干部来说,闵繁康成功地获得了从政的各种资源。这种情形促使他积极谋取村里一把手——书记——的位置,也就说变成一个名副其实的一把手。两人的纷争发生于建庙的中期。当时闵庆风由于别的力量干扰从中抽身,而闵繁康独立地承担起建设家庙的重任。不过,确切说来,两人关系的紧张是随着任期的结束和新一届领导班子更换之临近才加剧的。我曾听见闵繁康在不同场合下叙说闵庆风的一些不利于名声的话,如闵庆风有一次在镇驻地一家饭店里吃饭时,面对其他村书记,说镇里党委书记一把手经常在这家饭店"吃整羊"。又如,他在村中不同的场合反复叙说,闵庆风在家庙建设中途抽身而走,大年初一他家没有一个人前去祭祖。再如,他利用各种机会在后村暗地里对部分村民说:"换届时投我一票,我们后村得掌权啊!"最为明

---

① 《临沂日报·费县版》2003 年 7 月 28 日,第二版。

显的是他曾利用一个村中老党员跟其邻居（闵庆风的近支）发生矛盾纠
纷而闵庆风处理不当的因由，挑拨这名老党员跟闵庆风闹，并多次暗示他
到镇里告状。结果 2004 年 8 月 5 日，镇党委派了一名书记在闵村召开了
一次专门的全村党员会议，会议的主题是"党员学习"——开展批评与
自我批评，会上闵庆风做了检讨。从《党章》的有关规定和制度来看，
这完全是正常的，但在中国乡村社会里此类事情并不多见。由此可见，闵
繁康的用心良苦。由于我的第一期访谈结束，前往闵村告别，无意间碰巧
列席了这次会议。对于我的造访，闵庆风非常愕然，以为是有人专门通知
我来记录他的难堪与尴尬。事后他在电话里对我提出了批评，也进行了要
挟，而后在一个饭馆里沟通时他向我道出了对闵繁康的看法以及强烈不
满，并干预我的论文之写作。在他看来，我站在了闵繁康的一方。闵庆风
登上乡村社会的舞台是借助他弟弟的力量。其弟是一个当地法庭的庭长，
后调到县城。其弟通过在乡村外部世界（官场）的斡旋，使他担任村支
书。闵繁康曾经又一次对我说：

> 我现在跟他合作了三年，再也不能合作了。如果继续让我干，我
> 决不会报复他。如果让他干，我就得下来，我们实在不能在一起了。
> 我已经够海量了。我现在已经将就他了。我一直牵着他在走，没叫他
> 走邪路。我就会给领导说："您要觉着我行，就叫我干；觉着我不
> 行，就叫他干！我能把闵村治理好，社会稳定，他干不了。您叫他试
> 试。其他人试了，不是不行吗？"

从中不难看出两人已经到了水火不相容的地步。村书记和村主任二人
的不和，应该说与当地政府有关。老干部闵庆吉说：

> 2001 年，汪沟乡任命闵庆风和闵繁康一个为书记，一个为村主任。
> 乡里明知二人不和，但还是一个槽上拴俩叫驴。这名乡镇副书记公开
> 在闵村党委会议上说："要给闵村出出格，拴俩叫驴。"我从此后再也
> 不参加村里党员会议了。当时，闵庆风和闵繁康两个人互相斗争。[①]

[①]　闵庆新告诉我，最初闵繁康跟闵庆风关系很密切。我推测，此时闵繁康是为了谋取村主任
的位置所采取的表面策略。

　　在闵庆吉看来，闵繁康尽管存在很多缺陷，但工作能力强，应该由他担任一把手。但镇党委并没有采纳这位几十年的闵村老领导的意见，而是造成了现在的结构状况。是不是当初镇里存在这样一种考虑：一方面要给闵庆风所托付的人一个面子；另一方面又确实想把闵村工作抓上去，所以要选中闵繁康任主任？迄今我没有访谈到当事人，即便访谈到当事人，这种涉及组织问题的事情也应该属于保密范畴，因而我只能流于猜测。

　　由此可见，在最近 60 年来，闵村政局可谓"三十年河东，三十年河西"。集体化时代的 30 年由后村的世系群分支掌控村政权；后集体化时代以来则主要由前村世系群分支掌握村落权力。但后集体化时代的 30 年闵村政局动荡不定：先是由前村"夺权"成功，至 2000 年年初，后村世系群又一度重新掌握村落管理权。而据笔者最新的田野调查发现，2005 年后，随着闵繁康的推出，闵村政权又回到前村世系群手中了。

　　在弄清了闵村村政的历史脉络和结构后，我们可以讨论村落规划及风水问题了。

七　村落规划与风水问题

　　20 世纪 90 年代的数届村领导在村民中几乎没有什么威望。在村民眼里，他们只知整天催要提留集资、追求吃喝、甚至有贪污行为，为了完成上级下达的任务，他们竟然从"农业基金会"贷款上交提留集资项目，以致整个乡村在 10 年间累欠贷款高达 106 万元。村民知道"羊毛出在羊身上"的道理，这笔贷款最终由村民来偿还。所以，这些人被目为"不正经人物"、"孬种"。由于他们大多属于前村，因而这就巩固了前村不出好人的集体记忆。上文已经说明，前、后两村的紧张关系始自民国初年社会混乱之际，并于抗日战争和解放战争时期进一步加剧，并裂变，其原因是乡村社会外部力量的介入，导致同一宗族跟随不同的社会力量。不过，20 世纪 50 年代以来国家社会虽然呈现单一化结构，但乡村社会内部仍然存在不同的村落界限、甚至宗族裂变，这种裂变基本上是"朝野之分"，即"掌权与不掌权"的问题。后村世系群分支利用 20 世纪 40 年代共产党所给予的政治资源，成功地获得了新中国成立后长达三十年的乡村社会治理与控制权，而前村世系群则抓住 20 世纪 80 年代的改革开放机会，尝试进入乡村政治的中心，虽然不是十分成功，但毕竟在一定时段内拥有了治理和控制权。

闵村村落规划的具体实施是在集体化时期。这一时期内，后村作为一个共同体在拥有现实权力的同时，也拥有了对乡村世界的文化制造权。街道、房屋的设计、大门的安装就是这种制造权的表达。前村人的口述材料表明：

> 谈到前村的街道斜着，是"文化大革命"时期后村的领导人为造成的。如果街道取直，后闵村要吃前闵村的气。当年在家庙前边，后闵村专门请了一个风水先生看的。这是后闵村的人"专门出歪心眼子"糟蹋人。老头还没有死，故意斜的。

我想，"文化大革命"时期后村的领导就是闵庆吉和闵庆俊，而"老头"是指闵庆新。闵庆新是大队会计，是他们两人的近房支，更是一位乡村社会的民俗先生，通晓风水的文化实践。当年村里两位领导人曾经向闵庆新征求过街道设计的意见。闵庆新的建议确实如上述前村人的口述。不过当初前村人并没有反对，并不认为这样规划不利于前村，相反，他们积极认同这种规划，有口述材料为证：

> 闵庆元说：村里南北大街是我和闵庆一等人具体测量的。当时镇里派测量员来给我们规划街道和房屋，当时他们想根据家庙取直，即南半段要和家庙后的北半段拉直，但是前村村民都嫌弃大路开到吴庄子方向去了。我们只好在家庙前拐了一个弯，这就是目前的状态。

其实，乡镇测量员的意见具体来自当时的村领导。镇里人来村时曾征求过村领导的意见，于是主政的后村领导借机做了这样的文化设计。这一方面可以暗地里表达后村的意志；另一方面也可以满足前村的愿望。因为如果街道取直，就会在外观上明显看出前村的房屋都是倾斜的，即大街向东南去，而前村房屋向西南倾斜。如果加以矫正的话，也就说，在外观上不让前村房屋看出倾斜来，那就需要对前村的房屋进行整体改造。这对于前村的财力来说是不可能的。后村这一招可谓"将计就计"。——如果细加推敲，这里边反映出前村人想独立地表达自己村落的布局文化和情感。地理上的标志——街道，实际上是一种人类意志和情感的文化表达，家庙后的北段表达了后村人的意志，而家庙前的南段表达了前村人的文化观念和情感。如果前村按照后村的街道取直，就意味着接受后村人的意志和情感，或者说，被后村所统一，并接受后村人的领导。有了这样的考虑之后，前村人必然要保留住自己的文化印记，维持一个共同的文化符号。这里也反映了统一的乡村政权体制下一个乡村宗族内部的边界与分裂。只不过后村的这种文化设计终究走漏了消息为前村人所知道，后来前村人联系历史与现实，遂进一步制造和演绎了相关的风水传说。调查其间我有一个想法：为什么不根据前村的街道将后村街道取直呢？要是那样的话，后村人会不会同意？前村人会高兴吗？但是历史事实不允许我作这样的假设。当然，这个假定也似乎行不通，因为这也意味着得把祖先的家庙改造。这显然会激起更大的麻烦。

　　这种街道的规划、房舍的布局也有着久远的历史原因。首先是宗族世系群长期聚族而居的结果。一般来说，一个血缘世系关系较近的五服房支大多聚居于村中一块相对集中的地理区域范围内，呈现出村落内部地缘共同体与血缘共同体相重叠的现象。其中的道理在于汉人分房的文化机制：父母总是愿意把儿子们的房屋盖在自己老房子的周围和附近，而每一个儿子相对于其父母而言，便是其中的一房；随着世代的延续和增加，就出现了不同层级的分支，亦即不同层级的房份；久而久之，最初的一个院落就在附近的相对集中的地理空间内发展为一片世系群房落。当然，这种情况也会发生变化。在老房子附近没有空间可以盖房的时候，加之村落政权掌握了房屋规划权，人们头脑中的这种聚族而居的理念便不能实现，于是就出现了宗族世系群散居现象。

　　南北中心大街以东、家庙以南的整个村落的东南部分是自20世纪50年代以来发展起来，之前这里是一片田地。这也就是说，南北中心大街也是20世纪50年代以来村落扩展的结果。如果没有这一块，那么整个村落更像一个"8"字。但是在闵人的言谈中，从前仍然有南北大街，他们简称"大街"。不过，从前的南北大街并不是一条直线，它是一条折线，像个"Z"字形，至今仍存留于村落之内，且是闵人行走的主要街道之一。它是由现在的南北大街的北段（即从村北口到家庙）、前村的西大街和连接两者的东西大街的一段构成（从家庙西南旁的南北大街和东西大街相交叉的十字处，沿东西大街向西延伸150米，至前村西大街；十字处是从前的东门）的。也就是说，从前从北门进，径直行至家庙，然后由家庙向西折，进东门，行150米，至前村西大街而折向南。南北大街的北段是在原来路基基础上略有扩展而成，方向未变；前村西大街仍然保留 50 多年前的情景。前村西大街有 10 余米宽（有些地方宽到 20 米），其北段至东西大街，其南端到达村子的南部边缘。前村西大街并非正南正北，而是偏向西南。事实上，跟现在的南北大街的前半段保持着大致的平行。显然，前村的街道和房屋的布局是根据西大街而定向的。如此看来，现在南北大街是一种历史造就的原因，因而前村房屋的布局也基本上是由历史原因造成的。前村人如今对后村人的批评，实际上正符合集体记忆理论：对历史作出符合当前利益的解释倾向。但是，这里并不是否定后村宗族力量利用风水文化资本压制前村宗族分支的历史事实。这里可以看出，其中互相纠缠的复杂性。

除了权力的角逐外，闵村内部也存在经济性张力，这种经济性张力跟权力张力紧紧扭结在一起。早在 20 世纪 20 年代，鲁南匪患不断，从而招致军阀来闵村一带剿匪。当时前后村分裂就起因于族产的分配问题。以致后来前后村各自建立起一个属于自己的圩子。这是最初两村分裂的地理界标之一。闵人说："过去不论谁当了家，都想顺手捞取家庙的财产。新中国成立后，总起来是'官场上'的事情，彼此想压倒对方。"

另外，前、后村人均土地不平衡，前村土地多，后村土地少。20 世纪 50 年代初后村有 500 人，前村有 700 人；后村人均土地 1 亩多一点，而前村人均土地 2 亩多，是后村的 2 倍。入社后的合并，导致了整个村落土地的均分，这就意味着前村要拿出土地补给后村。这自然在心里会激起前村人的不愉快。前闵村的人认为，当年 20 世纪初两个村不合并，那么前闵村将有更多的土地。之所以当时任命闵宪德当了一段时间的"总书记"，就是因为考虑到前闵村要拿出土地贴补给后村，目的在于平衡前闵村人的心理。但这个时候并未着手规划现在的南北大街。

总体来说，后村宗族分支借助于国家力量、利用传统风水信仰去规划村落布局，以此压制前村宗族势力；而前村宗族力量由于最初笃信风水，也接受了这种规划。但等后来乡村出了若干问题，加之要夺回村落控制权的时候，他们就会指责由于后村宗族分支所主导的风水规划给整个宗族和村落带来了"厄运"，就连前村出了许多"坏人"也是风水所致，从而不去思考自我的原因。

显然，在此风水是一种权力文化隐喻。即，风水（包含村落规划布局）是各种现实权力关系的投射，也是各种乡村势力展现自己的权力场域。风水,作为一种迷信被社会主义中国的文化实践所取缔,代之以村庄规划被推行。由于国家自身不会去具体实践规划理念,而仍交由村庄内部的房支力量进行布局。于是,房支力量就会在国家村庄规划外衣掩护下,继续使用村落文化系统原有的风水智慧进行村落改造。这时,哪个房支拥有了国家许可的权力,哪个房支就拥有更多的竞争资本,从而获得了对村庄的定义。在人民公社时期,由于对传统民间信仰文化的加以抑制,因而对村庄的构思不能用"风水"这个词来说。但随着国家对地方社会管理方式的转变以及对小传统的放松,当然也是房支力量权力格局中心的转移,于是风水一词就从历史背后闪出来了,村民就用风水来解释这种村庄和居住的实际样子,也利用风水解释村庄的问题,从而使得当前秩序合法化。风水也罢,规划也罢,都是一种文化资本,当然也是一种文化策略。

总之,闵村社会内部的地理布局隐喻了乡村社会内部张力,这种张力既是政治的,也是经济的,更是血缘(指文化建构出来的血缘)的,也是地缘的,四者之间彼此互相表达。它是乡村权力格局的一种物化与空间化表达。这也是我对风水的一个看法。

八 思考与讨论

费孝通把士绅和农民分割开来,认为他们分属中国社会的不同阶层,甚至有些地主士绅依靠地租压榨剥削农民。从地主士绅角度而言,宗族可以维系他们的社会地位,但自耕农则不需要宗族。[1] 费孝通在当时同情共产党的主张。但弗里德曼不同意费氏的看法。弗里德曼认为,地主士绅与农民共处同一社会结构之下,宗族组织就是这种结构之一;一个有许多祖产的大宗族必定包含有钱有势的地主士绅和依靠种田为生的贫穷农民。当宗族内部经济和社会地位发生分化后,富人会捐献族产、兴办公共福利而使族人从中得到益处,缓和之间的阶级冲突,这样可促使宗族的形成。[2]

---

[1] Fei Xiaotong, "Peasantry and Gentry: An interpretation of Chinese social structure and its changes", *The American Journal of Sociology*, Vol. LII, no. 1 (1946), pp. 1—17.

[2] Maurice Freedman, *Lineage Organization in Southeastern China*, London: The Athlone Press, 1958;颜学诚:《长江三角洲农村父系亲属关系中的"差序格局"——以 20 世纪初的水头村为例》,庄英章主编:《华南农村社会文化研究论文集》,台北:"中央研究院"民族学研究所 1988 年版,第 89—108 页。

弗里德曼实际上是接受了胡先缙的看法。胡先缙就主张，族包括所有的社会阶层，族并不提倡内部的阶级划分，即使地主的儿子也要有时候称呼家里的雇工、奴仆为"爷爷"，只要他们是同一个宗族里的成员。[①] 西方一些学者从"功能"角度考虑，将村干部比附为传统士绅。[②] 比如，戴慕珍认为，国家政策的实施是通过基层村干部得以贯彻的，同时，基层村干部与其下面的村民之间维持着庇护与被庇护性网络[③]；许慧文认为，村干部使用公共资源来增进自己的利益，同时保护村民防止 party - state 的侵害[④]。如果我们采取上述西方学者的意见，把 20 世纪闵村的村长或村主任、村支部书记等乡村精英视作"士绅"的话，就作者所考察的时段而言，闵村虽没有产生费孝通和弗里德曼所说的那种层次的大地主，但联系闵氏宗族内部的精英在领导族人共同面对匪乱等外部压力，以及在集体化时期积极争取国家资源改善村庄内部的农田水利设施、保护家族墓地等行动看[⑤]，"士绅"与农民还是站在一起的。在这里，国家和地方宗族之间的具体链接或接触依靠士绅。显然这些"士绅"是国家赖以渗透进闵村的重要媒介，当然也是国家赖以维持乡村秩序且从乡村组织或动员现代化资源的重要力量。这样的研究也就把长期以来流行于中国研究中的士绅解说模式和宗族解说模式相统合了起来。

　　显然，山东闵村案例支持本文"引言"所强调的弗里德曼的第一个观点。但是，就本文所呈现的材料来看，在闵村，闵氏宗族并没有出现房支分化现象，而国家干预下的宗族也没有出现依附与被依附关系、庇护与被庇护的世系群裂变关系。

　　弗里德曼只是关注到了单一村落宗族内部具有的丰富非均衡宗族裂变分支情形下的村落运转（当然，他也很大程度上分析了地域社会内部宗族与宗族之间的关系，在冲突、合作和联姻等方面），尽管他也注意到宗

---

　　① Hu Hsien - chin, *The Common Descent Group in China and its Functions*, Viking fund Publications in Anthropology Number 10, New York, 1948, p. 18.

　　② Franz Schurmann, *Ideology and Organization in Communist China*, Berkeley: University of California Press, 1968.

　　③ Jean Oi, "Communism and Clientelism: Rural Politics in China", *World Politics*, Vol. 37, no. 2 (1985), pp. 238—266.

　　④ Vivienne Shue, *The Reach of the State*, Stanford: Stanford University, 1988.

　　⑤ 杜靖:《宗族风水与国家水利》，山西大学中国社会史研究中心:《首届中国水利社会史国际学术研讨会论文集》，2010 年，第 173—194 页。

族内部对立群体间的紧张关系①，却并没有指出单一宗族村庄内部存在两大世系分支情形下的村庄运作问题。

弗里德曼之后，几乎整个西方汉学都围绕着他来做。后续性研究给人印象突出的有两点：第一，要么单一宗族村落内部宗族现象比较弱化，要么单一村落宗族内部支派细密、裂变分支发达，或者同一村落内部多宗族架构共同运作②；第二，就国家与村落宗族关系而言，历史人类学多半承认宗族是帝国型塑的产物，与士大夫推动的礼仪化等有关，而西方人类学家，特别是重建以来的大陆新生代人类学家更注重考察现代化过程中国家与宗族的关系问题③。就本人有限阅读量来看，后续性研究同样未能给学术界呈现一幅单一宗族村庄内部存在两大世系分支情形下的村庄运作图景。

也许从理论上说，在弗里德曼的 A–Z 型宗族光谱分析模式中包含了这一类型④，但至少没有把它特别的强调出来（很可能是没有收集到相关资料），而这一类型对于理解中国宗族社会的学术价值丝毫不逊于 A 型和 Z 型。

弗里德曼及其跟风者的研究，虽然能够说清中国宗族与非洲世系群不同的运作特点，进而就中国的社会性质与非洲的社会性质作出区分，但是却有意或无意间疏忽了中国汉人宗族实践也存在具备可拆合性特征的世系群裂变制度。山东闵村个案的学术意义正在于此，因为就目前关于汉人宗族的民族志研究来说，还没有能让我们跟非洲世系群裂变制度进行较严谨学术比较和对话的材料。

在山东闵村，当两大宗族裂变分支或者因地缘而形成的宗族内部分支集团势均力敌之时，就不会演绎出“依附与被依附关系”，更多的是竞

---

① Maurice Freedman, *Lineage Organization in Southeastern China*, London: The Athlone Press, 1958, p. 105.

② 杜靖：《作为概念的村庄与村庄的概念——汉人村庄研究述评》，《民族研究》2011 年第 2 期。

③ 杜靖：《百年汉人宗族研究的基本范式——兼论汉人宗族生成的文化机制》，《民族研究》2010 年第 1 期。

④ 在 2011 年 7 月份上海大学人类学研究所举办的“民间文化与公共秩序——‘历史的民族志’实践及反思学术研讨会”上，钱杭认为弗里德曼的光谱分析模式中已经包含了本文所研究的闵氏宗族的这一运转类型，但事后我反复琢磨，仍然觉得弗里德曼的理论模型并没有涵括进这一宗族村落运作形态。

争。这种宗族内部格局很容易使得外部力量进来，因为宗族分支会竞相借助外部的力量来压制对方。谁如果跟主导力量结盟，谁就会处于上风。随着外部力量的变动和调整，因而在村落内部宗族裂变分支间的权力格局也会因而发生变化摇摆，出现"三十年河东，三十年河西"的宗族村落的历史演化脉络和情景。

对于国家来说，它要在乡村基层运作，就必须依靠地方社会的力量。地方社会的力量谁主动与其接头，谁就可能被选中并被其委任在村庄中执政。而被委任的力量就会凭借从国家那里赋予的权力进行竞争。村庄中具有很多力量，究竟与哪一支合作呢？在宗族村落内部，如果是宗族房支发展不均衡的话，共产党就会利用那支曾被支配的宗族力量；在房支均衡的宗族村落中，通常是那些暂时在野的宗族房支（至于多姓村庄，当宗族裂变力量不可靠的情况下，共产党就会利用那些在村庄中处于边缘的人，临时组织起村庄政权）。这些被压抑的、在野的、或边缘处的人群都恰好符合共产党的"阶级"概念，于是在阶级这个表面掩藏话语下，部分传统宗族分支力量得到执政权力。从而实现由"势"到"权"的社会地位之转变。

但这并不是说，山东闵村闵氏宗族内部两个分支世系群不存在合作。在咸丰同治年间，为了防御幅军以求自保，整个宗族是统一在一起的。2000年后，在两个分支世系群就村落内部基层政权展开竞争的同时，为了解决当下农村养老及孝道问题，却又再度合作起来共同重建了家庙，在祖先信仰上再次合作。[①] 这些说明：在宗族遭遇外部压力时，分支世系群之间会联合成一个整体，当外部压力撤销后，宗族内部的世系群间的张力会再度凸显。这种可拆合性特征虽然在具体样式上与非洲世系群裂变制度不太一样（非洲世系群分支的压力来自同样地位的世系裂变分支，而闵村的压力是别样的社会压力，闵村没有足够多的不同层级性世系群分支可供拆合），但文化机制大致是相同的。这一点也必须看到。

就中国汉人宗族制度而言，我觉得可以对弗里德曼的 A 型到 Z 型宗族序列理论模式有所丰富、补充和调整，即，必须突出三种样式：第一种

---

① 杜靖：《多元声音里的山东闵氏宗祠重建》，《中国研究》2008 年春秋季合卷总第 7—8 期；杜靖：《祠堂重建的背后——山东闵村闵子祠重建考察记》，肖唐镖主编：《农村宗族与地方治理报告——跨学科的研究与对话》，学林出版社 2010 年版，第 166—193 页。

是宗族现象比较弱化，内部房支之间的合作与竞争比较弱化；第二是宗族制度比较发达，世系群内部具有多层次世系分支，同一裂变水平上又存在多个地位相等的世系分支，且分支与分支间是依附与庇护关系；第三种就是本文所考察的山东闵村，整个宗族裂变为两个势均力敌的分支结构，它们同样可部分表现出非洲世系群的可拆合性特征。当然，随着汉人宗族民族志工作的未来开展，很可能还会增补其他类型。

云南诺邓历史上两套丰产
仪式之关系的研究*

舒　瑜

（中国社会科学院民族学与人类学研究所）

对丰产（fertility）的追求是人类永恒的主题。弗雷泽在对世界各地普遍存在的谷神（"稻谷妈妈"）信仰风俗的研究中涉及不同地方的丰产仪式，他主要从群体内部去理解和解释丰产仪式背后的观念信仰，将其定义为"丰产巫术"，进而论证巫术与宗教的不同。[①] 国内学界对丰产的研究，主要体现在揭示某一少数民族的丰产信仰，以及解读考古文物中祈求丰产的符号象征和意义等方面。[②] 从已有成果看，这些研究主要关注信仰观念层面，对仪式的过程及其社会文化意义缺乏具体的田野调查。另外，从本文的角度看更为重要的是，在这些研究中，因缺乏对族群间关系的理解和重视，内部视角占据主导地位，关注的多是面向群体内部的丰产仪式。

笔者在云南省大理白族自治州云龙县诺邓村了解到，该村历史上同时存在两套丰产仪式：一套是"接水魂"仪式，以祈求卤水丰旺、井盐丰

＊　本文曾以《丰产的文化理性解释——云南诺邓历史上两套丰产仪式之研究》为题发表在《民族研究》2011 年第 6 期上。收入本书时，对原文内容进行了部分调整。

①　［英］J. G. 弗雷泽：《金枝》，徐育新、汪培基、张泽石译，刘魁立审校，新世界出版社 2006 年版，第 361 页。

②　白晓霞：《从丰产信仰看土族文化》，《青海民族大学学报》（社会科学版）1999 第 3 期；陈星灿：《丰产巫术与祖先崇拜——红山文化出土女性塑像试探》，《华夏考古》1990 第 3 期；刘德增：《祈求丰产的祭祀符号——大汶口文化陶尊符号新解》，《民俗研究》2002 第 4 期；刘学堂：《丰产巫术：原始宗教的一个核心——新疆考古新发现的史前丰产巫术遗存》，《新疆师范大学学报》（社会科学版），2007 年 6 月，第 28 卷，第 2 期；阴玺：《俄塞里斯——古埃及的冥神和丰产神》，《西北大学学报》（哲学社会科学版）1992 年第 3 期。

产；另一套是"舞龙求雨"仪式，以祈求雨水（淡水）丰沛、农耕丰产。这两套丰产仪式的并存，与当地人生产实践中形成的淡水和卤水对立的观念是"相悖"的：农业丰产所需的雨水，会导致盐井卤水浓度降低，是对盐业丰产最大的威胁。那么，这两套"相悖"的丰产仪式为何会并存，其背后的社会文化意义何在？在某种意义上讲，这两套丰产仪式可以丰富和拓展丰产研究，为之提供不可多得的新材料和新视角。

一　社区背景

诺邓位于云南省大理白族自治州西部的云龙县。云龙得名于澜沧江，在云南历史上，澜沧江不只是一条自然天堑，更被视为重要的文化分界。汉代歌谣曰："汉德广，开不宾。渡博南，越兰津。渡兰仓，为它人"①，"兰仓"说得正是澜沧江。

云龙地处横断山南段澜沧江纵谷区，地势北高南低，澜沧江及其支流沘江由北至南纵贯全境，南北走向的逶迤群山和奔流大河塑造了这一地区最基本的地理特点，形成山川并列、河床深切、高山峡谷相间的地貌形态。纵贯全境的澜沧江将全县分为江东、江西两大地貌类型。澜沧江以西的河谷地带零星分布着旧州、漕涧等产米坝区，这一区域时至今日仍是云龙县最重要的"粮仓"，正是诺邓米粮的来源地；澜沧江以东海拔较高，是主要的牧区及玉米、豆类为主的杂粮产区，云龙历史上的众多盐井就位于这一区域。被称为"云龙五井"的诺邓井、山井、师井、大井和顺荡井就错落地分布在澜沧江支流沘江两岸。雍正《云龙州志》载："云郡诸山环萃，沘江流于内，八井相距，虽有远近之分，其卤脉皆沿江结成，所产卤水，咸淡多寡不同。"② 明代中后期，不断有汉族移民进入五井开发和经营盐业，与当地土著民族融合共存。

五井地区历来以盐业生产为主，其米粮来源基本依赖于江西的旧州、漕涧。历史上，江东富庶的五井灶户、盐商多在江西买置田地，出租给当地族群耕种，换回租谷、岁粮。阿昌族是云龙的世居民族，按照《云龙

---

① （宋）范晔撰：《后汉书》第 10 册，中华书局 1965 年版，第 2849 页。
② （清）陈希芳编纂，周祐点校：雍正《云龙州志》，政协云龙县文史资料研究委员会、云龙县志编纂委员会（内部资料）1986 年版，第 48 页。

记往》的记载，明代之前澜沧江以西生活着摆夷、阿昌和蒲蛮等族群，摆夷和阿昌先后实现过部落统一。① 明代开始在此实行屯田，大量洱海农民以及江、浙、广等地区的汉族移民来到这里进行军屯、商屯，阿昌族在与外来移民的接触中逐渐掌握了农耕技术，江西一带逐渐形成"田亩日开、商客日众"的局面。

今天的云龙仍是一个多民族地区，全县现有白、汉、彝、傈僳、阿昌、苗、傣、回等 20 多种民族。诺邓则是一个以白族为主的杂姓村落，白族人口占 99.7%。诺邓村现有居民 279 户，1108 人。

诺邓，旧称"诺邓井"，是滇西历史上著名的盐井，其盐业生产的历史始自唐代。历史上诺邓以盐业生产为主，并不种植水稻，② 其米粮源于外部供给，自身延存依赖于与外部的交往，其中盐米构成最基本的交换。当地人常说的"诺邓人靠外地人养活本地人"、"诺邓人吃米不见糠"正是这个意思。1995 年，诺邓井因燃料来源和加碘技术等因素停产，诺邓的盐业时代就此终结，从此走向以山地农业为主的发展道路。全村现有耕地面积为水田 45 亩，耕地 2892 亩，林地 14.9 公顷。农作物以玉米、小麦、豌豆、蚕豆、荞麦为主，经济作物有核桃、苹果、梨、柿子、桃等。

二　两套丰产仪式

（一）"接水魂"仪式

对于一个盐井社区来说，盐的丰产是头等大事。在诺邓人看来，一年中随着雨量的变化，卤水此消彼长，相应表现出"旺"季、"平"季、"淡"季甚至"空"季。旺季是每年冬季到来年春季（头年 11 月到来年4—5 月其间），这时卤水浓度最高；其次是秋季，9—10 月之间，称为"平"；6—8 月是一年中卤水最淡的时候，称之为"淡"；若遇上洪水暴发，卤水浓度过低，则停产，称之为"空"。"空"的存在并不为诺邓人所强调，因为"空"的状态其实是一种极端形态，即山洪暴发和大旱无

① 中国人民政治协商会议云南省云龙县委员会编：《云龙文史资料》1984 年第 1 辑，第1—13 页。

② 历史上诺邓人所拥有的田地在澜沧江以西的旧州坝区，或是周边的果郎、杏林等地。新中国成立以后，在诺邓本村（今地场一带）曾尝试过种植水稻，但规模不大，产量也不高，逐渐放弃。如今，诺邓仍以山地农业为主。

水，在这两种情况下，淡水与卤水的区别已经不重要，而且极端天气下不管农耕还是盐井都面临歉收。诺邓观念中淡水与卤水的关系，只存在介于两种极端情形之间的中间状态，在这其间内，淡水与卤水的区别才是有意义的。可见，卤水的丰旺与雨水有着至为密切的关系，两者是相对反的。雨水最丰沛的季节正是卤水浓度最低的时候，反之亦然。

为了使卤水丰旺不竭，盐井有一套独特的祈求丰产的仪式，这就是每年龙王会期间的"接水魂"仪式。龙王会的会期在每年农历六月十三，时值一年中的雨季，也是卤水浓度相对较低的时候，盐井的丰产仪式就在这时举行。"接水魂"（jiarx xuix paint mait）是龙王会当天的第一项仪式活动，也是至为关键和神圣的。

根据笔者对口述史材料的整理，民国时期"接水魂"仪式的过程大致如下：仪式在早上八九点开始，由盐井管事会组织灶户和竜工（在井下从事汲取卤水工作的工人）参加，女性和荒户（没有卤水份额的人家）不能参与。所有参加者都要穿戴整齐，穿长衫，戴礼帽。仪式由本井德高望重、有功名的老人来主持。"接水魂"的队伍从盐井出发，穿过村子到达北山上。北山山腰上有一眼泉水四季长流，既不会满溢，也不会干涸，当地人叫"龙水"，被认为是"水魂"所在。行进过程相当庄重，不能喧哗、嬉戏。走在队伍最前面的是两个吹唢呐的男青年，紧随其后的是一个抬着火池的人，火池里烧着些蒿枝、香叶，具有洁净除秽的意义。之后是抬红、黄、蓝、白、黑五色旗的年轻人，旗上画着五色的龙，代表东、南、西、北、中五方龙王。其后是端着"十供养"的小孩，一人端一个托盘，托盘里放有香、花、灯、水、果、茶、食、宝、珠、衣等十样供品。之后是丝竹管弦的演奏者，一路上都要奏乐，如《小开门》、《将军令》、《小桃红》等小调。丝竹管弦后面就是"接水魂"的彩轿，彩轿里面盛放着一把专门用来接水的瓷壶。彩轿是"接水魂"队伍中最重要的环节，也是最引人注目的，由四个年轻的竜工来抬轿，前面还有一人撑着一把富丽堂皇的红罗伞盖。彩轿之后就紧随仪式的参与者，走在前面的是老年人，各人手持一对香，他们多是盐井管事会的成员，是整个龙王会的组织核心，然后是一些灶户的代表跟随其后。整个"接水魂"的队伍以彩轿为中心，前有唢呐开道、香烟氤氲、雨幡云盖，后有众人相随，使得这条接水的长龙显得格外庄严、盛大。

到"接水魂"处，就开始点香，献三牲，由仪式主持者念祭文，组织大家磕头，祭祀祷念之后，由竜工从彩轿中取出瓷壶，从这眼泉水里满满地装上一壶放回彩轿，竜工一边取水，一边要念着："龙王的水魂跟着来，卤水的魂魄跟着来！"之后，接水的队伍开始返回盐井，回到盐井时，由接水的那个竜工端着瓷壶，把这壶水一直送到井下，倒入卤水池中，同时念："龙魂回来了，水魂回来了！"这时鞭炮响起，"接水魂"仪式结束。诺邓人相信"接水魂"仪式能够提高卤水的浓度，使来年卤旺盐丰。

（二）"舞龙求雨"仪式

一年一度的"接水魂"仪式和龙王会祭祀，寄托着诺邓人对卤旺盐丰的祈愿。但看似奇怪的是，尽管雨水是对盐井丰产最大的威胁，雨水丰沛的直接后果就是导致卤水浓度降低、盐业减产，诺邓却有着一套别有趣味的求雨仪式。

据报告人回忆，新中国成立以前的求雨仪式是在财神殿设祈雨堂，请道士念经，进《祈雨进牒献牲科》。法事进行过程中就要举行"舞龙求雨"的仪式。求雨的龙是专门用油菜花和柳条扎成的"水龙"，又叫"菜花龙"。平年扎 12 节，闰年扎 13 节。法事进行到给龙神下达牒文时，盐井工人组成的耍龙队伍便赤着胳膊在锣鼓、鞭炮声中，舞着"水龙"从财神殿出发奔向村里。各家各户早早就做好准备，将门前街巷打扫干净，在门口点香，烧一盆蒿枝，准备一盆水和舀水的水瓢，"水龙"一经过门口，就把水泼向"水龙"，耍龙的人被淋得满头满脸一身是水，人户密集的地段，泼水的、舞龙的、敲锣打鼓的，互相逗弄、妙趣横生。诺邓的黄金鼎老人回忆说：

> 我记得，耍"水龙"大概是 1942、1943 年间举行过一次。俗话说："大旱不过五月十三"，如果到那时还不下雨，秧还栽不下，种下的庄稼长不出来，就得求雨了。祈雨堂设在财神殿，请道教家的念经，中午的时候就要耍"水龙"。由盐井工人来组织，吃过早饭以后，就从财神殿出发，河东绕到河西，再从菅尾巴过秉礼桥最后回到财神殿。每家都要提前准备好，把门前巷道打扫干净，点上香。家家门口都准备一盆水，耍龙的一路过，舀起水就往他们身上浇，有些直接用桶浇，啊嘛！浇得他们浑身上下都是水，还有人在他们后面丢鞭炮，小孩子就最高兴了，追着"水龙"跑，啊嘛！那个是热闹的。

若是不举行"舞龙求雨"的年份①，诺邓人还会举行一些小规模的求雨仪式。诺邓最高峰满崇山东侧山麓上有一个当地人叫"天眼睛"的龙潭，这潭水常年不绝，比"天眼睛"稍低的岭岗上还有较小的三塘水，这三塘水和"天眼睛"一脉相通。天旱的时候诺邓人就去三塘水处念祭文求雨，特别灵验。杨荣槐老人说：

> 箐门口"天眼睛"那里，道教家的就去念经上表，那个就不设堂了，把求雨经念一下，念完把表烧了放进水塘里面去就可以了。七曲、山后、牛舌坪不到"天眼睛"去求雨，他们就到高山寺下面那塘水那里，杀一只鸡，把烧红的罗锅盖丢进去，那个叫"逗龙"。龙怕铜，马上就出来兴云布雨，但是下一阵就不下了，这种是武求；诺邓一般是文求，用科书念经，我们是求它，不是"逗"它。

诺邓村内并没有专门求雨的庙，诺邓人过去常到与长新交界处的高山寺去求雨。这是离诺邓村子最远的一个庙，大约有七公里的山路。原来的庙宇有前后两院，前院供着龙王三太子，后院供奉神女三圣母②，分别是掌管降雨、止雨、止冰雹的神灵。据诺邓村民说这个庙宇特别灵验，有时候献祭还没结束，雨就下来了。

从常识来看，求雨是为了祈求农业丰产，这一点并不难理解。然而，从淡水与卤水之间此消彼长的现实关系看，雨水少对盐井反而有利，那么，诺邓这个盐井社区为什么还要举行求雨仪式呢？这两套看似相悖的丰产仪式为何并存，并存背后深层次的社会文化意义何在？

三 淡水与卤水的关系

（一）当地人生产实践和分类认知中的淡水与卤水

如前所述，两套丰产仪式祈求的分别是两种水的丰盈，即"接水魂"仪式祈求的是卤水丰旺，而"舞龙求雨"仪式则祈求雨水（淡水）丰沛。

---

① "舞龙求雨"一般是在大旱的时候进行。旱情不严重的时候就举行一些小规模的求雨仪式。

② "文革"时期庙宇、神像已经被毁。2007年诺邓和长新两方决定共同修复庙宇，诺邓出资，办伙食；长新出工，出木料。现在庙宇已在原址上建好。

在诺邓人的生产实践中，淡水是带来卤水浓度降低的最大威胁，因而卤水与淡水是对立存在的两种水，淡卤隔绝是实现盐业丰产的必然要求。这在盐井的井下构造中体现得最为明显。

诺邓盐井生产概况在雍正《云龙州志》中曾有明确记载：

> 诺邓井，……出东山下，名大井，介两溪之中，深七丈，方围二丈余，卤脉微细，以人进井，舀入桶中，然后用水车扯出井，灶敷一百八袋。一日之卤，分给四袋之灶户煎煮，每袋得卤十八背至二十，七日给编，周而复始。[1]

诺邓井在 1995 年停产之后，由于长期疏于排水，井下部分已被淹没。在井房中，可以看到卤水井和淡水井的两个井口，两口井均为垂直竖井，井口相距 2.4 米，深 20 米左右。两个井口就是汲取卤水和排除淡水的出口。卤水源头在井下最深的地方。据老人说，井下有两股卤水源头，一股水大卤浓，是主要的盐泉，叫"大仓"；一股水小卤淡，叫"小仓"。

> 卤水是从矿硐深处高高的石岩缝隙中淌下来，因为整个矿硐都是用木制架箱支撑着，架箱上留了一个洞，咸（卤）水就从洞中淌下来了……大仓和小仓之间有两条咸水通道连接。[2]

在卤水源头（大仓）处建有储卤池，"下井底后往东，几经曲折走了约 20 米到达出卤水的地方，在这里有一个硐室长 1.87 米，宽 1.82 米，高 1.71 米，卤水从这里用竹竜抽 7 米输送到储卤池中。"[3] 地势较高的储卤池中的卤水经专门的坑道汇入到地势较低的卤水竖井井底的卤水仓中，再由辘轳绞车用吊桶提出地面。另外，从淡水系统的层面看，咸水坑道外围环绕一呈椭圆形、周长有 60—70 米的淡水坑道，坑道用当地人称为"麻栗木"的木料做成架箱支撑，并用胶泥防漏。这个坑道有下水沟，是为

① （清）陈希芳编纂：雍正《云龙州志》，周祜点校，政协云龙县文史资料研究委员会、云龙县志编纂委员会（内部资料）1986 年版，第 43 页。
② 朱霞：《盐井与卤龙王——诺邓盐井的技术知识和民间信仰》，《广西民族学院学报》（自然科学版）2004 年第 2 期。
③ 黄健：《云南盐业考察报告》，《盐业史研究》1996 年第 3 期。

卤水井隔绝淡水所用，隔绝下来的淡水经专门的坑道汇聚到淡水竖井井底的淡水仓中，再由竖井中的六道竹竜将淡水抽到地面排出。

可见，井下的淡水通道和咸水通道两个系统是相互独立和彼此分开的，诺邓已在井下完成了淡卤隔离的工作，最大程度地防止淡水降低卤水浓度。简言之，诺邓井的基本生产技艺就是从卤水井中提取卤水煮盐，以及从淡水井中排出淡水，汲取卤水和排除淡水就成为盐井生产的基本工作，两个环节是被隔绝在两个空间内进行的。朱霞在对诺邓盐井的技术民俗调查后指出："建造盐井的首要方法就是要找到咸水与淡水的源头，并把咸水与淡水彻底分开。诺邓井开凿的情况后代难已知晓，但是可以肯定，盐井开凿时已经找到了咸水与淡水的水脉，并把它们分开了。否则盐井根本不能利用，而且分开咸水与淡水一直就是盐井生产和技术运用的关键。"①

与生产技术中淡水与卤水的严密隔绝相对应，在当地人的分类认知中也有卤水龙王（当地人常说"咸水龙王"）与淡水龙王的明确区分。诺邓人都知道，盐井龙王庙里供奉的是卤水龙王，不同于村中饮用水井上供奉的淡水龙王。村民杨德新这样来形容淡水龙王和卤水龙王的关系：

　　　（龙王庙里的）龙王牌位上雕着五个龙头，有拳头那么大，中间一条最大，就是我们的卤水龙，两边各有两条稍微小一点的龙，就是四方的水龙王。还有，玉皇阁大殿的四根柱子上也盘着四条龙，头朝上，尾巴朝下，张牙舞爪的，那个雕得好，小孩子看见都怕。大殿正中佛龛最下面那层，还藏着一条龙，不注意看看不见，好像是从地下钻出来的，那个就是卤水龙，四棵柱子上的就是淡水龙。

村民用龙王牌位和玉皇阁中五条龙的方位来附会卤龙王和四方淡水龙王的关系，卤水龙是从地下钻出来的；而淡水龙则是从天而降、四方环绕的。这也形象地构造出当地人对淡水和卤水关系的认识，卤水处在淡水的四方包围之中，要想提高卤水浓度，淡水和卤水就必须进行隔离。

诺邓人对淡水龙王与卤水龙王的明确区分是建立在淡水与卤水对立的

---

　　① 朱霞：《盐井与卤龙王——诺邓盐井的技术知识和民间信仰》，《广西民族学院学报》（自然科学版）2004 年第 2 期，第 63 页。

观念之上，而这一观念来自盐井日复一日的生产实践，盐井工人每天都要进行淡卤隔离的工作，淡水与卤水的对立关系是他们在实践活动中形成的最直接的认识，也成为支配他们生产的实践理性，并由此保证了盐井生产的顺利进行。

（二）文化理性中的淡水与卤水

文化作为一套象征体系，是介于人类与物质之间的中介。人类总是透过象征符号来看待物质世界的，物质世界对于人类而言已经是"被文化化的自然"（被象征化的自然），而文化理性就是用这套象征体系去指导行为的一种原则。① 在某种意义上讲，诺邓人的求雨仪式是违背实践理性的，因为雨水多只会带来盐业的减产乃至停产；从文化理性出发来解释诺邓历史上求雨仪式与"接水魂"仪式何以并存是寻求答案的一把钥匙。

在"接水魂"仪式中，我们似乎面临一个悬而未决的问题，即从山上龙潭处接来的淡水（表面上看是如此）为什么能够提高卤水的浓度，带来卤水的丰殖。用接来的"淡水"增加卤水浓度的这一做法，明显与淡水和卤水相对立、需要严密隔绝的实践理性相冲突，因而，用实践理性是不能解释这一仪式行为的。那么，接来的"淡水"在诺邓人的文化理性中究竟具有怎样的象征意义，使得它能够带来卤水的丰产呢？

在云龙五井中，不唯诺邓有这套"接水魂"的仪式，顺荡井和大井也存在类似的仪式，大井龙王会的"请卤"仪式，即取一瓶浓度更高的牛皮井卤水倒入东头井卤水中，以祈求提高东头井卤水的度数。② 顺荡井龙王会要举行"迁龙接水"的仪式，相传顺荡井的龙王是住在顺荡后山开子地的天池里，天池才是顺荡井卤脉的发源地，每年到了龙王生日这天就要把龙王迁回盐井来过生日，并把卤脉接回来，所以叫"迁龙接水"，目的就在于祈求龙王保佑，使盐井卤脉发旺，永不枯涸③。

从诺邓井、大井和顺荡井三个盐井龙王会接水的仪式来看，共同点都是到盐井之外的地方接来所谓的"水魂"，诺邓到村后北山之上的龙潭处，大井选择卤度更高的牛皮井，顺荡井到后山的天池。不同的是诺邓井

---

① 参见［美］萨林斯著《文化与实践理性》，赵丙祥译，上海人民出版社2002年版。
② 参见李仕彦著《记忆大井》，云南民族出版社2007年版，第71—72页。
③ 云南省编写组：《白族社会历史调查》（三），云南人民出版社1991年版，第312—313页。

和顺荡井接来的是淡水，而大井接来的是卤度更高的卤水。相比之下，大井的做法较为容易理解，取来浓度更高的卤水来提高盐井卤水的浓度，在逻辑上是说得通的。但是，诺邓井和顺荡井接来的所谓"水魂"并非卤水，而是淡水（表面上看），这就显得比较费解了。

我们先来看诺邓当地人如何解释这一仪式行为，黄金品老人解释说：

> "接水魂"就是要龙王的三魂七魄不要走散了，还是回来这里，那塘水一年四季都有，每年都去接一回，不去其他地方接。我的理解是，那里就是龙王的别墅了。龙的魂魄在那里，龙子龙孙都在那里了。这是群众的思想，寄托在它上，龙管水，联系起来，水魂就是龙魂了，每年都去接它，叫它不要埋去掉，不要让它的魂走掉的意思了。

这一解释其实是把"接水魂"仪式理解为一次为龙王"叫魂"的仪式，老人将"接水魂"处形象地比作龙王的别墅，是水魂外在于盐井时的栖身之所，"接水魂"就是要把留在外面的水魂招回盐井的过程，从而保证盐井的增殖与丰产。这种丰产观念并非诺邓所独有，而是较为普遍的，与农耕民族"稻谷魂魄"①的观念很类似。但这一说法并没有充分解释为何"水魂"会出自那里。

第二种看法是从淡水和卤水的对立来进行解释的，杨寅亮老人说：

> 龙王会到山上接水，就是要把山上的淡水龙王请下来，交朋友的意思，献祭它，让他和我们的卤水龙王和好，就像隔壁邻居互敬互畏的意思，避免起矛盾，让它不要冲坏我们的盐井。

这种说法把"接水魂"理解为缓解淡水与卤水之间的对立关系，其问题是用实践理性来解释仪式的文化理性，并不能解释接来的淡水为何能够带来卤水的丰旺。第三种说法是用五行八卦来进行解释，是地方知识精

---

① 《金枝》中记录到，缅甸的克伦人敏锐地感觉到要使庄稼兴盛就需要保住稻谷的魂魄，某块稻田长得不好的时候，他们认为稻谷的魂魄（基拉）是因为某种原因羁留在稻谷外面了，如果魂魄召不回来，庄稼就完蛋了。参见［英］J. G. 弗雷泽著《金枝》，徐育新、汪培基、张泽石译，刘魁立审校，新世界出版社2006年版，第365页。

英的诠释:

> "北方坎位为水,卤水出于南方,魂却在北,金,水又属一家,自北方山头迎接水魂,注入南方井内,不仅能使水源不竭,且能生金而财源茂盛。取坎填离,返归乾卦,辞曰:'乾:元、亨、利、贞',是乃大吉。还有一说:表面上取来的是淡水,按照五井八卦河图之说则'其味咸'"。①

这一解释是地方知识精英对仪式的重新解释和附会,一般民众并不知道。从以上三种说法中,我们可以看到,由于报道人不同的知识背景,他们对于"接水魂"仪式所作的解释也不尽相同,而且,这些解释本身也表明,人们对于"接水魂"这一仪式现象的理解和解释也在发生变化。随着时代和人们观念的变迁,人们更倾向于赋予传统仪式理性的解释。

笔者认为,"接水魂"仪式象征层面的内容尚未得到学者的充分关注,而当地人对此又处于无意识的状态,因此揭示仪式的象征意涵仍是不可或缺的工作。"接水魂"彩轿上的对联对于理解仪式的象征意义甚为关键:

> 岳豆瀛樽迎玉液,雨幡云盖接金波。
> 醴泉遥向天边出,玉液远从高海来。②

在这两副对联中,最关键的信息是"醴泉"。在昆仑神话体系中,醴泉源于昆仑山,昆仑被认为是天下众水的源头,处于天与地的中心,本身也是一个通天之所。诺邓东北绵延着一系列的巍峨群山,当地人认为这些山脉就是从昆仑山发脉而来。最高峰满崇山东侧山麓上有一潭水常年不绝,当地人称之为"天眼睛"。早在雍正《云龙州志》中已有对满崇山的记载:"满崇山,十二关、诺邓界。为众山之祖,卤脉出焉。昂翘千仞,东眺基霞,西望秀岭,居人常侦其云之聚散,以占晴雨。"③ 可以看出,

① 李文笔、黄金鼎编著:《千年白族村——诺邓》,云南民族出版社2004年版,第23页。
② 同上。
③ (清)陈希芳编纂,周祜点校:雍正《云龙州志》,第29页。

在当地人的观念中，满崇山被视为卤脉的源头所在，而满崇山又是发脉于真正的众山之祖——昆仑。因此，天下众水之源的昆仑才是卤脉真正的源头。

当地有位老人的解释，是比较接近这一观念的，李圣全老人说：

> 接水魂，就是把水的魂魄接回来的意思，为什么要去那里接呢，那塘水最高，在北山上，最干净，平时人烟也不会到那里去。而且那塘水说来也怪，一年到头都是那么一碗，不会多也不会少，一年四季都是这样，现在都还有呢。

老人强调到北山上去接水，是因为那塘水最高，最高的地方就是最接近天的。在两副对联中，"岳豆"、"瀛樽"形象表明山岳、湖海本是醴泉、玉液的容纳之所，而醴泉、玉液都是从天上来的。对联生动表明在当地人的世界观中水是如何生成的宇宙图式，山岳（昆仑）作为通天之所，是贯通"天水"的宇宙之柱，天水才是众水真正的源头。诺邓满崇山上当地人叫作"天眼睛"的龙水，其实就是当地人观念中的"天水"。①

在诺邓人看来，盐井的生殖力会随时间逐渐耗尽，所以需要逐年更新、增强这种生殖力，而盐井生殖力的更新有赖于寻找到卤脉真正的源头，只有不断地回到源头去，才能永葆盐井的生殖力，延续盐井的生命力。卤脉的源头被诺邓人形象地称之为"水魂"、"龙魂"所在之处。源头之水被赋予了文化意义上的"灵力"，只有从"水魂"所在之处接取的水才是具有"灵力"的，将之倒进盐井才能使盐井"分"得这种"灵力"。正如格尔兹在描述尼加拉灌溉会社的分水仪式时谈到，从全巴厘庙放水仪式中流出来的水才被视为文化意义上的"灵验之水"②，随着灵验之水的逐级流动，尼加拉的灌溉会社才开始有序运转。诺邓盐井的丰产，同样依赖于一年一度"接水魂"仪式所接来的具有"灵力"的源头之水

---

① 笔者询问过当地人为什么不去"天眼睛"处接水魂，当地人的回答是那个地方太远了，从祖辈传下来就一直是在村后北山上接水。笔者推测"接水魂"的对联之所以出现，正是为了赋予北山上这潭水作为"天水"的象征意义，使得从这里"接水魂"在当地人的文化理性中具有合法性，符合当地人的观念图式，否则"接水魂"的仪式就丧失意义。

② ［美］格尔兹著：《尼加拉：十九世界国家巴厘剧场》，赵丙祥译，上海人民出版社1999年版，第94页。

带来的生命力。

　　从仪式的象征层面来看，诺邓"接水魂"所接来的并不是普通的淡水，而是来自昆仑醴泉的"天水"。"天水"作为卤水真正的源头，水魂之所系，也因而被赋予了使得卤水源源不绝的"灵力"。那么，在诺邓人看来，淡水的源头在哪里，淡水是否和卤水有着共同的源头呢？前文的求雨仪式中已经提到，诺邓人常到满崇山"天眼睛"下的三塘水那里去求雨，念经上表。"天眼睛"被诺邓人视为圣地，不能随便接近，因此求雨只是在"天眼睛"下面的"三塘水"处求。"据说'天眼'水和三塘水一脉相通，水是从'天眼'渗下来的。相传'三塘水'的龙神主宰着诺邓的晴雨。"① 由此可见，诺邓淡水的源头就在"天眼睛"处，"卤脉出焉"的满崇山同时也是淡水的源头，满崇山作为诺邓的众山之祖，构成诺邓人观念中卤水与淡水共同的源头，而诺邓人相信满崇山发脉于昆仑，昆仑因此成为象征层面上淡水与卤水之源。

　　不同于实践理性认为卤水与淡水是对立的关系，在文化理性所展示的象征图式中，淡水与卤水具有同源性，共同起源于"天水"，可以说，它们是"同源异流"的关系。淡卤同源的"天水"构成观念中的"整体"，而淡水和卤水不过是从其中派生出来的部分。

四　两套丰产仪式与"整体的丰产"

　　实践理性指导着诺邓人盐井的生产实践以及对盐井丰产的追求。诺邓人在期待着盐井丰产的同时，深知仅仅拥有盐的丰产是不够的，因为自己与他人一起生活在一个互补依赖的整体之中。在淡卤同源这套象征体系的指导下，盐井与农耕之间有了共通的、共享的基础，它们被结合在一个更高的共同体之下。两套丰产仪式就是为了实现共同体的"整体丰产"。正是通过这套象征化的处理，现实中的淡水与卤水关系在观念体系中不再呈现出对立的一面，而是被"文化化"（"象征化"）为同源异流的关系，这就是萨林斯所说，"人的独特本性在于，他必须生活在物质世界中，生活在他与所有有机体共享的环境中，但却是根据由他自己设定的意义图式

---

　　① 转引自李文笔、黄金鼎编著《千年白族村——诺邓》，云南民族出版社 2004 年版，第 238 页。

来生活的。"①

当问起为什么求雨与盐业的丰产相冲突，诺邓却要举行求雨仪式时，黄金品老人这样解释说：

> "盐井虽然不要雨，但是周围那么多的农村需要雨水啊，没有雨，庄稼怎么办？做事情要考虑周全，方方面面都要照顾到。"

盐井的丰产本身并不需要雨水，但是周边的农业丰产却离不开雨水。由此可以理解，诺邓盐井的求雨仪式并不是为自己求的，而是为以农耕为主的别人求的，它所追求的是"外部的丰产"，或说是"邻人的丰产"。对"邻人的丰产"的追求，在诺邓人耳熟能详的"乡亲龙"传说中得以最生动的表达：

> 这条龙原本是生活在诺邓新寺梁子②那里，就变出来一股水，水很大，以前牛舌坪、雀城、七曲、黑底场栽秧就靠这股水。有一回，庆高功（当地的道长，笔者注）到长新那里背盐卖，那时公路不通，要翻新寺梁子，这条龙就变成一个穿羊皮衣的老倌来买盐，盐价就开给他到长新的盐价，庆高功觉得很划算，就卖给他。庆高公回来才发现老倌买盐的银子变成了金银纸。他知道是这条龙在搞鬼，就去到新寺梁子那里做法，用他的道法把这条龙画在符上，变成一根头发丝的样子，装进一个铜盒盒里，请一个卖货郎扔到洱海去，告诉卖货郎半路上千万不要打开，去到洱海再把它扔到海里。卖货郎答应了，走到下关漏邑村那里他的担子一会儿这边重，一会儿那边重，实在挑不动了，就坐下来休息。卖货郎心里奇怪这个盒子里面到底装着什么，为什么会那么重。他不听庆高功的劝告把盒子打开，一打开，头发那根就飞出来，升到天上变成一条龙，就在漏邑村那里就变出来一大股水，后来他们那里栽秧就靠这股水，种了一千多亩的水田。我们新寺梁子这股水就干掉了。水不有，水田就种不成了，现在就只能种苞谷

---

① ［美］萨林斯著，赵丙祥译：《文化与实践理性》，上海人民出版社 2002 年版，第 2 页。
② 新寺梁子对于诺邓人来说有着特殊的意义，新寺梁子是诺邓与长新乡的交界处，可以理解为是诺邓内外的一个分界。

了。那个龙就喊它"乡亲龙",诺邓人去做生意经过那里遇着他们龙王会这天,如果知道是诺邓来的,就要留下来请吃饭,不准走了,在那里歇一天,雨就下来了,这一年他们的庄稼又好一点,是这样的,所以就喊它"乡亲龙"。

"乡亲龙"是不同于盐井卤水龙的淡水龙,它的出现总能带来丰沛的雨水,灌溉一方农田。这个故事表面上解释了诺邓不能种植水稻的原因是作为农耕水源的乡亲龙被送走,使得诺邓水田从此无水灌溉,只能放弃农耕生产,而它从更深层要表达的是:一方面,通过送走"乡亲龙",诺邓把丰沛的雨水拱手相让于他人,实际上是在追求"邻人的丰产";另一方面,在这个传说中,虽然没有出现卤龙王,但是"乡亲龙"作为淡水龙被送走,是卤水龙不受威胁、卤水丰旺的必然要求,由此,也保证了诺邓自身盐业的丰产。

乡亲龙的故事其实反映了诺邓人对自我与邻人关系的理想化处理。从各自丰产的角度讲,当然是把雨水(淡水龙)送给邻人,使产盐的诺邓少下雨而农耕的邻人多下雨最好,送走乡亲龙的故事恰好能满足两方面不同的要求。虽然现实中的雨水往往不会这样分布,但这个故事恰恰充分反映了诺邓人对自我与邻人关系的理解,即互惠。"乡亲"这个词生动地传递了这种互惠关系的意味:这条龙虽然是在邻人那里发挥作用,但却是我们诺邓人的乡亲,是我们送给邻人的礼物,是维系我们与邻人间互惠关系的纽带;而作为对这个礼物的回报,邻人在适当的时机是要款待我们的。

进一步追问,在这个故事里,为什么乡亲龙没有被直接送进洱海,从而使诺邓彻底免除卤水可能受到的威胁,而是让那条龙成就了邻人的丰产?邻人的丰产对诺邓人有何意义?

作为同一整体的部分,诺邓的丰产仪式不仅要追求自我的丰产,还必须照顾到同一共同体之下的他者的丰产。内部丰产与外部丰产两者同时实现才是"整体的丰产"。诺邓通过两套丰产仪式正是要构建和表达自我与他者之间合为"整体"的关系。在诺邓人的文化理性下,看似相悖的两套丰产仪式并不矛盾,它们的并存正是对"整体丰产"的追求。

综上所述,诺邓人对丰产有一套自身的理解,即自我的丰产并不构成丰产,真正的丰产必须是"整体的丰产"。这一"整体丰产"的观念是在文化理性中达成的。在诺邓人的文化象征体系中,淡水与卤水两者之上存在着一个更高的整体，即象征意义上的"天水"，"天水"作为整体涵盖了淡水与卤水。为了维系"整体"的存在，诺邓人既进行"接水魂"仪式，以祈求卤水丰旺、井盐丰产，实现自我内部的丰产；同时也进行"舞龙求雨"仪式，以祈求雨水（淡水）丰沛、农耕丰产，满足邻人外部的丰产。诺邓的两套丰产仪式正是根据这一象征图式的意义展开的，它们是对"整体丰产"的祈求，两套丰产的同时实现才能构成共同体的丰产。

五　结　语

本文从诺邓的两套丰产仪式出发，试图探讨两者之间的关系，以及两套丰产仪式并存背后的深层次原因。笔者从实践理性和文化理性两个不同层面揭示了淡水与卤水的关系。强调淡水与卤水对立的实践理性并不能解释两套丰产仪式为何并存，通过对仪式的象征意义进行深入分析后，笔者指出，在诺邓人的文化理性中，淡水与卤水具有同源性，共同的源头之水构成了观念中的"整体"。这一象征图式决定了两套丰产仪式的意义，是对"整体丰产"的祈求，目的在于维系共同体的存在。在诺邓人看来，只有自我丰产与他者丰产的共同实现才是真正的丰产，整体的丰产才能达成。

诺邓的两套丰产仪式以及对"整体丰产"的追求，其理论意义在于它从一个具体个案的层面，表明一个社会是如何依赖他者的存在而获得完整性的。对"整体丰产"的追求，将他者的丰产看得与自我的丰产同等重要，共同体的存在依赖于构成双方之间的互惠。

从"菩萨们的恩怨"
看黔中屯堡村寨的社会统合[*]
——以九溪村的抬舆仪式为例

张 原

（西南民族大学西南民族研究院）

明初，为"开一线以通云南"，中央王朝在贵州的各驿道沿线广设卫所、遍列屯堡，此一举措的一个后果即是，在今天贵州的黔中地区有多达30余万的汉人称自己为明朝屯军后裔，他们有一个特殊的名称——"屯堡人"。作为较早移民西南边陲的汉人群体，在600余年的繁衍生息中，"由军转民"的屯堡村寨在黔中地区创造了一种独特的人文类型。今天，这些村寨令人最为深刻的印象是围绕着当地的各种庙宇，屯堡居民举行着种类繁多、热闹非凡的礼仪庆典。这些仪式活动构成了当地社会生活最为重要的内容，社区间各种形式的区分对抗与互惠联合的关系也在其中得以展开。从人类学对中国的民间宗教信仰与地方仪式传统的一般研究经验来看，地方庙宇与礼仪庆典的历史演变不仅反映着当地的基层社会结构和地域组织关系，也呈现了当地居民的生活世界及村寨自身的历史过程。[①] 因此，通过对号称"屯堡第一村"的九溪村的地方信仰与仪式庆典的历史人类学考察，本文试图就两个相互关联的问题展开讨论：（1）黔中屯堡村寨有着什么样的社会形态与文化特质；（2）及其对我们认识理解西南边陲基层汉人社区的历史人文特点而言有何意义。

---

[*] 本文曾以《黔中屯堡村寨的抬舆仪式与社会统合》为题发表于《西南民族大学学报》2009 年 9 期。

[①] 相关讨论与研究参见郑振满、陈春声主编《民间信仰与社会空间》，福建人民出版社 2003 年版；王铭铭：《社会人类学与中国研究》，广西师范大学出版社 2005 年版。

一 一个屯堡村寨的"两类人"与"三条街"

号称"屯堡第一村"的九溪村,实际上是由三个小的屯堡村寨组成的,按建寨顺序分别是大堡街、小堡街与后街。这三个被称为"街"的屯堡社区有着各自的历史源流与集体记忆,如在"入黔立寨"的历史记忆方面,大堡街将自己与明初洪武年间的"调北征南"中开创九溪的"十姓军户"联系在了一起;小堡街则主动攀附了"调北征南"中入黔的镇远侯"顾成将军";而后街又与明永乐年间的"调北填南"直接相关。

"调北征南"与"调北填南"代表着屯堡社会两种地位不同的移民类型,那些称自己是"征南而来"的居民们会自豪地强调自己的祖先是"奉旨南征,骑着高头大马入黔的军人"。而在传闻中,"填南而来"的居民的祖先则被说成是"被捆绑入黔的犯人"。据考,所谓"调北填南"应与明初贵州置省前后大量金发贵州周边省份的民户入黔实边,以及谪发内地违法民户充军入黔戍边的政策措施有关。① 出于避讳的考虑,用"填南"这一中性的词来替代"谪充军"成为其后裔编修家谱或叙述来源时普遍采用的一种策略。② "征南"与"填南"作为屯堡居民的两类不同的入黔记忆与身份构建,在一定程度上造成了屯堡村寨在地方认同与社区整合上的一种张力,这是微观地考察屯堡村寨地方史的一个关键。现九溪村内称自己为"征南而来"的居民姓氏有 25 个,他们大多居住于大堡街与小堡街,其家谱中记录的原籍多为"安徽歙县徽州府"、"南京应天府"、"江西吉安府"等地,始祖入黔时间大多为洪武年间,且不少带有官职。这一现象表明,在这些居民的历史记忆中,其祖先是在洪武年间的征南战争中,受朝廷之调遣作为卫所屯军来到贵州屯田定居的。而作为九溪形成最晚同时也是人口最多的"街",后街居民来源较杂,除自称明初"填南入黔"的外,还有刘、徐、李等几个姓氏自称是在明末和清代以宦游或经商的身份入黔的。这表明后街有着极强的吸纳能力,能够使其在不同的

---

① 嘉靖《贵州通志》记,"永乐十三年,始割三省之地行政都司为贵州都司,设卫所开屯田,凡天下诸省官民之罹咎者,编发以充戍伍,连络如线,设贵州布政司,以版籍其民,督征其税"。见嘉靖《贵州通志》,卷五"公署·提学道",天一阁藏明代方志选刊续编。

② 张金奎:《贵州安顺屯堡社会调查报告》,载万明主编《晚明社会变迁问题与研究》,商务印书馆 2005 年版。

时期吸引不同的移民入住定居。

由于存在各种现实的利益竞争与纠纷，以及持续的身份成见，九溪的3街之间一直存在着一定的矛盾和嫌隙。然而，受制于黔中屯堡地区"步步为营"的村落设置格局，九溪这3个各有历史渊源、各具特色的街却又注定要挤在一起，共同上演着九溪分分合合的历史演义。

二　一场"历史的事故"与两个"传统的发明"

1929年农历正月十八日，九溪举行了这个社区最后一次"抬汪公"庆典。而九溪最为关键的"历史故事"正隐含在这次魔幻般的抬舆巡游仪式的一场"历史事故"中。今天的九溪村民仍津津乐道着这样一个传说：在1929年那次"抬汪公"庆典中，以大堡街村民为主体的抬舆队伍抬着"徽州土主越国汪王之神"的神銮（官轿）按着往常的巡游路线来到后街的五显庙前，此时，人们突然发现天上突然有两只老鹰争斗起来，而汪公菩萨的神銮也变得异常沉重，整个队伍僵在原地无法向前。最后人们改变了巡游路线，抬着汪公菩萨经小堡街绕过后街草草地结束了汪公巡游仪式。第二日，大堡的不少居民说他们前晚梦见了汪公菩萨，在梦里面汪公菩萨说自己昨天巡至后街五显庙前，被五显菩萨挡住了去路，于是他俩就打了起来，汪公菩萨还埋怨人们太早就将他抬走了，如果再坚持一会儿他与五显菩萨之间的打斗就会分出胜负。而后街的居民则回应到，五显菩萨也托梦说他之所以要把路挡了，是因为他觉得汪公菩萨的"级别"不够大，故不准汪公菩萨在自己的地面上"横行"。因发生了这场后街的五显菩萨与大堡的汪公菩萨打架的"事故"，九溪的"抬汪公"庆典就这样戏剧性地终结了。

然而，正是在大堡"抬汪公"庆典受挫的当年，后街于农历二月初兴起了"抬亭子"的活动。九溪后街村民宋修文先生编写的《九溪村志》中记录了九溪后街"抬亭子"活动的兴起情况："民国十八年（1929），后街村民在一些爱好文艺的街中耆老的组织下，搞了一个别开生面的迎春活动，俗称抬亭子。这一创举，在当时来讲，轰动很大，引来附近众多村民前来观赏，比赶集还要热闹十分。来看热闹的男男女女穿着盛装像走亲戚一样，一听到抬亭子的消息，就提前到亲友处住下，前前后后热闹几天才散去。"① 所谓"抬亭子",也称"抬亭装",即在一个高约 1.5 米的台子上彩扎一些戏剧中的场景,并以孩童装扮成戏曲故事中的人物立在台山,构成一场人们喜爱熟知的剧目场景,如"武松打虎"、"水漫金山"等等,然后由众人抬舆巡游。与"抬汪公"相比,"抬亭子"的娱乐色彩更强,且亭装上不固定出现某位被称为"菩萨"的神明。自九溪后街于 1929 年发明"抬亭子"以来,迎春会中"抬亭子"便成为九溪三街共同参与的一项重要的传统礼仪庆典活动。直至"文革"开始,"抬亭子"活动因"封建色彩"过浓才被彻底禁止。

    1996 年年底,随着国家政策开放与地方经济发展,冷清多年的九溪开始按捺不住,三街说得上话的村民在村老协会的召集下一起商议在春节其间恢复举办"迎春会"活动。大家一致认为,迎春会要热闹的话就必须有"抬亭子"的活动,同时为了让全村清吉平安还应恢复"抬菩萨"的活动。而九溪的迎春会中应该抬哪位菩萨,则引起了人们的激烈争论。大堡街的居民认为,应按照九溪以前的"传统"抬汪公;后街居民则提醒到,如果再抬汪公,五显菩萨又和他打起来会很不吉利。争论之中,大堡居民提议:"汪公抬不动,那就抬玉皇,正月初九是玉皇的生日,九溪在这天办一个迎春会的话肯定热闹。"这一提议虽得到了不少支持,但后街居民仍对在九溪恢复"抬菩萨"有顾虑,最后来自大堡街的牟世国老人坚定地对后街的参会者说,"玉皇的级别是最大的了,看看哪个菩萨还敢挡他的路"。就这样,九溪正月初九"抬玉皇"的庆典活动被"发明"出来。在黔中屯堡地区,历史上还没有哪个村寨抬过"玉皇菩萨"。当然,这一新兴发明的"传统"是有其深刻历史隐喻的。而要了解九溪村在迎春会中"抬玉皇"的意义,则必须对当地的信仰体系和仪式活动进行一番考察。

三 福佑一方的两个祠庙与"三个菩萨"

    与大多数屯堡村寨一样,九溪是一个从里到外被各种庙宇所包裹、一年到头被各种节日庆典所填充的村寨。这些庙宇及相关的仪式活动不仅构成了当地最为重要的社会生活场景,也彰显了当地居民构建社会生活的空

---

①   见宋修文《九溪村志》,1992 年未刊手稿,第 175—176 页。

间秩序与时间节奏的一项"经天纬地"的文化成就。而屯堡村寨的村庙则是当地最为重要的庙宇，屯堡居民的地方认同、社区整合与社会网络尽显其中。如大堡街汪公庙内一块立于光绪十二年（1886 年）的功德碑就体现了这一意义："自来庙宇之设，原颛以崇祀典，礼神明，俾众志，归于肃恭寅畏耳。因同治四年，苗匪入境，庙始毁坏，人心落散，今我本街合意同谋，定期于光绪十年重修殿宇，伏愿。默佑人人共享安康，户户同沾乐利……"如同这块古碑所强调的，修建村庙之目的有二：一为在"崇祀典，礼神明，俾众志"的道德教化中团聚人心；二为在"人人共享安康，户户同沾乐利"的福利共享中整合社区。因此，围绕着村庙的修建以及相关的仪式活动，一个社区得以形成一种强烈的地方认同和有效的社区组织。围绕着村庙，在屯堡社区中形成了两种群体组织，即妇女的"念佛会"与男子的"地戏班"，而"佛头"与"神头"作为这两个组织的负责人则是组织社区公益事业和主持地方祭祀仪式的权威代表人物。一旦失去了村庙这样的舞台，"佛头"与"神头"也就失去了他们在社区中有所作为的空间，如此一个社区就会像古碑所云的那样"人心落散"，从而失去整合社区的凝聚力和勃勃生机。

一般而言，屯堡的村庙多是一种以祠庙为主并杂糅了佛寺功能的庙宇，村庙中主要祭祀的神灵多被视为地方或社区的保护神。值得注意的是，屯堡村庙中奉祀的神灵较为多元，且各村庙中祭祀的神灵与该社区居民的历史记忆和身份认同有非常密切的关系。如村寨居民多为来自徽州地区的"征南而来"的移民，村庙多为汪公庙或有汪公殿；而"填南"移民较多的屯堡村寨中，村庙内供奉五显神的则较多；又如张官屯的二王庙供奉的神灵是修建都江堰的李冰父子，这是川籍移民重要的象征符号。可见，村庙中供奉的"菩萨"作为一种地域认同符号，具有独特的"历史感"（historicity）①，是当地村民组织社会记忆、表现地方历史的重要方式。作为一个兼有"征南"与"填南"移民记忆的屯堡村寨，九溪的村庙则比较复杂，历史上九溪社区内有两个祠庙，即大堡

---

① "历史感"是象征人类学历史研究中的一个核心概念与中心问题，这一概念表明，历史是在不同的社会文化脉络之中，以文化给予人们的意图与动机来选择的一种或多种再现和建构过去的方式。相关阐述见，Emiko Ohunki - Tierney, "Introduction: The Historicization of Anthropology," in Emiko Ohunki - Tierney, ed. *Culture through Time*, Stanford: Stanford University Press, 1990, pp. 1—25.

街的汪公庙与后街的五显庙。一个村寨内出现两个祠庙供奉两个不同的神灵，这意味着九溪曾经在地方神的崇拜上出现过"分裂"。颜章炮曾指出，"分类信仰"是移民社会中的一种特殊文化现象，其特点表现为：被各籍移民崇拜的守护神往往具有较强的乡籍色彩，因而这些守护神也就成为了不同籍贯的移民相互区分的标志，这种信仰对于同一祖籍的移民而言，具有较强的文化凝聚力，同时也成为不同祖籍的移民相互竞争械斗的中心兼壁垒。① 在某种程度上，发生在九溪村的"汪公与五显之争"可被视为"分类信仰"的一种表现。正如当地居民所强调的，汪公菩萨是"征南"的人从安徽老家"背来的"，五显菩萨则是"填南"的人从江西老家"背来的"，而当这两派居民在现实生活中产生矛盾时，他们背来的菩萨就"打起架"来了。可以这样认为，当九溪三街的"征南"与"填南"这两派阵营的对抗冲突变得白热化时，"五显挡汪公"的传说是被别有用心地创造出来的一个"事故"，这后面隐藏着九溪历史上的一场争端。

　　如果说供奉于村庙中的菩萨作为一种分类符号，是人群分化的象征基础。那么在迎春会中被人们抬舆的菩萨则为一种统合符号，是地方整合的象征基础。在黔中屯堡地区，往往只有那些被视为"福佑一方"的神灵才会在迎春会中被人们"抬起来"。所谓"方，类也"，被抬舆的菩萨所能福佑的范围是与当地社会的分类范畴和地方观念紧密相关的。在九溪，随着三街之间的对抗竞争和"征南"与"填南"两类人的分化矛盾日益严重，无论汪公菩萨，还是五显菩萨，均不可能在整个九溪成为福佑一方的保护神，也不具备被九溪三街一起"抬举"的资格。所以，九溪的迎春会从1930年开始就以"抬亭子"取代了"抬菩萨"的活动。然而，由于一直缺乏一个可以统摄三街、福佑一方的地方神让人们"一起抬"，整个九溪也随之陷入了一种社区整合与地方认同的危机之中。直到1997年，当玉皇大帝在迎春会中被三街一起"抬起来"之时，九溪才重新找到一个三街共同认可的菩萨，从而在信仰象征上找到一个实现地方认同与社区整合的可能。很明显，在迎春会中"抬玉皇"，九溪居民的意图是为避免各街的菩萨再次"打架"，因为玉皇

---

① 颜章炮：《清代台湾移民社会的分类信仰与分类械斗》，载郑振满、陈春声主编《民间信仰与社会空间》，福建人民出版社2003年版，第263—280页。

大帝这个象征符号能将当地两类相互对立的人群所各自崇拜的神灵统合涵盖住，从而化解社区公共仪式中的象征冲突。可见，九溪从 1997 年开始的"抬玉皇"活动作为一种"传统的发明"，正是对当地传统的地方认同模式与社区整合机制的一种延续。

不过在屯堡人看来，九溪迎春会中抬出来的这个菩萨"级别"过大，而且让玉皇大帝来为一个屯堡村寨当福佑一方的地方保护神也太过新鲜。九溪的一位老神头则用"五显挡汪公，玉皇出面了"来总结为什么玉皇大帝是九溪迎春会中最合适被抬舆的菩萨，这句俏皮话其实在某种程度上呈现了另一种真实的九溪历史，其真实性不在于历史上谁挡了谁，也不在于谁出面化解了冲突，而在于它的叙说指向了当地一种典范的历史感，从中可看到，由信仰符号所构成的冲突与分化在被凸显之时，一种具有等级意味的联合与交融也不断地被强调。

四　"抬起来"的意义

九溪迎春会中的抬舆巡游活动主要由"迎神抬舆"与"扮装闹春"两部分所构成，屯堡人称前者为"抬菩萨"，称后者为"抬亭子"。犹如特纳（Victor Turner）所言："与其说社会是一种事物，不如说社会是一种辨证过程，其中包含着结构和交融先后承继的各个阶段。"① 迎春会中的抬舆巡游活动就是一个动态辨证的社会过程，当九溪三街的居民各自张罗本街的巡游亭装之时，这便是一种"结社"的行为，这一分街集结的过程体现了三街之间的区隔竞争，具有一定的结构性。而当九溪三街居民自发地组织在一起，共同抬着一个他们所认可的地方保护神在九溪境内巡游之时，这便呈现了一种"集会"的状态，这一聚集互动过程凸显了三街之间的共融互惠，因而具有一定的交融性。必须指出，迎春会中的任何一项活动都包含了"结社"与"集会"这样两种行为，二者合在一起构成了迎春会的"迎神赛会"之主题。如此，社会"动"了起来，就像人的手掌一样，一会儿握成了一个拳头，一会儿又伸展开来，呈现出特纳所言的那种结构和交融先后承继的、充满生机的状态。

---

① 特纳：《仪式过程》，黄剑波、柳博赟译，中国人民大学出版社 2006 年版，第 206 页。

　　作为一种众人合作的集体行为，抬舆仪式中的"抬起来"伴随着的是社区间的竞争与协作、对抗与联合的互动关系。人们抬起来的不仅是所谓的菩萨与亭装，也抬起来了一个围绕着地方认同而形成的共同的社会生活及其隐含的社会空间范畴。在"抬舆"时人们处于所要抬举的事物之下方，而所抬之物作为一种神圣符号可视为"社会"的形象化象征，这与图腾崇拜所表达的社会事实有不少契合之处。犹如涂尔干所言，等级体系与分类范畴完全是一种社会事务，而图腾膜拜其实是对社会本身的膜拜。① 迎春会抬舆仪式中"抬菩萨"与"抬亭子"可视为依赖于一定"等级体系"与"分类范畴"而产生的社会行动，这既是社会自身的一种形象化展演，也是空间范畴的象征性表达。所以神像与亭装可视为社会情感的载体，通过"抬起来"的这一仪式和象征行为，人们得以表现将他们和群体联系在一起的机制、情感以及观念范畴。因此，关注迎春会中人们"抬什么"，以及"如何抬"，也就是关注屯堡居民会用什么样的符号与象征手段在横向的平行竞争关系中进行社会纵向的等级统合，从而实现一种具有等级性和层级化的社区整合与地方认同。值得注意的是，"玉皇菩萨"总是出现在九溪迎春会中巡游队伍的最前面。"抬玉皇"对于九溪而言具有极强的等级统合意味，玉皇作为当地祠庙中一个等级最高的信仰符号，将相互区分对立的九溪三街统合在一个等级体系之中，并为三街竞争裂变的社会行动提供了一个超越性的分类范畴，是九溪三街在迎春会的抬舆仪式中实现混融的象征基础。此外，九溪迎春会"抬玉皇"活动中还有一个有趣的现象，为使"抬玉皇"看上去不那么"封建迷信"，村民们在抬神巡游时必须跟着神像一起出现的"香亭"中并没有放置"玉皇大帝"的牌位，而是用"中华人民共和国万岁"的宣传牌替代之。这一做法是用一种有意味的方式将现代国家的权威纳入到九溪村寨的社会统合中。

　　在 2007 年迎春会的巡游队伍中，人们除了抬舆"玉皇大帝"之外，在其后还有 7 驾亭装参与了绕境巡游，见下表：

① 涂尔干：《宗教生活的基本形式》，渠东、汲喆译，上海人民出版社 1999 年版。

表 1   **2007 年九溪迎春会中的亭装**

序列	亭装名称	亭装的制作单位组织	对应的空间	历年来亭装内容的设计
1	"猪八戒贺新春"	九溪老协会	九溪全寨	按当年的生肖设计内容
2	"爱科学、学文化"	九溪小学	九溪全寨	以科教宣传的内容为主
3	"雷震子飞身救父"	大堡《封神演义》地戏组	大堡街	均为《封神演义》中的剧目
4	"尉迟恭与秦叔宝"	小堡《四马投唐》地戏组	小堡街	均为《四马投唐》中的剧目
5	"陀龙女收魏化"	后街《五虎平南》地戏组	后街	均为《五虎平南》中的剧目
6	"狄龙倒挂悬崖"	后街《五虎平南》地戏组	后街	均为《五虎平南》中的剧目
7	"天女散花"	九溪花灯组	九溪全寨	"花灯戏"中各种著名的剧目

　　迎春会中的亭装进一步地表明了，屯堡人抬舆仪式是一个"社会剧场"（social drama）①，其隐喻展演的就是屯堡社会本身。如在紧随玉皇神鸾的"抬亭子"巡游队伍中，老协会按每年的生肖来设计的亭装总是排在其他亭装的前面，生肖是迎春会实现"祈年迎春"意义的关键符号，而老协会作为九溪的一个超越了"街"的具有一定权威性的地方组织，则象征性地承担了为整个九溪祈福的任务。九溪小学的亭装是最符合国家主流意识形态的，在村民眼中，小学是"国家单位"，教师则是"吃行政饭"的人，因而小学的亭装其实是一个具有"国家"色彩的符号，其地位高于三街的亭装，在亭装队伍中总是排居第二。九溪三街的三个地戏班彩扎的亭装其实是游行队伍中的主体与高潮部分，这里面"街"的符号

---

　　①　关于"社会戏剧"的概念解释，见特纳"社会戏剧与仪式隐喻"，载其《戏剧、场景及隐喻》，刘珩、石毅译，北京，民族出版社 2007 年版，第 11—56 页。

区分与边界象征是明显的，这些亭装则突显了九溪内部所存在的竞争与分立。出现在抬舆队伍最后的是"九溪花灯组"所彩扎的亭装，这一个打破了三街边界的组织虽不像老协会那样在村中"说得起话"，也不像学校那样是"国家单位"，但这个组织具有特殊意义，它表明并非只有那些具有权威性或超越性的力量才能创造形塑九溪三街居民共同社会生活的基础。可见，整个迎春会的抬舆仪式就是九溪居民社会生活的一个总体呈现，是对当地社会结构和文化意义体系的一种模拟与例证。在一个由各种意义构成的模式中，迎春会的抬舆仪式将各种社会关系与文化意义，以格尔兹（Clifford Geertz）所言的那种"有焦点的聚集"（focused gathering）的方式集合在一起，构成了一个深刻的超越社会的对社会之解说。①

结　　语

屯堡村寨迎春会中的抬舆仪式所展演的社会关系不仅是现实性的，同时也具有深刻的历史与道德的隐喻。就像涂尔干所言的那种"集体实在的集体表现"②，抬舆仪式是集合群体之中产生的行为方式，它必定激发、维持或重塑群体的某些心理状态。前文对九溪迎春会的考察表明，抬舆活动本身是一个具有等级意味的集合群体的礼仪庆典，它在维持或重塑一种平面横向（horizontal）的地方认同与社区整合之时，也激发或表现了一种等级纵向的权威认同与道德想像，从而带有一种屯堡社会特有的"历史感"。

桑高仁（Steven Sangren）在研究中国东南地区的"地域崇拜"（terri-torial–cult）时，曾极具启发性地呈现了一种可以与当地其他的社会空间结构（如行政与市场空间结构）相对应的地域崇拜结构。在这种结构中，人们通过地域崇拜组织中的"主管—隶属"关系，完成了一种具有等级意味的"纵向整合"（vertical integration）；又通过在"轮值巡游"活动中的"平等与互惠"关系，实现了相互间的一种具有平行意味的"平面整合"（horizontal integration）。在仪式对这一空间结构关系的强化之中，人们一边用地域崇拜来强化自己的地方感与地区权威，一边又通过朝圣活动

---

① 格尔兹：《文化的解释》，纳日碧力戈等译，上海人民出版社1999年版，第506页。
② 涂尔干：《宗教生活的基本形式》，渠东、汲喆译，上海人民出版社1999年版。

来消解这种地方感，最终使自己和一个更大的帝国权威勾连在一起。① 受此启发，可以这样认为，在中国所谓边陲地区的汉人社区中，其信仰与仪式所展演的社会空间结构与社会生活实践均在某种程度上体现了地方的社会整合与超地方的国家（或帝国）权威之间的勾连。如此，人们在获得一种地方感之时，也体验了一种超越地方的权威认同与道德想象。

　　所谓"礼失求诸野，史阙访诸俗"，屯堡村寨的抬舆仪式进一步地促使我们看到，地方史的表达有其特定的结构模式，其展开不仅绕不开国家权威对其在象征意义和实际过程中的影响，也充满了一种对国家权威的符号借用与象征拟构。既便在"天高皇帝远"的西南边陲，在诸如黔中屯堡这样的基层社区中，其社会生活的维系与地方秩序的形成也充满着"国家"对"地方"的种种象征性的权威影响与意义形塑。透过屯堡村寨的抬舆仪式，我们恰能观察到在社区横向的对立竞争关系中所蕴含的社会纵向的等级统合机制。为区别于平面化的"社会整合"，在此我用"社会统合"来描述这一具有等级象征意味的"裂变式的统一形态"。其在地方上所促成的社会形态虽在一定程度上表现了基层地方社会"分化自治"的面貌，但它没有将乡村形塑为独立自主的地方共同体，或导致地方上一盘散沙的格局，因为在此还有一个象征化的"国家权威"覆盖在这乡土之上。对于"社会统合"最生动的解释，或许是九溪村民总结当地菩萨们的恩怨时说的这样一句话："五显挡汪公，玉皇出面了。"

---

① 　P. Steven Sangren, *History and Magical Power in a Chinese Community*, Stanford: Stanford University Press, 1987, pp. 96—105.

村落开发与公共性重构[*]
——三门源村水资源利用的过去与现在

陈志勤

（上海大学社会学院）

前言：村落变化是民俗学的危机还是契机

  日本在 20 世纪 70 年代后半期开始的高度经济增长期，导致农村的面貌发生了显著的变化，产生了乡土研究的目标也随之可能消失的危机感，但同时也孕育了两大研究倾向：一是对"乡土"的传统文化财富进行保存和保护；二是通过振兴町村运动创造新的民俗文化[①]。而中国在 20 世纪 90 年代，同样源于文化保护和地方发展的目的，首先在东南沿海一带的农村也开始出现了相似的变化，进而在全国兴起了关注古镇、古村落的热潮。对于这种变化，周星认为"古村落与古镇"（简称"古村镇"）的价值与魅力，事实上是经历了一个不断地被全社会"重新发现"的过程，并指出古村镇同时也反映了现代村镇正在发生的变迁及其机制[②]。

  一方面，中国社会的城市化进程，导致很多传统意义的村落发生变化甚至消失，同时，民俗学也因为农村这个主要的研究阵地不断变异而发出了危机的声音；而另一方面，在文化遗产保护背景中的"古镇"、"古村

---

  * 本研究得到"上海市 085 社会学学科内涵建设科研项目"资助，日本学术振兴会科学研究费补助金"中国における民俗文化政策の動態的研究"（代表者：福田アジオ）项目资助，在此表示诚挚的感谢！原文刊载于《东洋文化》第 93 号，第 141—160 页（东京大学东洋文化研究所，2012 年 12 月 28 日）。

  ① ［日］宫田登：《民俗学への誘い》，载宫田登《民俗学がわかる》（アエラムック32），東京，朝日新聞出版 1997 年版，第 7—8 页。

  ② 周星：《乡土生活的逻辑——人类学视野中的民俗研究》，北京大学出版社 2011 年版，第 246—247 页。

落"开发,在现在,农村的意义又得到了重新诠释。但是,这样的文化保护和旅游开发大都源自于政府行为,对村落居民所处的自然环境、文化传统产生了很大的影响,和源自村民自律行为而生发的开发意向具有一定的偏差。而且,在这些古镇和古村落中作为主要生计来源的自然资源已经被转换成为文化资源、旅游资源,在自然、生态或者说环境被赋予文化价值的同时村落经历了一个再生产的过程。面对外部力量的介入生成的新的"古村"、新的"古镇",面对因为传统村落被赋予现代的新的价值、新的形象,环境民俗学甚至民俗学整体应该如何看待、如何研究、得出怎样的结论呢?

本文的目的首先是通过考察三门源村水利用公共性其解体和重构的过程,揭示曾经存在过的宗族、村落共同体背景下的传统水利用之体系,阐明现在因为旅游开发而引起的新的水利用之现状,并以此探讨村落公共性的重构问题,进而提出因为传统村落衰落面临民俗学危机的现在,在今后有必要关注现代村落再生产的过程,在重新审视农村新的意义的基础上,把村落的变化作为民俗学的一种契机来把握。

现在,中国也和其他国家一样,在现代化发展的另一面是生态失去平衡、环境遭到破坏,城市化发展的结果,不仅导致了在历史时期共同维护自然、管理环境的传统共同体的瓦解,也导致了在地域社会共同平衡生态、节约资源的民俗智慧的消失。对于解决此类关系到公共性的问题,有像哈贝马斯那样主张根据"理性对话的共同体"进行解决的方法,也有像 Chatthip 等那样主张在传统的共同体中发现解决之道的方法①。作为本文探讨素材的是三门源村的水资源利用习俗,众所周知,水资源是一种公共的自然资源,与山林资源、土地资源一同成为公共资源研究领域的重要对象。而在有关这些公共资源的管理和利用的研究进展中,公共性是一个重要的概念,在各种管理形态之下决定环境资源治理方向性的时候,公共性作为其标志成为重要的一个依据,而且,这里所说的"公共性"是存

---

① 在重富真一原文(重富真一:《公共性と知のコミュニティ一タイ農村における共有地形成過程》,《公共研究》2007 年 4(3))中,哈贝马斯和 Chatthip 的观点引自以下:ユルゲン・ハーバーマス(細谷貞雄,山田正行訳):《公共性の構造転換:市民社会の一カテゴリーについての探究》第 2 版,未来社 1994 年版。Natsupha, Chatthip, "The Community Culture School of Thought", in Manas Chitakasem and Andrew Turton(eds.), *Thai Constructions of Knowledge*, London: School of Oriental and African Studies, University of London, 1991, pp. 118—141.

在于相对较小空间之意义的一个概念①。因为尤尔根·哈贝马斯（Jurgen Habermas）和汉娜·阿伦特（Hannah Arendt）所阐述的市民公共性备受注目，在日本等一些国家引起了有关公共性的大讨论，但从中却看不到有关地域居民以及自然资源的实际状态，所以，日本的一些研究公共自然资源的学者认为，在加强对公共自然资源的管理和利用的时候，应该引起关注的是内山节所提出的村落的公共性概念②，因为他着眼于村落内部的社会关系，提出在一个小村落中，公共的概念通过村落共同的劳动而得以存在③。

很多研究已经证实，在过去的时代，传统村落等共同体具有规制和维持自然资源利用的功能。但在有关亚洲社会的近几年研究报告中仍然存在着这样的疑问：这样的共同体曾经以怎样的程度普遍存在过呢？所以，可以说，在亚洲的广泛地域内，阐明基于传统共同体的自然资源的管理和运作的状态仍然是一个重要的课题，同时，在各个不同的地域中，人们在与来自地域外部力量的抗衡过程中，也有可能创造出被认为是"传统性的共同体"④。在这里，外来的力量既是传统体系发生改变的原因，也是现代体系得以生成的动力，不仅自然资源管理的体系如此，而且与之休戚相关的村落也是如此：因为外部力量的介入，传统村落在衰落的同时也有可能再生产成为现代村落。传统村落的变化和消失曾经是民俗学面临危机的其中一个原因，而现代村落的再生产是否能够成为民俗学服务于当下的一

---

① ［日］三俣学，菅豊，井上真：《終章実践指針としてのコモンズ論》，载三俣学他编《ローカル・コモンズの可能性》，京都，ミネルヴ7書房2010年版，第201，203，205頁。

② ［日］内山节关于村民的公共性概念如下所述："在东京如果说到'公共'的话，是国家以及自治体承担的事物，也就是指应该由行政担当的事物。相对于此，我们就是'私'，是'私人'。但是，村民所使用的'公共'，是与之不同的。所谓'公共'，在村落中是表示大家的世界，所谓'公共的劳动'就是'大家进行的劳动'。所以，到了春天，大家一起修理在冬季荒芜的道路是'公共的劳动'，接到山火的消息从家里奔跑出去灭火的事情等，都是'公共的劳动'。"（内山节《『里』という思想》，东京，新潮社2005年版，转引自室田武编《グローバル時代のローカル・コモンズ》，ミネルヴァ書房2009年版，第47—48頁）。

③ ［日］室田武：《第2章 山野海川の共的世界》，载室田武编《グローバル時代のローカル・コモンズ》，京都，ミネルヴァ書房2009年版，第47—48頁；三俣学，菅豊，井上真：《終章実践指針としてのコモンズ論》，载三俣学他编《ローカル・コモンズの可能性》，京都，ミネルヴ7書房，2010年版，第204頁。

④ ［日］柳澤悠：《特集にあたって─国際シンポジウム『アジア・中東における「伝統」・環境・公共性』》，《公共研究》2007年4（3）。

个契机呢?

一　三门源村的水环境与村民的旅游开发

本文的调查地三门源村是隶属于浙江省龙游县石佛乡的一个行政村,位于浙江省西部衢州市东部龙游县的西北部,距离县城28公里。村落的东、西、北三面群山环绕,源自北部高山的一条山溪向南贯穿于村中心,沿溪两边是村民的居住区,明、清、民国不同时期六十多座古民居错落有致。这条山溪在一些资料上都称为碧溪,村民们则将其叫作"大溪",大溪将村落分成东西两侧,世代居住着翁氏和叶氏两大宗族,东侧翁氏居多而西侧叶氏居多①。该村在2006年6月被浙江省政府命名为第三批"省级历史文化名村",又在2008年12月被建设部、国家文物局评选为第四批"中国历史文化名村",在衢州市内获此殊荣的村落三门源是唯一的一个。虽然三门源现在多被介绍为具有山水人文景观丰富、古村落文化要素集中的特色,但很多有关的旅游资料以及网页首先提到的还是村里的古民居,特别是叶氏建筑群及其砖雕、石雕和木雕工艺。如在《乡土中国 衢州》一书中,对于三门源村唯一化篇幅详细介绍的就是叶氏老宅②,叶氏建筑群的大型牌楼式戏曲砖雕被认为具有龙游地方特色③。而且,据说这个村落被外界发现具有文化保护和旅游开发价值时,也是因为以叶氏建筑群为代表的民居特色和留存状况。

在2006年6月三门源村被命名为第三批"省级历史文化名村"之后,同年9月,龙游县规划局委托编制的《三门源省级历史文化名村保护规划》,通过了省建设厅组织的名城委员会专家组的论证,对于三门源的特色主要是这样描述的:

"该村保存有完好的明清古建筑群,其布局之精巧,结构之完美,木雕、砖雕之神奇有着十分宝贵的科学研究和观赏价值,是珍贵的历史文化

---

① 据《姑蔑龙脉——龙游文化遗产图志》介绍:"至清代中期,溪东侧北面却被后来居上的叶氏家族占去了近一半地盘。"(龙游县文化广电新闻出版周编制:《姑蔑龙脉——龙游文化遗产图志》,龙游县文化广电新闻出版局2006年版,第42页。)

② 陈峻文:《乡土中国 衢州》,生活·读书·新知三联书店2004年版,第138—145页。

③ 徐淑娟主编:《三门源:古代地方戏曲的活化石》,浙江大学出版社2009年版,第119页。

遗产"①，可见基本上是关注于古建筑群的特色。而有别于文化保护规划的旅游开发规划则关注到了自然资源如古街道的开发以及山地生态的利用。2007 年报道了《三门源村省级旅游规划》通过专家论证②，其规划空间格局为"一街、一区、一景"，即：沿溪建设一条古街，建立叶氏建筑保护区，开发白佛岩③风景点。而在 2008 年 12 月三门源被评选为第四批"中国历史文化名村"之后，根据当地媒体次年 1 月的报道，龙游县有关部门已开始将三门源规划成火山瀑布区、古镇民居区、宗教文化区及生态保育区四个功能区，呈现了对古村落进行整体开发的意图④。随着非物质文化遗产的申报和评审，反映村民日常生产生活的习俗、传说、技艺等也日渐引人注目，如古坝古堰、风景典故、食品工艺等⑤，三门源的保护和开发趋向于物质与非物质并行、文化与自然一体的格局。如这里提到的古坝古堰以及调查中听到的水塘水碓等，反映了过去灌溉用水和生活用水的历史，与之有关的很多生产生活习俗，其实也是三门源村中很有特色的传统文化，就像在下文中对此要进行详述那样，说明了该村过去在水资源的共同利用上具有对现代社会启示的意义。

但是，这些水资源共同利用的传统在新中国成立以后大都已经消失，还有一些是伴随着环境问题的日渐严重也随之渐渐退出社会舞台。水质污染和水源枯竭的问题，给村民们带来了很多困惑，使他们开发旅游的愿望也遭遇了严峻的现实。其实在十多年前，村民们就已经萌发了利用古村落的自然资源和文化资源发展旅游即设想，从当时村民自己制作的旅游规划图来看主要分为三大旅游区：自然景区、古作坊区和古民居区，其中自然景区主要以白佛岩瀑布为主，并曾经付诸实践，后因为诸多原因而流产。至今仍然成为村民所纠结的因素之一的，就是有关水资源缺乏特别是白佛

---

① 龙游规划网：http：// www. zjlyplan. com/Article/ Show Article. asp？ ArticleID = 286（2010年 3 月 20 日阅览）。

② 《今日龙游》，2007 年 10 月 10 日，第 350 期。

③ 白佛岩位于村落北部的高山上，海拔 689 米，有宽 3 米、高达 90 米的白佛岩瀑布（龙游县文化广电新闻出版局编制：《姑蔑龙脉——龙游文化遗产图志》，龙游县文化广电新闻出版局 2006 年版，第 46 页）。《叶氏宗谱》卷之一《里居志·里基》第三页为"阔二尺有咫，高百丈"（《三门叶氏宗谱》，民国二十八年重修，叶氏宗族所藏）。

④ 衢州新闻网：http：//news. qz828. com/system/2009/01/14/010106973. shtml（2010 年 3 月20 日阅览）。

⑤ 黄国平：《古风遗韵三门源》，《浙江文物》2009 年第 3 期（电子刊物）。

岩瀑布水源的问题。现在，虽然来自政府主导的古村落保护行为，对一些古民居正在进行修缮，但从旅游开发来说还处于起步的阶段，其瓶颈之一仍然是水的问题。在衢州外侨办的网页上 2010 年 5 月公开发布了"三门源旅游区"的对外招商合作项目，以寻求招商对象吸引外来资金①。在该网页上对以上提到的四个功能区有一些具体的介绍，其中对第四个生态保护区的介绍是："在保护区内封山育林，涵养水土，以保证飞瀑水源，"这里的"飞瀑"就是位于村落北部高山的白佛岩瀑布。从以上文字所示可知，为了保证飞瀑的水源，需要投入资金进行封山育林和涵养水土。因为，现在的白佛岩瀑布只有在三月至七月是来自山水的自然瀑布，如果长时间不下雨瀑布就将失去其壮观景象。虽然村民们对山林水土和瀑布水源的关系都有着清晰的认识，但为了保障瀑布水源的当务之急以尽快发展旅游，当时，在村干部的带领下，曾经向上级部门要求希望加高瀑布上方的水库库容，在少雨缺水的干旱季节引水补充瀑布水源，据说是有关部门踌躇于高山水库的危险性，长期以来并没有能够解决这个问题。

三门源世代居住着叶氏和翁氏两大宗族，他们和睦相处成为一个村落的整体，过去在灌溉用水以及生活用水的共同利用上具有严格的管理体系，伴随着社会的变化以及生活的改善，这些传统都已经被人们淡忘。虽然三门源村还在为水的问题而烦恼，但是，当作为水利资源的"水"被发现也是旅游资源的"水"的时候，可以看到在现代的村落中将呈现出一种新的水利用的公共性。

二　宗族水塘利用的传统与村落公共水域的维持

三门源的灌溉用水来源主要是两个：一是在村落中心由山泉水形成的大溪；二是在水田的间隙开挖的水塘。在翁氏族谱中有关于堰坝的记载："桥西有殿，曰下龙殿；殿后有突，曰西山；凹匕下有田，广可数十亩，障水有堰，曰下龙堰"②；下龙堰至今都还在发挥作用，大溪的水通过下龙堰的调节，可灌溉数十亩水田。下龙堰位于村口明代石拱桥上游数米

---

① 衢州外侨办：http://wqb. qz. gov. cn/zsxm/201005/t20100526_ 161570. htm（2010 年 3 月 20 日阅览）。
② 《翁氏宗谱》卷之一《舆图·五》，民国三十五年续修，翁氏宗族所藏。

处,"宽 3 米,长约 30 米左右,用块石及大卵石浆砌,引水用于村口田畈东片农田灌溉"①。但在三门源以前有一个灌溉用水的管理规则,就是说可以利用水塘灌溉的水田,是禁止使用大溪的水灌溉的。在溪水中筑坝拦水主要目的是提高水位蓄存水量,一种是用来引水至农田进行灌溉,称为"青苗碓";一种用来引水至水碓,利用水力进行舂米、磨粉、榨油,是龙游当地的一般方法。《龙游县志》中有关于堰坝民俗的内容:"堰坝等水利设施,设有'碓坝会',由受利农户组成,置有田产,以租费作维修之资。凡鸣锣通知,各户须派劳力参加筑坝劳动"②。根据《三门源——古代地方戏曲的活化石》中对"碓坝会"的介绍,三门源大致也是如此,但"碓坝会"的鸣锣通知是在天旱时,主要是定期加高碓坝、蓄水抗旱,并且各户都要参加,否则要受罚,"碓坝会"还备有面条和酒,招待筑坝人员③,但这里是否说的就是下龙堰不甚明确。根据以上翁氏族谱的记载和调查时老人的回忆,三门源只有下龙堰这一个碓坝,从农田大都分布于村落南面村口附近来看,也是比较合理的解释。

正像村民 Y. YL 氏(男,1920 年出生)所说,因为大溪源流短,流量少,多挖塘蓄水灌溉,所以在三门源水塘很多。翁氏族谱中在以上下龙堰的记载之后,提到了几个水塘的名称,如:下龙塘、壶瓶塘、外翁塘、石塘和柳塘④。柳塘在叶氏宗谱中也有出现,并还提及了另外一个社塘:"有塘曰柳塘,水暖鱼肥,淡花鼓浪,可以娱目,可以赏心,越阡陌而上又有社塘,所灌田亩益多,其他大如掌净如镜澄泫若深渊者随所在,而有不能悉志要,皆农人所恃为水利者也"⑤,可知当时有很多大大小小的水塘,可能有一些都是没有名称的。在翁氏族谱中有两首关于柳塘和瓶塘的诗句,名为"瓶塘鱼浪"和"柳塘烟水"⑥,而在叶氏宗谱中也有一首"柳塘渔浪"的诗⑦,所以柳塘和瓶塘(壶瓶塘)应该都是景致极佳群鱼

① 龙游县文化广电新闻出版周编制:《姑蔑龙脉——龙游文化遗产图志》,龙游,龙游县文化广电新闻出版局 2006 年版,第 45 页。

② 龙游县志编纂委员会编纂:《龙游县志》,中华书局 1991 年版,第 500 页。

③ 徐淑娟主编:《三门源——古代地方戏曲的活化石》,浙江大学出版社 2009 年版,第 108 页。

④ 《翁氏宗谱》卷之一《舆图·五》,民国三十五年续修,翁氏宗族所藏。

⑤ 《三门叶氏宗谱》卷之一《里基·五》,民国二十八年重修,叶氏宗族所藏。

⑥ 《翁氏宗谱》卷之一《诗·一,二》,民国三十五年续修,翁氏宗族所藏。

⑦ 《三门叶氏宗谱》,卷之一《十景诗·二》,民国二十八年重修,叶氏宗族所藏。

泼剌之处。

在《龙游县志》中有关于水塘的内容，在"塘注"的条目下是这样解释的："旧时灌溉依赖水塘。为避免争塘水斗殴争讼，每白水塘均载于鱼鳞册（登记土地图册），写明引注田丘，称'塘注'。有私塘、合用塘、公用塘之分。每口塘置石柱或木桩为标高，私塘超过标高之水，附近农田可引用，标高以下属塘主专用；合用塘须有'引注权'农户，才可引水，天旱时约定时间同时车水；公用塘按规定引注田亩分配用水。村边公用塘只准洗涤不许引灌，备消防。"① 所以，水塘并不只是在三门源才有，在山区地带都是常见的。而在余绍宋撰编的民国《龙游县志》（1999 年重印版）"卷首叙例·食货考"中有这样的说明："小塘注田不及五十亩者，多属私家自凿无关公众，亦不录"②，亦可知除了大塘之外，还有不可计数的小塘。

据 Y. YL 氏的解释，在三门源新中国成立前规定大溪的水是公用的，水塘的水都是私用的；一个私塘一般可灌溉几亩田，合用塘大都为五六家合用；公用塘只有一个称为"大塘"的水塘。通过细致了解，可知在三门源虽然也同样有私塘、合用塘、公用塘之分，但较多的是五、六家合用的水塘，而 Y. YL 氏是把这样的合用塘也包括在私塘之内的；在村南面大唐山称为"大塘"的被认为是公用塘，其实具有灌溉范围较广引注田亩较多的意思，并不是大家可以共用的概念，但也有灌溉范围的规定，就是可用溪水以及私塘的不能利用大塘，这里的私塘包括 Y. YL 氏所说的几家合用的水塘。关于为什么合用塘也是私塘的一种以及有关水塘刻度标高的方式、塘面水塘底水的问题，我们在调查时与 Y. YL 氏有一段对话，记录整理如下：

问：根据资料，几家合用的水塘在使用上水有上下两层的区别，就是有水位刻度，用什么方法标示又是如何划分的？为什么在天旱时

---

① 龙游县志编纂委员会编纂：《龙游县志》，北京：中华书局 1991 年版，第 500 页。在《三门源——古代地方戏曲的活化石》中，对三门源水塘使用的介绍是与此基本相同的内容，可参考。但该书中提供了标高以上为"塘面水"标高以下为"塘废水"的概念。（徐淑娟主编：《三门源——古代地方戏曲的活化石》，浙江大学出版社 2009 年版，第 10 页。）
② 余绍宋撰编：《龙游县志·第一册》（余绍宋撰编民国版的重印版），香港语丝出版社 1999 年版，第 21 页。

只有塘主能够使用下层的水，三门源的情况是怎样的？

答：一般用石头、木桩和水沟的位置来标示。不能用的，属于宗族的财产。比如说，最早都是属于叶家太公的，后来渐渐分家，田亩也分到各房名下，水塘在哪块田亩就属于这块田亩的主人，但因为水塘原来就属于叶家太公（祖先），各房都有平等使用的权利。

问：等于说，如果水塘原来就是叶氏宗族的，虽然是合用，但也只能是叶氏宗族的后代使用。

答：基本上就是这样的。

问：那么，不是叶家的人或是外村的人是否也可以来买叶家的田地？

答：外村人、外地人也可买叶家的田亩，但塘不能卖。就是卖田卖水不卖塘，卖田不卖木，卖屋不卖基，无论卖田卖水卖屋，但下面（基业）还是叶家的。翁家也是一样的，都是太公传下来的。

从以上的关于合用塘的内容，我们可以理解 Y. YL 氏为什么把合用塘也作为私塘的一种来解释了。对此还可以总结如下三点：一是反映了"祖业不外流"的传统。卖田卖水不卖塘，卖田不卖木，卖屋不卖基，正是"重乎水源木本之义"也[①]；二是体现了保障后代使用水塘的权益。因为水塘原来就是同一个祖先的基业，所谓合用塘的合用，其实只是同一祖先后代之间的合用，虽然存在连同水塘的水田被外姓人、外村人所买的可能性，但还要保证原先水田使用者的权益；三是在前两者基础上呈现了一种开放性以及对公共水域的不侵犯性。可能到后来"祖业不外流"只是名义上的一种概念，而在保障后代使用水塘权益的同时，又严格规定了不能侵犯公共权益。在由叶氏、翁氏两个宗族形成的村落中，维护和保持赖以生存的生活生产资源是他们共同的责任，在这样的公共性的基础上，形成了在私人权益基础上的对保障村落整体利益的义务。

现在，村人们还能够按照位置分得清以前的水塘。如村民 Y. LX 氏（男，1935 年出生）家解放前大约有三十五亩到四十亩的水田，分成五块田，分别位于：一块在乌龟山脚下，大约有十来亩；两块在村东面自里山脚下的东塘里外，大约有二十来亩，有一口大塘和一口小塘，叫小东塘和

---

① 《翁氏宗谱》卷之一《议约·一》，民国三十五年续修，翁氏宗族所藏。

大东塘；还有两块在村东面的石潭背，大约有十来亩。大都属于坂田（当地认为是好田）①，被村里人称为"没良心田"，因为即使在其他水田无收成时也能够保障收获，每亩可获 400 斤的稻谷，旱时也至少能出谷3000 斤，原因是"水利很好"，五块田却拥有四口水塘以及一口井水（小塘），而且这些塘都是活水叫"冷水塘"，也就是泉水塘，第一天用完；第二天又可出水保持水量。

　　因为水库的建设，以前的水塘有的转为他用有的废弃不用了，现在，不包括小的村里还有大的水塘 6 个，大约是 100 多亩水面，主要用来养鱼、养菱和套养珍珠等。只有大塘在 1955 年左右改为大塘水库，现在村里共有 6 个水库，除了大塘水库其他还有：白佛岩水库、麻车坞水库、大坞水库、盘龙园水库、杨塘坞里水库。白佛岩水库位于白佛岩瀑布上方，以上提到的村民们希望增加水库容量保障瀑布水源的，就是这个白佛岩水库。

三　大溪的变化以及水利用共同体的消失

　　贯穿整个村落自北向南流淌的大溪，不仅用来农业灌溉，直到 20 世纪 90 年代中期主要还是村民们的生活用水。生活用水大致由三个部分组成：一是作为饮用水；二是作为洗涤用水；三是作为水碓用水。

　　在翁氏族谱中有五言和七言两首名为"新溪垂钓"的风景诗②，把大溪称为"新溪"，诗大意为清流之上有山翁垂钓，可见村民们把它作为一道风景。大溪的水量最多的时候在每年的 5 月份左右，正值梅雨季节。虽然大溪的水是公用的，但为了大家的利益，也有很多不成文的规矩，世代相传。如在解放前，据说是头首（其实是叶氏和翁氏宗族管事的长老）规定的，因为大溪的水主要作用之一是饮用，所以在早饭以前不能洗衣服，特别是女人的衣服；等大家挑完水之后，一般在早饭以后也只能洗菜洗衣服，不能洗马桶，马桶和粪桶都在私塘里洗；也不可以把水引到不应该的地方，如放到大塘里等，否则当地的保长会出来警告大家。妇女们在大溪的埠头洗衣服、洗菜，但过去没有淘米的习惯，因为不可以淘米，否

---

① 还有叫作"三垅田"的，指的是阳光和水利条件不好，只能靠天收成的水田。
② 《翁氏宗谱》卷之一《诗·二，四》，民国三十五年续修，翁氏宗族所藏。

则就会失去营养成分，男人们有的到晚上会在大溪里冲洗身体。为了赶早挑到清洁的水用来饮用，青壮年们天亮以前都要到大溪挑水，早的3、4点钟，最迟的也在5、6点钟。一般农户家里可储存3担水左右，大户人家有千斤缸，可存满5、6担水。20世纪五六十年代还都是挑大溪的水饮用，到20世纪90年代初又开始挑大溪边泉井水，这样的挑水吃的生活一直延续到20世纪90年代中期左右。

在干旱时，大溪的水量就会减少，就要在大溪边挖井（坑）取泉水，以前大都是有威望的老人且一般是叶氏宗族的老人会点名找人挖掘，深度基本上在一米左右，因为考虑到有可能会淹死来玩的小孩，所以不能挖得太深。村里的老人们会自动管理井户，不让小孩到水井边玩。还有，埠头的维护、水井的冲洗也大都是村里有威望的老人先起头招呼，然后大家响应，在用水管理上村落老人们的作用是不可忽视的。溪边埠头的维护原则上是由使用埠头的农户为主，但特别是老人们都会主动监督；水井的清洁比如有青苔什么的都要随时清理，大的水井的清洗时间不定，但只要老人们招呼一下，都会有工出工、无工出米，先掏干井水然后用石灰消毒。

当时村子里还有三口古井也可以作为饮用水，但后来因为污染有的废弃有的停用。因为干旱大溪的水量减少，在20世纪60年代左右开始在溪边打了四口泉井，形状是方形的，作为饮用水的补充。井水不够用的时候，有时也在山上挖坑储水。特别是在1972年发大水以后，不但冲掉了溪上的一座桥梁和溪边的一些房屋，而且大水还冲出一条水路，致使大溪改道。改道后的大溪水竟没有原来的好了，主要是原来的溪流中是有泉水涌出来的，改道后溪下没有泉水了。所以，在1972年以后村民们就很少饮用大溪的水了，开始改为饮用溪边挖的泉井水，冬热夏凉，村民们从早挑到晚，白天挑光了，晚上涌出来了又再来挑。

这几口溪边的泉井，大约用了20多年。但自从2005年在大溪靠上游部位建立了养猪场，受其废水的污染，导致井水不能再饮用了。虽然，在2008年养猪场进行了搬迁，但被污染的水质是不可能恢复如初了，于是，村民们又在山边找水源，开始挖井饮用山水。就是在山腰和山边挖井，一般打1—2米，或2—3米，最深不到3米，用水泥砌筑并用水泥板封盖，形状有的是方的，有的是圆的，然后利用管子引到山下的农户，成为一种简易的自来水。但大部分是在大溪最上游没有污染的地方引水，制作方法大致是一样的，最浅的1米，最深不超过大约2.5米，有的农户用400多米的管子引水至大溪中游部位的家里。在 20 年以前，最初只有三家农户开始使用这样的方法，据说还是从外地学来的，而现在基本上有 80% 以上的农户使用这样的简易自来水，都是村民们自己想办法，村里以及有关水利、改水部门没有统一的规划。没有这种装置的人家就到使用简易自来水的人家去挑水，因为山泉水不怕用，而是越用越干净，越用出水越多。如 Y. YL 氏家的邻居有一个蓄水池，是一口方形的井，如果打了招呼以后，可以自由去挑水，但尽量使用邻居准备的水桶吊水。

在上文中已经介绍过碓坝有两种，一种是用于引水灌溉的"青苗坝"；一种是用来引水至水碓房，利用溪水落差之力进行春米、磨粉和榨油的。三门源的老人还记得原来有三个水碓，只是用来春米的，就是把粮食的皮壳去掉，是什么时候开始有的已经说不清了，但大都说是在 20 世纪 30 年代就已经存在了。在民国二十八年也就是 1939 年重修的叶氏宗谱上，还有三个水碓的踪影。在叶氏宗谱中当时的三门源村落布局图上，明确表示了上碓、中碓、下碓三个水碓的位置，同时还有部分水塘的位置也清晰可见。据说其中一个被 1952 年的大水冲掉了，有可能是中碓，因为年轻一些的人只记得有上下两个水碓，有些老人也要回忆一番才会记起来其实有过三个水碓。另外两个水碓一直使用到 20 世纪 70 年代左右，之后就被电动机器所取代了。水碓都是属于私人的，主要是用来春米，把谷加工成米，有水碓的主人专门管理和维修，即使在后来分田分地的时候，这种私人的水碓也没有改变性质。村民们去春米时要支付费用，以前可用米或糠折合费用，比如一担谷春成米，可扣除一斤米作为费用，解放以后也可以用现金支付。

从以上大溪的变迁以及由此给村民们带来的生活用水状态的变化，从饮用溪水到饮用泉水再到饮用山水，从为了抗旱而挖井到因为污染而挖井，在不断地探求清洁的饮用水的过程中，可以看到村民们渐渐离那条村里的大溪远去的身影，他们依赖于大溪的生活也就这样结束了，为了生存基于生活用水的共同性也逐渐消失殆尽。在我们从 2007 年开始历时 4 年的调查过程中，前两年看到的大溪到处都是生活废弃物，因为他们已经不再需要大溪了。但当我们 2009 年 12 月再去调查的时候，却看到水面漂浮的垃圾大致清除，溪流两岸已经整修一新，同时，我们看到的是以叶氏建筑群为主的古民居正在动工修缮。曾经被迫流产的村民们希望发展旅游的愿望，现在在政府主导的文化遗产保护的背景下有望实现。现在，村里还计划在大溪上筑两个堰坝，以保持全年都有水的景观。已经被抛弃的大溪，已经被淡忘的溪水，现在，正在成为旅游开发这个村民们共同心愿的一种资源开始受到关注。

四　作为景观的"水"的发现与村落公共性重构

现在正在启动的三门源旅游开发，得益于本世纪初开始的物质与非物质文化遗产保护活动，在文化保护背景下开发所需的前期资金投入等才有可能得以实现。在上文中已经提到的十多年前三门源村民对于旅游开发的实践，只是基于村民们单纯的愿望，没有国家政策上的支撑，可谓生不逢时。当时主要是根据三、四位退休教师和原村干部的建议，在当时现任的村支书和村主任的带领下依靠自己的力量，通过取得村委会同意和乡政府的支持，考察了外地乡村旅游发展的实例，在具体规划游客的旅游线路的基础上，曾经建立售票处开始对外开放，门票定为每张 20 元，营运了两个月左右。后来虽然因为旅游景点审批手续等一些问题而流产，但对于村民们来说水资源缺乏是一个纠结至今的课题。从当时的旅游规划图来看，主要分成三大区域：自然景区、古作坊区和古民居区，其中自然景区主要以白佛岩瀑布为主。在没有大量资金来源的情况下，古作坊区和古民居区要进行改观是不可能的，从村落的现有力量出发，只能从改变水资源状态开始着手，因为村民们已经发现了作为景观的"水"的重要价值。

十多年以来从第一届村委会开始都有一个共识，三门源没有工业上的资源，有的只是山、水和民居，所以只有通过旅游开发才能谋求新的发展。就像曾经担任过村支书的 Y. XB 氏（男，1950 年出生）所说的那样，不保障充足的水资源，要开发要发展是不可能的。除了因为水源干涸、水质污染而造成的灌溉用水和生活用水的问题，三门源又面临了一个更为现实的景观用水的迫切问题。所以，他们向上级部门提出在白佛岩瀑布之上建设一个个水库的要求。在农户们和村委会集资的基础上，能够得到一些资金支持的政府机构在当时只有水利部门，这也许源自于长期发展农业生产积累的智慧，因为在这之前村里已经有 5 个水库建设的经验。但是，虽然农户们和村委会筹集了 14 万元左右的资金，又费了很多周折得到了当地水利部门几十万元（资金到位数目没有定论）的经费，但原计划二期工程的水库建设只进行了一半就收场了，原因似乎是高山水库的危险程度以及规划图纸的不翼而飞，建了一年的水库就这样已经停止了七八年，而遗留问题一直延续至今。一期工程的水库量只有 3 万方，而要满足村民们的要求起码要再扩建到 20 多万方。现在的作用主要是在旱时放水灌溉水田，并有时为了保障大溪清洁而放水冲洗，还根本顾不到旅游用水和生活用水。无论是十多年前要求建设水库还是现在希望加高水库，主要的目的就是四个：一是解决水田的灌溉；二是补充瀑布的水源；三是改善大溪的水景；四是保障饮用水供给。

建设水库虽然是可以在短期内解决水质、水量和水景的问题，但作为长期的考虑，山林生态的养护是必不可少的。熟知村里山林生态的 Y. YC 氏（男，1955 年出生）曾经说过，要旅游开发一定要管理好山林资源，荒山秃山是不行的，这关系到溪流水质。三门源的村民历来对山林和水的关系都有着深刻的认识，如 Y. YL 氏告诉我们：因为西边的山林茂盛，所以那里的泉水水质最好；而东边的山是空的不茂盛，所以东边的泉水不怎么样；北面山后就是建德遂昌，水位底，地下水都流过去了，所以水质也不太好；还有因为大溪上流有村庄，人口多，所以溪水的水质也不理想。还有一个有关山林和水源关系的直接事例，说是在 1995 年，村落东北边汪里坞的后山畲斗坞遭遇火灾，结果就发生了用水难吃水难的问题。因为长期以来国家的政策是注重农业发展，一直忽视林业生产，三门源也不例外，在 1980 年以前植树造林很少，山林长期荒废，导致下大雨时，大溪中黄泥水泛滥，而且水势急速，满地都是冲下来的树叶。因为 20 世纪 80 年代开始的第一轮山林承包已经过去 20 多年了，荒山的情况有所改变，现在大溪就比以前水质更清，水流更长。

三门源虽然三面环山，但南面的丘陵盆地之中有大片农田，主要还是以水稻生产为主，并不是靠山吃饭的地方，山林的收入历来不是主要的生计来源，只是作为补充而已。1949 年前的山林大都是个人的，据说是翁氏的山比叶氏的山要高一点，这两个宗族各自都有祠堂山。有的老人回忆，其实那个年代当时周围山上基本上也没有什么大的树木，贫困一点的村民会去山地种点苞米什么的，因为人口少，除了农业生产，很少有人会到高山种植点什么的。而即使有一些杉木、松树之类的林木，也不会像现在这样大兴土木，一般是很少被大量砍伐的。可见，在三门源，过去的山林并不是一种经济的概念，可以说是平衡自然保持水源的一种存在。因为村里的老人们都知道"一座山就是一个大水库"。

　　村民们为了旅游开发这个共同的目的，发现了作为景观的"水"的价值，同时也催生了对山林资源的新的认识，山林不仅仅是蓄水池，其本身也是一种景观。比如靠南的山地在历史上就是竹子山，而靠北面的山地以前基本上是荒山，虽然也有些松树和杉木，但因为阳光充足种植毛竹利用率更高，所以在1990年开始就进行了南竹北移，也是与发展旅游有一定的关系。三门源有山林面积9600多亩，集体林5000多亩，分到农户4000多亩，松木、杉木等生态林占多数，其他是毛竹、油茶、柑橘、板栗等经济林。从20世纪90年代后期开始，根据当地县政府的规定，也是配合村里的旅游规划，基本上要求按照规划连片种植，并根据山地土质进行选择，有樟树、毛竹、茶籽树、松树、杉木、杂木等，平地一般可为经济林如橘树等，作为风景林、观赏林进行管理。而现在，村里为了搞好旅游开发，无论是个人以及集体的林木，还是杉木、杂木以及经济林，更是要求村民们都不能随便砍伐。在旅游开发之前，其实荒山的程度是很严重的，现在不仅消灭了荒山更是改善了景观。所以，从20世纪90年代开始，三门源的山林管理就不再是单纯的以经济收入为目的的山林生产了，也不再是简单的以生态平衡为目的的自然保护了，他们的很多有关山林的事业都与旅游开发紧密联系在了一起。

　　以前，在每年的农历十二月十五日以后，村民们都会一起打扫弄堂、清理大溪，一般都要干到过年，为的是干干净净过个好新年。根据老人们的回忆，一直以来三门源人互相帮助风气很好，特别是一些公益事业如造桥修路等，都会有人首先牵头招呼，然后大家有钱出钱，有力出力。历史上有宗族长老出头造的古新桥，现实中有村里书记带头修的上下桥，在这个村落里，年长老人们的作用以及具有声望的人的作用是不能忽视的。在上文中也已经提到过在过去的用水管理上，老人们所发挥的作用不可忽视，而现在在旅游开发这个共同的愿望下，老人们的作用也将再次得到发挥。

　　三门源村从思考旅游开发开始已经历了十多年的时光，在初期阶段并没有关心到环境整治和清洁卫生的问题。大约在2007年，为了接待五一节、十一节的游客，垃圾问题、厕所问题被提到了议事日程上。2008年6月，三门源村委向村民发布了《关于三门源村村民环境卫生倡议书》；2009年10月，在村中显眼的地方悬挂了大幅《三门源村文明卫生公约》的公告；2009年11月又在村落中人流过往频繁的地方，挂上了有关整治环境卫生的醒目的宣传标语牌。这些标语牌有十几块，比之前的数量更多，内容更贴切，透射的共性就是要让村民们深刻地觉悟：旅游的开发、生活的改变首先要从自己、从环境做起。这些有关环境卫生整治的宣传标语牌，是村委会通过对外地经验的学习和引进，经过反复酝酿和讨论的结果。据村委会的年轻的干部们的解释，可知其用意之深厚：首先是痛感在旅游开发中良好的环境卫生状态的重要性，经历了几年的徘徊现在想尽全力改变面貌；其次是在整治环境改变形象中发挥村里老人的作用，如果碰到不雅的行为，老人们在规劝时就可以有据可依。

　　在三门源村委向村民发布的《关于三门源村村民环境卫生倡议书》上有这样的一段话："村民们，良好的人居环境，整洁的村容村貌，要靠广大村民参与和协助。好的环境能带来良好、旺盛的'人气'和'商气'，也就能不断提高我村对外的形象和良好的影响力，为解决改变我们的村容村貌而共同努力！"三门源村试图向世人展示自己，并在旅游开发的共同愿望中形成一种新的力量。但三门源村已经不是一个封闭的古老村落，以叶氏和翁氏宗族为基础的传统共同体制度消失已久，现在的三门源村必须在各种外界力量的影响下，才能真正完成新的公共性的重构。因为国家以及地方的文化遗产保护政策以及与之相关的旅游开发规划，当地文化部门和旅游部门已经介入到这个小山村，形成了保护古村落的趋势。为了保护村落风貌，村民们有八年没有建新房，但最近三年以来，在建造马头墙、高度控制在两层半的规划下，并利用"高山脱贫，下山脱贫"政策置换土地，已经解决了一些农户的建房问题。而借助于自然生态保护的大背景，林业部门的很多政策也让村落改变了荒山严重的状态，一片片的风景林有助于旅游的开发。

　　但让村民们纠结的水资源问题仍然存在，他们等待着水利部门、改水部门的惠顾，因为村民们仅仅依靠自己其力量是很有限的。Y. YL 氏曾经设想依靠村民们的集资，在东边后山建一个水塔，在西边后山也建一个水塔，再加高白佛岩水库，或许可解决水的问题。还有 Y. YC 也曾经建议依靠村民们的集资，只是把白佛岩水库再加高两三米。但这些设想和建议，也许只有在"高山水库危险论"发展成"高山水库意义论"的时候，才有可能实现。三门源虽然发现了作为景观的"水"的价值，但要实现其价值还困难重重。因为现在的问题还不是景观用水的问题，而是现在的库容不能保障灌溉，不用说生活用水，也就更不用说景观用水了。

结语：村落公共性重构带来的思考

在中国，因为"乡镇财政的经济"对乡村公共产品的供给严重不足，而乡村社会所固有的公共性则基本被吞噬和淹没了，所以，"重树乡村社区组织的公共性成为重构乡村公共经济首先要解决的问题"[①]；从以上三门源村从过去到现在的水资源利用的描述，我们可以看到以叶氏和翁氏两大宗族为基础的村落整体，过去在灌溉用水以及生活用水的共同利用上具有严格的管理体系，但伴随着社会的变化以及生活的改善，过去的水利用共同体已经完全解体。虽然当作为水利资源的"水"被发现也是旅游资源的"水"的时候，在现代的村落中呈现出重构新的水利用公共性的可能，同时，也受到外界各种力量的影响，其中既有推动的力量也有阻碍的力量。但有一点是可以明确的，就是在文化遗产保护以及旅游文化开发的背景下，将有可能生成新的自然资源以及文化资源的利用和管理的公共性，而其中所呈现的在新的社会时期村落再生产的过程，或可为环境（生态）民俗学甚至民俗学整体带来新的研究契机[②]。因为在传统村落的基础上进行现代村落再生产以及构建现代城乡关系的时代已经到来。

首先，在世界性的公共自然资源研究领域，中国传统共同体如何管理和利用公共自然资源是一个被期待的课题。从哈丁的公地悲剧到美国、日本人类学的公地喜剧再到埃莉诺·奥斯特罗姆的公地戏剧，在欧美和日本已经呈现了大量的研究案例[③]，为现代社会如何管理公共资源以及如何解决"公"、"共"和"私"的关系提供了历史的经验，但关于中国传统社会的事例并不多见。在日本，对于有别于日本村落共同体为基础管理的中国公共资源的研究也备受关注，除了 2004 年秋道智弥有关云南西双版纳森林利用的研究以外，还有如陈志勤的关于绍兴南部山区以信仰共同体为基础的传统自然资源管理方式的研究[④]、太田出的关于太湖地区内陆水面

---

① 江桂英：《论乡村社区公共性的培育》，《当代财政》2005 年第 2 期。

② 江帆：《生态民俗学》，黑龙江人民出版社 2003 年版。

③ ［日］菅豊：《コモンズの喜劇——人類学がコモンズ論に果たした役割》，載井上真編《コモンズ論の挑戦新たな資源管理を求めて》，東京，新曜社 2008 年版，第 2—19 頁。

④ 陈志勤：《中国紹興地域における自然の伝統的な管理——王壇鎮舜王廟における『罰戲』·『罰宴』を中心として—》，載《東洋文化研究所紀要》2007 年（152），第 141—170 頁。

止于民国时期存在的"共有"的所有形态的可能性的研究①，特别是菅
丰从中国传统的公共资源管理的特质出发论述对于日本重构现代公共资
源管理体系的启示，其中提出的中国传统管理特质是"人际关系型公共
资源管理"的概念颇有影响②。在本文中，通过在由叶氏、翁氏两个宗
族形成的村落中水资源维护和保持的事例，也说明了在私人权益基础上
的对保障村落整体利益的义务和责任，有助于我们思考现代社会"公"
与"共"的模糊关系以及"公"与"私"的对立关系而引发的一些社
会问题。

　　其次，传统村落的"自然"和"文化"结成的新的关系，为环境民
俗学的研究提供了新课题。在日本，从整体性角度构建环境民俗学的主要
是活跃于环境社会学的研究者，环境民俗学成为由社会学家引导由民俗学
家人类学家参与的一个研究领域，从中也说明了作为研究现代社会为主的
学科，在探讨人与自然的关系的时候，是迫切需要了解从传统社会到现代
社会的民俗变迁过程的。1994 年，鸟越皓之在所编的《作为尝试的环境
民俗学——来自琵琶湖的田野调查》一书中，把研究对象的自然和环境
确定为是"经过人工加工的自然环境"③；2008 年，山泰幸、古川彰、川
田牧人在所编的《环境民俗学——面向新的田野调查学》一书中，把作
为研究对象的"习俗"解释为是"作为表象的自然环境"④。无论是"经
过人工加工的自然环境"还是"作为表象的自然环境"，其实在其中都赋
予了"自然"于"文化"的价值，但对于这方面的研究还有很大的空间。
如最近从文化遗产保护角度从正面对这个问题展开探讨，并揭示其中政治
的社会的建构过程的有：菅丰的"被置换的森林——政治以及社会对日
本信仰空间的影响"⑤ 和"作为资源的'自然'和'文化'——被客体

　　①　［日］太田出：《中国太湖流域漁民と内水面漁業——権利関係のあり方をめぐる試論》，載室田武編《グローバル時代のローカル・コモンズ》，京都，ミネルヴァ書房 2009 年版，第 195—214 頁。
　　②　［日］菅豊：《中国の伝統的コモンズの現代的合意》，載室田武編《グローバル時代のローカル・コモンズ》，京都，ミネルヴァ書房 2009 年版，第 215—236 頁。
　　③　鳥越陪之編：《試みとしての環境民俗学——琵琶湖のフィールドから》，東京，雄山閑出版社 1994 年版。
　　④　［日］山泰幸，古川彰，川田牧人編：《環境民俗学——新しいフィールド学》，京都，昭和堂 2008 年版。
　　⑤　［日］菅豊：《被置換的森林——政治以及社会对日本信仰空間的影响》，《文化遺産》2010 年第 2 期。

化被管理的对象的异质性和同质性"①。通过本文三门源村的事例，村民们在文化遗产保护的背景下在"生产的生活的水"中发现了"景观的表演的水"，不仅提示了重构新的水利用共同体的可能性，同时也呈现了再造现代村落公共性的可能性。所以，传统的"自然"被赋予现代的"文化"价值这个研究内容，或许可为今后的环境民俗学研究提供一个新的前景。

最后，从传统村落的衰退到现代村落的再生产过程中，可以重新思考因为传统的心情憧憬现代的都市式的生活，城市与周边地方的关系不仅仅是体现在为了生存需求的经济的纽带之上，同时也体现于为了精神满足的文化的关联之中。如本文的三门源古村落的保护和旅游以古建筑为主展开，周围有连绵的山峦、成片的植被，还有源自于这些山林的流淌着的村中溪水，他们所面对的是外来的城市居民群体。当作为生产要素、生活资料的"自然"被认识为作为文化资源、旅游资源的"自然"的时候，一个新的开放的城乡关系已经形成，对于民俗学来说这样的一种变化是带来危机还是带来契机，都有待于我们今后深入的探讨。

本文在考察三门源村水资源利用的过去与现在的基础上，进而探讨了重构水利用共同体以及村落公共性的问题，并由此提出了以上三个方面作为今后民俗学可资研究的新的视角。但从以上三个方面来看，无论那一方面都避免不了与村落外部群体或者力量的关系。如以三门源的水的利用和管理的例子来说，在解放前，以两个宗族为基础形成的水利用的共同体，他们可以共同管理和维护灌溉用水、生活用水的问题，并合理分配和保障用水的权益和义务：在解放以后的几十年中，村民要面对各级水利部门、水务部门、农业部门、林业部门；而现在因为文化遗产保护和旅游开发，村民还要面对各级文化部门、文物部门、旅游部门。因为文化保护和旅游开发大都源自于政府行为，或多或少都将对村落居民所处的自然环境、文化传统产生很大的影响，与源自村民自律行为而生发的开发意向是具有一定的偏差的。所以，政府行为与村民意向的矛盾，也是今后所不能够忽略和遗忘的课题。

因为经济增长、社会变迁引起很多民俗学研究领域发生根本性的改

---

① ［日］東文研セミナー《自然保護と文化保護，何が違うのか·—その異同を考える》http：//www. asnet. u—tokyo. ac. jp/node/6997（2010 年 11 月 30 日阅览）。

变，虽然基于"民俗不变论"导致民俗学研究陷入方法论的困境，但民俗成为公共文化之社会事实以及由此带来民俗学研究的契机，已经引起一些学者的关注，如高丙中指出"在过去的近三十年里，民俗经历了一个反向过程，从遗留物到农民主'俗'，再到更广泛的民间习俗，现在部分民俗已经是全国性的公共文化"，并认为"中国的民俗学无论从资源、社会需求，还是学术制度、表现平台来说，都具有大发展的机遇"①。虽然民俗学研究在应对新的社会时期、新的文化现象上还面临很多的危机，但在危机中勇于接受挑战，由此把握社会大发展带来的契机，正是当代民俗学研究者不能推却的使命和责任。

---

① 高丙中：《中国人的生活世界——民俗学的路径》，北京大学出版社 2010 年版，第 188、195 页。

民间信仰与地方社会的整合[*]
——基于对周雄信仰流变的考察

董敬畏
（浙江行政学院社会学文化学教研部）

一　问题缘起

中国社会中的民间信仰[①]无论作为研究主题、方式还是内容都曾一度被社会学/人类学的宗教研究排除在外，因为大多数社会学/人类学家认为中国民间信仰缺乏显著结构，是某种功能性神灵的杂烩。直到华裔社会学家杨庆堃提出"制度性宗教/分散型宗教"的类型划分，民间信仰才在学界取得了正式地位。由此开始，中国民间信仰研究进入新的阶段。学界已有的民间信仰研究理记模式包括祭祀圈（林美容）、帝国的隐喻（武雅士A. Wolf、王斯福）、神的标准化（华生 J. Watson）等。另外，日本学者滨岛敦俊及其学生朱海滨探讨了江南地区民间信仰的流变。近年来，美国波士顿大学魏乐博（R. Weller）从宗教与经济关系入手，研究华人社会中的宗教。

祭祀圈理论研究了社会组织与祭祀的关系，认为对于不同地方神的祭祀使得不同群体结群。[②]　武雅士则认为中国的民间信仰有鬼、神、祖先的

---

[*]　本文曾以《民间信仰与价值合意》发表在《浙江省委党校学报》2012 年第 6 期，文章收录时作者重新做了重大修改。

[①]　对于信仰概念，学界意见纷纭。笔者认为信仰是对某种理论体系、宗教、某人或某物的景仰和崇拜，是个人世界观中的意识和规范。民间信仰是一个笼统的概念，一般指乡土社会流行于民众中的神、祖先、鬼等的信仰，它由信仰、仪式、象征三部分组成。

[②]　林美容：《由祭祀圈看草屯镇的地方组织》，《中研院民族学所集刊》1986 年第 62 期。

分类，这种分类对应于帝国的官僚分类体系。① 而华生则认为帝国在文化层面维持统一的原因在于帝国对于祭祀仪式有一套标准化程式，至于信仰的具体内容，则不加干涉。② 滨岛敦俊研究了江南民间信仰的起源与流变。③ 朱海滨则承袭其师的思路，具体讨论了江南民间信仰的地域特征。④ 上述已有研究各有其见地和优势，但也因为其理论创生和引进时的特定历史和社会条件而具有特定限制，使之难以贴切地分析中国社会的民间信仰现实。

在笔者看来，信仰作为社会事实，真假并不重要，重要的是它与其他社会事实的关系：信仰与民众价值观有何关联？信仰与地方社会秩序呈现何种关联？信仰与国家意识形态呈现何种关联？国家如何通过信仰整合地方社会？笔者利用社会学/人类学民间信仰的知识积累，以浙江周雄信仰为例，从周雄神的产生、异行及其封号流变等分析周雄信仰的历史变迁，以展现其历史样态。接着，笔者以上述材料为基础，分析民众信仰、国家权力、意识形态的互动及这种互动与地方信仰、价值观、社会秩序的关系。最后，笔者讨论地方社会的民间信仰在隐喻和象征国家意识形态，聚合民众意愿，形成地方秩序的功能，借此反思当前现代化进程中的文化与社会建设。

二　周雄信仰的历史变迁

在周雄信仰的历史流变过程中，既有从人变神的地方社会纳入王权秩序之中的文化逻辑，也有地方民众和士绅不断操弄，以彰显地方影响的逻辑，正是这种由上而下与由下而上的文化遭遇，才会有周雄信仰和地方社会的价值合意，也才保证地方社会在文化层面与帝国系于一统。

---

① Arthur P. Wolf, "Gods, Ghosts, and Ancestors.", in Arthur. Wolf Ed. *Religion and Ritual in Chinese Society*, Stanford University Press, 1974；[美] 王斯福：《帝国的隐喻》，赵旭东译，江苏人民出版社 2009 年版。

② [美] 华生：《神的标准化》，[美] 韦思谛编：《中国大众宗教》，陈仲丹译，江苏人民出版社 2006 年版。

③ [日] 滨岛敦俊：《明清江南农村社会与民间信仰》，朱海滨译，厦门大学出版社 2008 年版。

④ 朱海滨：《祭祀政策与民间信仰变迁》，复旦大学出版社 2008 年版。

（一）周雄神的产生

周雄神的产生，最早记载于南宋嘉熙年间的《翊应将军庙记》①。此时记载较为简单，具体事迹几近于无：

> 将军周姓雄名，字仲伟，杭之新城渌渚人。生于淳熙戊申（1188），其母感蛇浴金盆之祥，殁于嘉定辛未（1211）。在三衢援笔作为颂示异。

到了明嘉靖年间，周雄的形象开始丰满，事迹也变得丰富，并与帝国的意识形态象征儒家文化——孔家后人产生关联：

> 孝子讳雄，字仲伟，世业儒，杭之新城人。母汪梦龙浴金盘诞孝子以淳熙戊申三月四日。由童稚孝闻间里。嘉定□□倏构危疾，孝子晨夕吁天，请以身代。□言微婺有显神□□往祷□□□□□□□□□□□□□□□□□而汝不可闻乎？无已，抑悸婺往，旋次衢境。闻讣，内裂僵立于舟。衍圣公孔文远素与孝子，挽孝子柩。篙师胡伯二因货舟结庐奉焉。邻之隐孝子者，乃时时载簋俎，交礼孝子。自后讹信相传，谓孝子有神，江以南□祀孝子。②

迨至清光绪年间，周雄已然演变成为帝国意识形态——孝——的楷模：

> 按王姓周，讳雄，字仲伟，杭之新城渌渚人，世业儒。母汪梦龙浴金盆诞，时宋淳熙戊申三月四日也。童稚孝闻间里，长状貌魁梧，乡人感敬惮焉。嘉定四年辛未汪病，晨夕吁天，请以身代。时传言徽婺有显神，汪促往祷。旋次衢之双港，闻母讣，一恸而绝，年才二十有四。衢之衍圣公孔文远相与有素，感其孝，殓其躯以殡，建宇祀之，颜为宋孝子祠。

---

① （明）万历《新城县志》，卷4。

② 碑刻引文见《衢州墓志碑刻集录·周雄碑刻》，衢州市博物馆编著，浙江人民美术出版社2006年版。以下若无特殊说明，碑刻资料均引自此书。

周雄神的历代流变无论其内容的增加或删减，都围绕帝国的意识形态"孝"展开，附加在周雄身上的"孝迹"也逐渐符合民众的期待。南宋时期，周雄只是母亲生其时有异象，死后在衢州有异行。明代则演化出世代儒生的家庭背景，幼年就以孝闻名乡里；母亲病重，请以身代并到江西祈神保佑；回衢后闻知母亲死亡，猝死；孔文远因孝扶其灵柩；水手因其孝行，行船时供奉；旋即成神，江以南开始祭祀等内容层次分明，符合民众期待的成神情节。殆至清，又演变出周雄相貌与乡人对其的态度；卒时岁数；孔文远建庙祀之的情节。这些流变，一步一步增加了其与帝国意识形态"孝"相统一的一面，删除了其讹传成神即巫的一面。

（二）周雄灵异事迹的损益

除了基本事迹之外，成神并享受民众祭祀则必须有灵异。周雄神的灵异事迹，南宋时《翊应将军庙记》记载：

> 新安祁门水旱疠疫，祷则随应。三衢常山强寇披猖，独不犯境。新山之祠有井曰安乐泉，民病求饮，活者万计。……士之穷达，人之险难，精诚叩之，如响斯答。杨君茂子之魁兰宫也，言神之梦也。围绕张公胜之使西域也，谓神之庇也。茅山反卒，剿以阴兵。江东部使者奏其功于朝，被旨特封今号。

明《稗史汇编》中记载周雄保佑水上行舟之人：

> 衢州周宣灵王者，故市里细民，死而尸浮于水亭滩，流去复来，土人异之。祝曰：果神也，香三日，臭三日，吾则事奉汝。已而满城皆闻异香，自尸出三日，臭亦如之。……尝做一长年操舟载杭商入闽，他舟发，其舟故不行，商尤之。乃曰：汝欲即到乎，闭目勿动。一夕开目，已到清湖，去杭七百里矣。

清《周宣灵王大庙碑记》如此描述：

> 水旱疠疫，祷应如响，江以南群焉神之。而衢处浙上游，至杭水道六百余里，浪急涛奔。风潮险恶之时，返危为安，屡显灵迹。国朝

雍正三年，圉敕封"运德海潮王"，人祀海潮神祠之命。道光二年，浙抚以新城旱潦，有祷辄应，复奏请加封"显佑"，春秋官祭。他如茅山剿叛，常山御寇，或显示神灵，或隐加庇护。历时由宋而元，而明之久；屡封由将军而侯、而王之遵，焜煌志乘。事迹昭然而尤著灵异者，则咸丰八年发逆围衢时，孤军濒陷者再。忽贼中哗言，夜见火光接天，绕郭旗帜书作"周"字，惊而宵遁，城以获完。

周雄灵异的历代演化显示其是一个地方社会的保护神。南宋时，其灵异事迹包括保护地方社会免受水旱疠疫、匪盗侵扰；对地方士绅与民众是有求必应；帮朝廷剿灭地方社会的造反力量。迨至明代，其灵异事迹呈现神秘色彩：死时尸体不沉；并能香三日、臭三日；载杭商入闽倏忽即到等。清代更增加了能够控制潮水；保护衢州免受太平军侵扰；维护地方社会秩序等。

（三）周雄封号的变迁

因为周雄的灵异和神迹，地方志记载了历代王权对其的封爵及其致祭规模、时间等。总体来看，周雄神的爵位等级和祭祀等级不断提高：

> 宋端平二年（1235）封翊应将军
> 嘉熙元年（1237）加封威助忠烈大将军
> 淳佑四年（1244）加封翊应侯
> 宝佑二年（1254）敕赐辅德庙额
> 宝佑五年（1257）赐谥助顺侯
> 咸淳七年（1271）加谥正烈侯
> 咸淳十年（1274）加封广灵侯
> 元大德二年（1298）加封广平侯

至元年间（1335—1340），衢路守伯颜忽都屡感神庥，奏闻，晋封护国广平正烈周宣灵王

> 明承袭元制，加封王爵，谥号宣灵
> 清雍正三年（1725）封运德海潮王，从祀海神庙

　　道光三年（1823）加封显佑，春秋官为致祭，定每岁三月初三、
九月初十。

　　上述周雄事迹、神迹、封爵的流变充分显示了中国民间信仰中类似周
雄这种人格神的演化逻辑，同时也是中国传统文化的造神逻辑。传统文化
的造神需要具备三个要件：首先，个人品德方面有义行；其次，地方社会
有灵异；最后就是王权的封爵，三者之间互为因果，相互促进。一般是人
格神事迹越复杂，神迹就越显著，爵位就越高；爵位越高，神迹就越多，
事迹就更复杂。整个中国的民间信仰诸神都是这一逻辑：

　　人的义行 ⟷ 神迹出现 ⟷ 王权封爵 ⟷ 信众出现

　　信者益众 ⟷ 爵位复杂 ⟷ 神迹复杂 ⟷ 事迹复杂

　　中国民间信仰中诸神的这种演化本质是地方社会和中央王权的互动过
程，这种互动既蕴涵了民众信仰与价值合意的符码，也蕴涵了地方社会秩
序形成的符码，更蕴涵了中央王权整合地方社会的符码。通过对于中国各
地域社会的人格神内藏的信息符码的解读和诠释，我们发现帝国时期中央
王权整合地方社会经常透过神的"标准化"① 方式，即把地方社会原来不
列入官方祀典的人格神，通过封爵纳入到官方祀典，使其庙宇由淫祠变成
正祀。在"标准化"的过程中，中央王权及其意识形态通过各种仪式操
演渗透进地方社会，而地方社会也通过"标准化"及渗透王权权力及意
识形态的仪式操演，既向王权表达臣服，同时也推动地方社会的价值合意
与秩序生成。在"标准化"的过程中，地方民众的信仰、国家权力的操
控及正统意识形态的渗透相互作用，共同促进了人格神的出现及淫祠向正
祀的转变。

三　地域信仰、王权与意识形态

　　对于地方社会的民众、官员、士绅和中央王权来说，周雄神的演化具

---

　　① 有关正统化的讨论，参见《神的标准化》，韦思谛编：《中国大众宗教》，陈仲丹译，江
苏人民出版社 2006 年版，第 57—92 页。

有不同意涵。地方社会的民众会认为一个地方神的爵位越高，神越灵验，民众的共同信仰越容易形成。地方官员与士绅认为地方神的爵位越高，地方与王权的联系就越紧密。对于中央王权来说，爵位越高，王权对于地方社会的控制越有力，主流意识形态渗透地方就越深入。可以说，正是地方社会的民众、官员、士绅与中央王权共同打造了周雄神及中国地方社会大大小小类似于周雄的人格神，只是各方力量打造的目的不同。民众期望神能帮助解决日常生活中的困境，官员和士绅期望神能形成和维持地方社会的秩序，中央王权期望便于控制地方。无论各方目的如何相异，但其结果是地方社会的共同信仰、价值合意、共识和秩序得以形成。

（一）地域共同信仰的形成

随着三方力量的不断操弄，区域社会内部对于周雄神的共同信仰也开始形成，主要表现在信仰内容的丰富、群体的多样、地域的扩展。周雄神的信仰内容变化在前述事迹、神迹和爵位流变过程中已有论证，在此主要考察其信仰群体和地域范围。

首先周雄信仰的群体。每年春夏之交，信仰周雄的地方社会都有大规模的祭祀活动。《衢县志》如此记载其祭祀：

> 俗以三月四日、四月八日为神诞辰，各坊隅分曹为社会，置行台迎神举祀。每社各有其所立之像，不想混杂。其迎神所驻，辄于通衢张幔植台演剧以乐神。每十余处昼夜相接，至仲夏乃罢。[①]

另外民间也有诗描述：

> 农忙时节入城来，歌舞沿街挤不开，三月三连四月八，大周王庙看开台。

直到今天，衢州市每年还举办以"孝"为主题的祭祀活动，参加对象包括衢州市文保所官员、艺术家协会及其会员、普通民众、中小学学生等。

---

① （民国）《衢县志》卷4《周宣灵王庙》。

　　2011 年的 4 月 6 日（农历三月初四）是周宣灵王周雄诞辰 824
周年，也是衢州市文物保护管理所成立 10 年。6 日上午 10 点，由市
文保所主办，市民俗艺术家协会、柯城区府山街道天皇巷社区协办，
在周宣灵王庙举行祭祀活动。衢州学院师生代表、柯城区新华小学学
生及广大市民代表参加了当天的祭祀活动。①

　　在周雄受封为"潮运之神"之后，浙江境内一直以水为生的九姓渔
民群体也开始参与到周雄信仰当中来，成为信仰周雄的另一主要群体：

　　　　明清时期，衢江水域有九姓渔户。九姓为陈、钱、许、孙、何、
　　叶、李、袁、林。……九姓浮家泛舟，水上生涯几百年，已自成风
　　俗。又因为他们长期在建德七里垅至开化华埠这段江面上从事捕鱼、
　　撑船和流放木排为生，又被人称为水上三民（即渔民、船民、排
　　民）。其社会地位极其低下。然而九姓渔民每船之上，都供奉周雄之
　　像，是为九姓渔民之保护神。②

　　除了信仰人群不断扩大之外，信仰的地域也不断扩大。前述庙中楹联
清楚记载了周雄信仰的地域范围，楹联中的"三江"根据当地民众的说
法是衢江、新安江、钱塘江。这种说法证明周雄信仰的地域在不断扩展，
从浙江直至江西、安徽等省。

表 1　　　　　　**明清时期周雄庙分布表（括号内数字为庙总数）**

何省	何府	何县	数目	记载出处
浙江省（37）	杭州府	仁和	1	康熙《仁和县志》卷 14
		海宁	1	乾隆《海宁县志》卷 2
		于潜	2	民国《杭州府志》卷 13
		新城	9	民国《新登县志》卷 4

----

　　①　《祭祀周宣灵王，提倡孝子孝道》，衢州博物馆网站，2011－04－07，http：//www. qz-
museum. com/news_ view. asp？news_ id＝90。

　　②　浙江民俗学会编：《浙江风俗简志》，浙江人民出版社 1986 版，第 110 页。

续表

何省	何府	何县	数目	记载出处
浙江省 (37)	严州府	建德	4	康熙《建德县志》卷2
		寿昌	1	康熙《新修寿昌县志》卷3
		遂安	1	康熙《遂安县志》卷10
		分水	2	光绪《分水县志》卷2
	金华府	金华	1	光绪《金华县志》卷13
		兰溪	1	光绪《兰溪县志》卷3
		浦江	1	嘉靖《浦江志略》卷8
	温州府	永嘉	1	万历《温州府志》卷4
	绍兴府	嵊县	1	《越中杂识》卷上
	衢州府	西安	10	民国《衢县志》卷4
		常山	1	光绪《常山县志》卷16
安徽省 (24)	徽州府	歙县	1	道光《徽州府志》卷3
		休宁	3	道光《徽州府志》卷3
		婺源	3	乾隆《婺源县志》卷8
		祁门	8	同治《祁门县志》卷9
		黟县	6	道光《徽州府志》卷3
		绩溪	3	道光《徽州府志》卷3
江西省 (7)	饶州府	德兴	5	康熙《德兴县志》卷2
		安仁	1	雍正《江西通志》卷190
	信州府	玉山	1	乾隆《玉山县志》卷3

转引自朱海滨《祭祀政策与民间信仰变迁》，复旦大学出版社2008年版，第97页，有改动。

日本和台湾许多学者曾经以祭祀圈与信仰圈概念探讨地方社会的秩序和结群。[①] 周雄信仰无论从内容、人群、地域等即是一个典型的信仰圈。

---

① 最早提出祭祀圈概念的是日本学者冈田谦，台湾学者施振民也有讨论。当然，讨论这一概念最著名的学者当属林美容，其《由祭祀圈看草屯镇的地方组织》《中央研究院民族学所集刊》，（1986年第62期）当为祭祀圈讨论引用率最高的文章。

其形成是地方民众、官员与士绅、王权不断"刻划"的结果。这种"刻划"包括民众不断丰富其事迹、灵异；官员、士绅参与周雄信仰的生成和扩展；王权不断标准化和提升其爵位等级等。

（二）王权、士绅、民众与周雄信仰的扩展

在周雄信仰生成与演化、扩展的过程中，王权、官员与士绅、民众等几种打造周雄信仰的力量其动机和策略各不相同。然而，不管各方有何种动机和策略，客观的结果是地方社会形成了共同的信仰和价值合意，地方社会和中央王权也形成了良性互动，这为地方社会纳入王权秩序奠定了基础。

首先是中央王权祭祀政策深刻影响了周雄信仰的流变。帝制时期的中央王权对于祭祀特别重视，到了明代，更胜前朝。洪武元年，朱元璋要求地方官将各州县需要祭祀的神祇报给朝廷，由礼部进行审查，合格后著之于祀典，由国家相关署衙进行祭祀。洪武二年制订了城隍庙制度，对于忠臣烈士等记载于祀典之外的祠堂和庙宇，如果其有功德于民众，不随便拆毁；洪武三年又颁布《神号改正诏》和《禁淫祠制》。这些制度共同规定了国家和官员祭祀的对象、等级、供奉、神的审批程序等。①

其次是地方社会中官员和士绅的作用。地方士绅在周雄信仰的祭祀等级提升及标准化的过程中是中坚力量，周雄神的每次重要活动都有地方士绅的参与，地方士绅成为影响官员与民众态度的重要中介变量，他们通过各种方式参与周雄设定的修葺、仪式制订、内容阐释，努力促进地方社会共同信仰与共识的达成：

在《忠孝祠记》碑文中，记载着地方士绅参与周雄庙的修葺：

> 皇明嘉靖四十三岁次□□□□□□□迪功郎叶廷锤□□□
> □□□□□□□□□□□□□萧廷圭、金熙、郑麟凤、徐□□、
> □□□，陈□，吴□□□、同知衔□□徐孔昇、吴廷芳、叶廷鳞、

---

① ［日］滨岛敦俊：《明清江南农村社会与民间信仰》，朱海滨译，厦门大学出版社 2008 年版，第 103—109 页；朱海滨：《祭祀政策与民间信仰变迁》，复旦大学出版社 2008 年版，第 73 页。

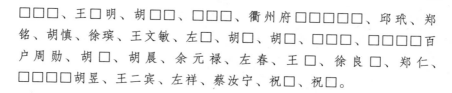

□□□、王□明、胡□□、□□□、衢州府□□□□□、邱玑、郑铭、胡慎、徐瑸、王文敏、左□、胡□、胡□、□□□□、百户周勋、胡□、胡晨、余元禄、左春、王□、徐良□、郑仁、□□□□胡昱、王二宾、左祥、蔡汝宁、祝□、祝□。

碑记中的人名中部分有功名，部分没有功名，但是能够推测这些没有功名的人在地方社会中的身份也不普通，否则他们与有功名的人的身份不相匹配，碑文也不会记载他们的名字。而在清《重修周宣灵王庙碑记》记载的名单中既有普通民众，也有地方士绅：

> 壬戌有同志十人商诸邑之绅士，咸欣欣乐从。遂鸠工庀材，经营区划。…第自壬戌至戊辰，计时凡七年，计工凡六千，计币凡千金有零，而始告竣。夫以八百载丕基，……爰勒芳名以垂永远/衢州府西安县儒学教谕训导加一级陈本、吴锦章、捐俸二两。原任衢州府经历司经历加一级方惠，捐俸五两。董事吴士本、徐逵、吴宗宏、张学礼、郑林、吴宗居、汪棣、吴朝丞、徐淳、洪允敬、住持僧心绍。

上述名单中，既有县学教谕，也有退任官员，还有庙董事、住持，士绅等，他们齐心协力主持、参与周雄庙的修葺并同时祭祀周雄、编纂周雄神的材料、宣扬周雄事迹和灵异。对于地方士绅来说，通过祭祀周雄、编纂其材料、宣扬周雄信仰既能体现自身在地方的权威和控制，也能获得帝国的封赏。

民众则是周雄信仰扩展的主要推动力量。民众首先以自发崇拜和信仰使得地方官员、士绅承认周雄信仰，接着地方官员和士绅以各种方式推动王权把周雄信仰列入祀典。其后信者益众、地域益扩等都与民众的推动分不开。这一点，通过周雄"孝子"身份的演绎，刻画"孝"于周雄信仰之上，从而使得王权及其官员不敢以淫祠借口拆毁周雄庙：

> 岁戊戌，余既获守是邦，奉天子明命崇正黜邪褊□，诸□宇尽撤之。其弗贷，方议及孝子所群庶民充廷□□□□□□□也。旱潦疾疫，祷辄应。公必欲彻神秘，匪云民□□逮公，余笑曰：焉有刺史为天子命吏，而亦怀疑于木梗土偶，从吾能汝贷后有如□公

者，来必难贷汝。既而，检故郡志，得孝子之概，再敷逸典知其
祥。因叹曰：昔孝已爱其亲，天□以为子；子胥忠其君，天下欲以
为臣。古今人以忠□□□于天下者，吴必孝子。彼云长之义勇，睢
阳之忠烈，精诚格天，靡祷弗应，天下后世之神，犹孝子也，其曷
疑于孝子？爰恬求兑者，庭下历告之日：此宋孝子某也。祀有由，
祷有应，孝所基也，曷以神为？虽然吾将为汝等悉□子□□□□□
祠必不毁矣。毁之者不孝天下，宁有甘为不孝之徒软？而故为祠毁
耶。若等能以孝子之心为心，日励其所未至，俾若子、若孙，亦永
永孝子之□，则□□祠之□□□之门也。尤在所宜祀，金拜手扬言
曰：命民矣，录为祠记。

　　尽管我们无法根据文献资料考究"孝"的意识形态最初由民众还是
地方士绅附加到周雄信仰当中，然而二者作为地方社会的一员，在推动地
方社会形成共同信仰的过程中，二者都是推动力量。而周雄信仰在附加了
"孝"的王权意识形态后，就没被当作淫祠捣毁，相反还列入国家祀典，
并用之教化民众。衢州官员李遂还希望衢州民众以孝子为榜样，世代传扬
"孝"的精神。
　　周雄信仰附加王权意识形态"孝"的过程，正是其信仰标准化的过
程。在这个过程中，王权、士绅、民众三者由上而下和由下而上，以淫祠
与正祀的方式不断博弈，最终周雄信仰由淫祠转变为正祀，由无田税供奉
转变为有田税供奉的神，由地方神转变为区域神，由无王权意识形态色彩
的神变为有王权意识形态色彩的神，不仅用之教化民众而且成为王权在地
方社会的隐喻和象征。同时，附加在周雄信仰之上的意识形态促成了地方
社会共同信仰和共同伦理道德规范的形成。这种共同信仰与伦理道德规范
顺应了民众要求，符合地方官员与士绅的愿望，也契合了帝国的意识形
态。对于地方社会来说，周雄信仰既提供给他们一种社会组织方式与结群
方式，也提供给他们人生终极价值和目标。这种组织方式与人生目标成为
地方社会整合的终极文化根源。

四　民间信仰与文化整合

　　通过对衢州周雄信仰流变及其背后隐含的意义符码的考察与解读，我

们可以发现王权帝国时期民间信仰的生成逻辑和中央王权与地方社会整合的逻辑。地方社会的信仰是民众自发信仰、国家权力、意识形态三方力量通过自上而下与自下而上合力打造的结果。这种合力打造塑造了地方社会的民众合意和秩序，同时也把地方纳入到王权体系之中。王权通过神的标准化方式，在地方信仰上刻划王权意识形态的内容，以此形成文化一统和王权秩序。地方社会共同信仰的形成，既是民众某种形式自发的结果，同时也是士绅和中央王权诱致的产物。官员、士绅作为王权代理人，通过各种方式推动地方神升格为正祀神，从而展现地方之于王权的意义，同时也呈现了王权在地方的象征。帝国时期的价值合意与地方秩序就在一种自发与诱致、隐喻与象征、特殊与标准化的过程中实现的。

通过衢州周雄信仰的流变，我们看到中国的民间信仰既涵括信仰事项，也涵括象征/文化，更涵括社会过程。它既是民众形成其宇宙观的过程，也是地域社会群体价值合意的形成过程，更是大、小传统的意义符码、隐喻/象征、信仰内容/仪式过程相互影响，相互渗透，最终标准化的过程。在这个过程中，地方社会逐步形成共同信仰，王权也在地方社会得到有效体现。

德国社会学家马克斯·韦伯曾经讨论过宗教伦理与资本主义发生的因果关系问题，即信仰及其伦理对地方社会、社会组织或个人态度的影响问题。中国民间信仰的文化生成逻辑本质也是一种价值合意的整合模式。中国传统社会中的文化秩序源于共同信仰之上的价值合意，在价值合意基础上产生社会共识，进而形成社会公共秩序。这也是历代中国只有表层王朝更替，却无基层社会结构重大变迁的原因。

中国的民间信仰既富于地域性，同时也具有普遍性。富于地域性的原因在于民间信仰涵括地方性知识的符码，这些地方性知识是地方社会民众对于自身生存的主客体认识的结晶。透过民间信仰的传承，地方性知识得以再生产，地方社会的价值合意和秩序也得以形成；具有普遍性特征原因在于不同地域的民间信仰包含着相同的文化逻辑，这种文化逻辑富有象征/文化/社会过程意味，它透过把不同的地域神呈现给不同区域内的社群和民众，形成地方性的价值合意。而不同的地方社群以信仰的方式既塑造自己的社群边界与群体认同，同时也形成了对帝国文化的一统认知。在此，民间信仰起到一种转译功能，它不仅转译了民众的价值观和宇宙观，转译了地方文化的密码，还生成了地方社会的秩序。民间信仰具有的这种转译功能，本质是人类学知识脉络中我群与他群、地方性与普遍性、差异与统一关系中隐含的"异与己"关系的不断相互转化过程。地方社会正是透过民间信仰的自上而下的转化与自下而上的汇聚，形成了地方社会的合意和秩序，也形成了王权对于地方的整合。

后　记

　　2011 年 7 月 16—18 日，上海大学人类学研究所举办了"民间文化与公共秩序"学术研讨会，与会学者 20 位左右，会议规模很小，但气氛热烈，更不乏针锋相对的自由讨论和思想碰撞。来自人类学、历史学、民俗学界的朋友们虽各有自己的学科本位，但在讨论中也懂得欣赏其他学科学者的研究，较少"傲慢与偏见"。大家甚为认同民族志、民俗志实践中的历史视野之必要性，故会议论文集出版时我们冠名为"历史与民族志"。感谢所有的与会者，包括当时提交论文，而因诸种原因未能将论文纳入论文集的钱杭、张小也、邵京、张敦福、黄景春等朋友。感谢上海大学李友梅教授、张文宏教授对会议召开和论文集出版的鼎力支持。当时的博士生、现已工作的徐晶博士在会务和论文集整理校对工作中付出了艰辛的劳动，至为感谢。还有当时参与会务的多位研究生，也一并谢过，恕不一一列出他们的名字了。

　　会议已转眼过去三年多，当时在会议总结时，我尽早出版会议论文集的承诺，兑现得晚了些，尚乞与会学者海涵。

张佩国

2014 年 10 月 8 日

于上海大学人类学与民俗学研究所